装修工艺全能王

阳鸿钧 等 编著

U0387942

化学工业出版社

·北京·

内容简介

本书对大约160种家装施工工艺进行了全面的介绍。本书主要针对家装新工艺与特色工艺，墙砌体、隔墙施工工艺，水电工程施工工艺，抹灰施工工艺，防水施工工艺，门窗施工工艺，涂料、裱糊、软包工程施工工艺，吊顶施工工艺，油漆施工工艺，墙面层施工工艺，地面施工工艺，幕墙施工工艺，细部工程施工工艺等，重点介绍各种施工工艺的工艺准备、工艺流程、施工要点、注意事项、检测与质量要求等内容。在编写过程中，注重图表结合、图文并茂，根据实际工程案例进行详细讲解，让读者能从开工前、施工中、完工后，全方位、全流程掌握家装施工工艺，使其真正成为装修工程中的"全能王"。

本书可供从事家居装饰装修施工的现场工人以及技术人员使用，也可以供一般的装修业主参考，还可作为相关院校师生、培训学校师生、家装工程监理人员、灵活就业人员等的参考用书。

图书在版编目（CIP）数据

装修工艺全能王 /阳鸿钧等编著. —北京：化学工业
出版社，2020.11（2022.1 重印）
ISBN 978-7-122-37713-5

Ⅰ.①装⋯　Ⅱ.①阳⋯　Ⅲ.①住宅-室内装修-基本
知识　Ⅳ.① TU767

中国版本图书馆CIP数据核字（2020）第171143号

责任编辑：彭明兰　　　　　　　　　　文字编辑：冯国庆
责任校对：刘　颖　　　　　　　　　　装帧设计：李子姮

出版发行：化学工业出版社（北京市东城区青年湖南街13号　邮政编码100011）
印　　装：涿州市般润文化传播有限公司
787mm×1092mm　1/16　印张16½　字数403千字　2022年1月北京第1版第2次印刷

购书咨询：010-64518888　　　　　　　　售后服务：010-64518899
网　　址：http://www.cip.com.cn
凡购买本书，如有缺损质量问题，本社销售中心负责调换。

定　　价：78.00元

前言

装修施工工艺，不仅是实现装修设计的手段，更是决定了装修质量的好坏。施工工艺的质量，不仅影响装修的整体效果，更关系到装修后使用是否方便、安全和长久。俗话说，"三分质量、七分施工"，可见，施工工艺在装修中具有很重要的地位。

为了使读者朋友快速掌握家装新工艺与特色工艺（简称新特工艺）与各种施工工艺的工艺准备、工艺流程、施工要点、注意事项、检测与质量要求等内容，进而能够整体上了解装修的特点，把握装修施工中的注意点，顺利实现各工序的衔接，特策划编写了本书，旨在帮助读者掌握装修（家装为主，还涉及其他装修）施工工艺的技术要点，指导或者监督装修施工。

本书具有以下特点。

（1）全面性、系统性。本书重点对大约70种家装新特工艺（包括细分工艺）、大约90种其他装修有关工艺（包括细分工艺），共计约160种施工工艺进行了全面系统的介绍。

（2）实用性强，适用性广。本书本着掌握常规知识、突破重点技能、解决施工难点，达到学以致用的目的，针对装修（家装为主，并且还涉及其他装修）设计师、监理、业主，以及泥工、水电工、油漆工、木工、安装工等诸多工种必备的知识和技能，根据实际工程案例，深入讲解家装中各种工艺的材料准备、工艺流程、施工要点、注意事项、检测与质量要求，读者可以根据各工种岗位要求找到对应的知识点，具有广泛的指导性。

（3）图文并茂，文表结合，针对重要的知识点，在图上直接用颜色区分讲解，使得阅读更轻松，学习更高效。

（4）直观性强。本书还有配套视频，读者可扫描书中二维码观看学习，使学习知识、掌握技能更轻松，更直观。

本书共13章，主要内容包括家装新工艺与特色工艺，墙砌体、隔墙施工工艺，水电工程施工工艺，抹灰施工工艺，防水施工工艺，门窗施工工艺，涂料、裱糊、软包工程施工工艺，吊顶施工工艺，油漆施工工艺，墙面层施工工艺，地面施工工艺，幕墙施工工艺，细部工程施工工艺等。

本书由阳鸿钧、阳育杰、阳许倩、杨红艳、许秋菊、欧小宝、许四一、阳红珍、许满菊、许应菊、唐忠良、许小菊、阳梅开、阳苟妹、唐许静、欧凤祥、罗小伍、许鹏翔等参加编写或支持编写。

本书在编写过程中还得到了一些同行、朋友及有关单位的帮助，在此，向他们表示衷心的感谢！同时，参考了一些珍贵的资料、文献、网站，在此特意说明并向这些资料、文献、网站的作者深表感谢。

另外，在编写中，本书参考了有关标准、规范、要求、方法等资料，这些标准、规范、要求、方法等会存在更新、修订、新政策的情况，因此，凡涉及这些标准、规范、要求、方法的更新、修订、新政策等情况，请读者及时跟进现行的情况，进行对应调整。

由于作者水平有限，书中不足之处在所难免，敬请广大读者批评指正。

编著者
2020年10月

目录

1.1 家装新工艺与特色施工工艺

1.1.1 挂网工艺

家装时，一些墙壁、柱子、包管采用金属网、纤维网等进行挂网，以增强其有关附着力，如图1-1所示。

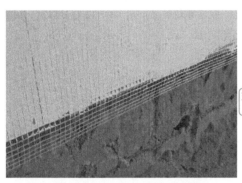

交接处挂网
尤为重要

图1-1 挂网工艺

挂网的主要作用是为了保证墙体的牢固，以防后期墙体出现脱落、开层等异常现象。不是所有的墙面都要挂网，需要挂网的地方如图1-2所示。

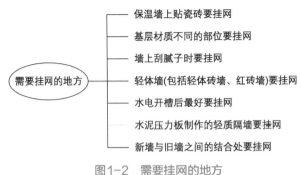

图1-2　需要挂网的地方

💡 小提示

　　家装时不得在梁、柱、板、墙上开洞或扩大洞口尺寸，不得凿掉钢筋混凝土结构中梁、柱、板、墙的钢筋保护层，不得在预应力楼板上切凿开洞或加建楼梯。家装新砌墙尽量满挂网，并且尽量采用放钢筋＋满挂网工艺。挂网的粉刷厚度一般不可超过35mm。如果超过该厚度，则要使用加强网挂网，以免出现空鼓与脱落现象。

　　挂网施工工艺流程与施工要点如图1-3所示。

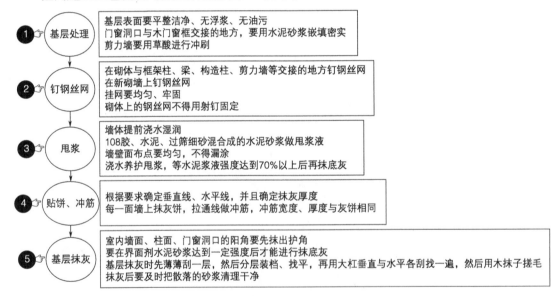

图1-3　挂网施工工艺流程与施工要点

💡 小提示

　　有的项目钢丝网要求：铁丝直径不小于24#，钢丝网网眼为20mm×20mm。安装时，可以使用钢钉、射钉每250mm加铁片来固定。不同基层的搭接宽度每边钢丝网不小于100mm。基层就是直接承受装饰装修施工的面层。室内墙面、柱面、门窗洞口的阳角护角参考使用1∶3水泥细砂浆，护角高度大约为2m，每边宽度大约为5cm。

1.1.2 砌墙错开砌工艺

家装砌墙排砖时，不但需要考虑连接牢靠，还需要考虑不能够"加重"楼板载重。为此，可采用轻体砖与红砖错开砌，如图1-4所示。

图1-4 砌墙错开砌工艺

同一排砖错开砌，是砌墙的基本要求，目的是使墙体中砖块与砖块间垂直方向的压力和水平方向的推力能够均匀合理分布。

一些砖的规格如图1-5所示。

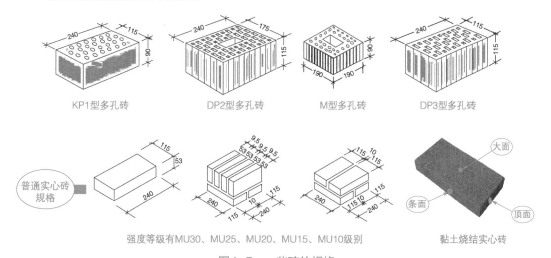

KP1型多孔砖　　　DP2型多孔砖　　　M型多孔砖　　　DP3型多孔砖

普通实心砖规格　　　强度等级有MU30、MU25、MU20、MU15、MU10级别　　　黏土烧结实心砖

图1-5 一些砖的规格

砌墙常见形式中的"顺"与"丁"以及厚度特点如图1-6所示。

砌墙常见形式如图1-7所示。

💡 **小提示**

砌墙时，当天不能把砖直接砌到顶，要等一到两天，若原顶有白灰，要把白灰先铲除后才能够砌墙。砌墙时最顶上一排砖要采用斜砌法，这样在墙体顶部密实抹灰后，墙体不易开裂。如果最顶上一排砖平砌，则效果不好且施工时不便操作。

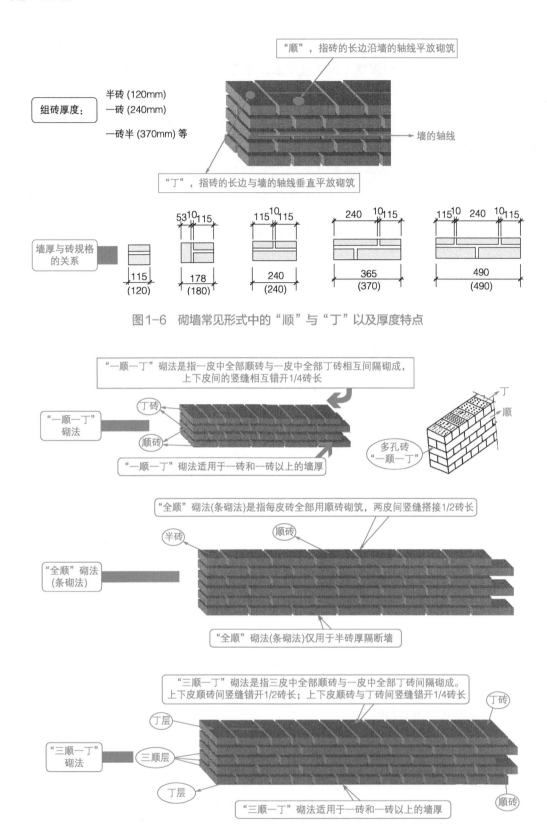

图1-6 砌墙常见形式中的"顺"与"丁"以及厚度特点

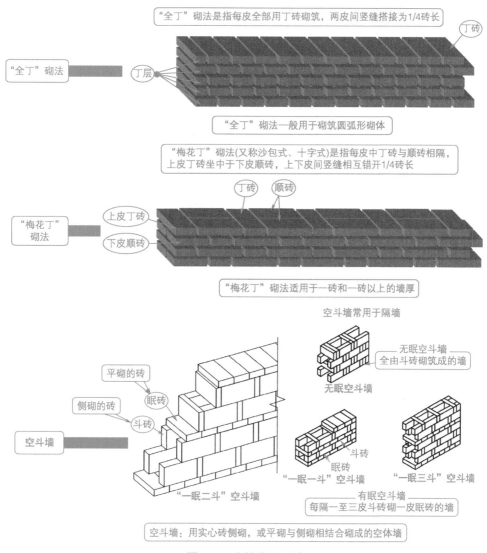

图1-7　砌墙常见形式

1.1.3　门过梁与其第一行砖不变活工艺

门设置过梁的作用如图1-8所示。

钢筋混凝土过梁的形式与尺寸要求如图1-9所示。另外，砌过梁上第一行砖时不得随意变活，如图1-10所示。

💡 **小提示**

门过梁，一般要采用钢筋+石子+混凝土预制，厚度大约为100mm。梁长度要超过门洞左右各至少100mm，有的要求门洞+500mm。门过梁可以采用 ϕ8以上规格的钢筋，石子采用直径为25mm的鹅卵石。门过梁严禁直接用木板。

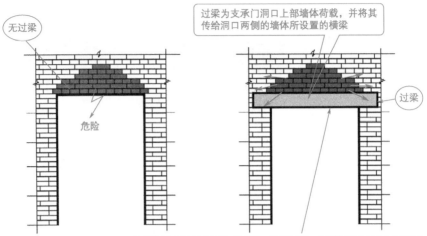

目前常用的过梁有钢筋砖过梁、砖拱过梁、钢筋混凝土过梁三种形式

图1-8 门设置过梁的作用

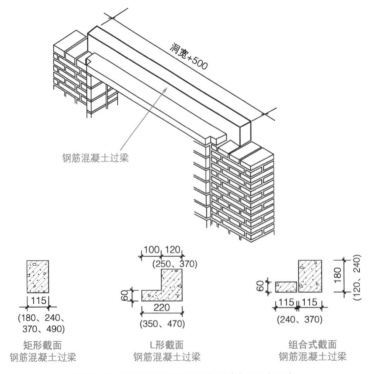

图1-9 钢筋混凝土过梁的形式与尺寸要求

1.1.4 砌新墙"必三项"工艺

砌新墙"必三项"工艺，就是新旧墙交界处打入（植入）连接钢筋、旧墙交界处原抹灰层打掉200mm、新旧墙墙面交界处挂网三项工艺，如图1-11所示。砌新墙"必三项"工艺，可以增强墙体稳定性，以及避免墙面开裂。

图1-10 砌过梁上第一行砖时不得随意变活

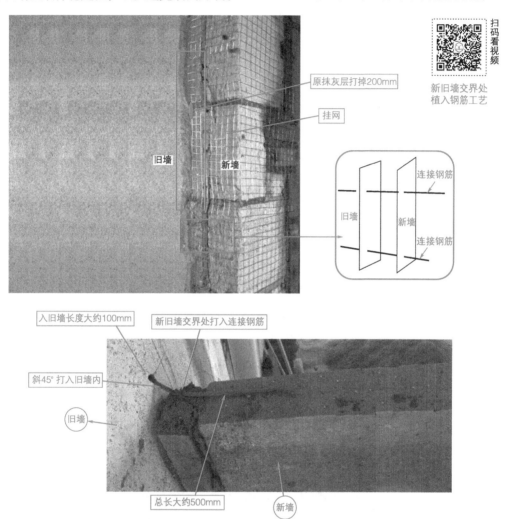

扫码看视频

新旧墙交界处植入钢筋工艺

图1-11 砌新墙"必三项"工艺

💡 **小提示**

新旧墙交界处，一般每隔50cm就要植入钢筋，以此增加墙的结合度。植入的钢筋规格为 ϕ10、ϕ6，总长大约500mm，入旧墙长度大约100mm，并且斜45°打入旧墙内。另外，植入钢筋的末端最好要回弯。

1.1.5　家装自流平找平工艺

家装自流平找平工艺，就是采用自流平水泥来找平。自流平属于一种无溶剂、粒子致密的厚浆型环氧地坪涂料。自流平找平与普通砂浆找平相比的优点如图1-12所示。

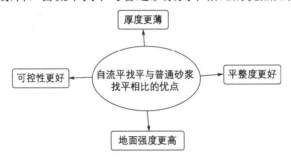

图1-12　自流平找平与普通砂浆找平相比的优点

自流平施工工艺，一般需要简单地进行刮板助流、滚筒消泡等工作，基本上不依赖人力处理。家装铺设复合木地板、橡胶类地板等需要比较高的平整度时，则可以考虑采用自流平找平工艺。

💡小提示

一般而言，要等墙面工程处理完，即贴完墙砖或壁纸后，再进行地面自流平的施工。如果首先做完地面，再进行墙面、顶面等施工，则容易破坏自流平地面。

1.1.6　电线管转弯处无接头工艺

电线管转弯处无接头工艺，就是电线管在转弯的地方确保采用整管结构，不采用连接电线管的连接器，这样便于电线管穿线在转弯处的顺畅，如图1-13所示。转弯处有接头的工艺如图1-14所示。

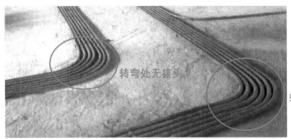

图1-13　电线管转弯处无接头工艺

为了实现电线管转弯处无接头工艺，可以首先设计好卡座的位置，并且固定好。然后在转弯处安装整管，再安装与弯管连接的直管。

1.1.7　电线接头"5圈+挂锡+双包"工艺

家装时对于横截面积小于$6mm^2$的单股铜电线接头采用"5圈+挂锡+双包"工艺，即

图1-14　转弯处有接头的工艺

对横截面积小于6mm^{2}的单股铜电线连接缠绕要求大于5圈，然后在连接缠绕处进行挂锡处理，再用黑胶布与绝缘带双重包好，如图1-15所示。

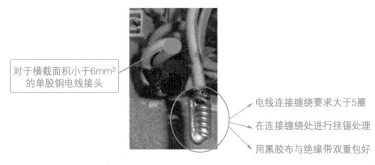

图1-15　电线接头"5圈＋挂锡＋双包"工艺

1.1.8　线盒敲落片防堵工艺

装饰工程中，已经安装好开关盒、插座盒，以及布管已经完成，但是没有穿线，为了避免布好的线管内掉入杂物堵塞，需要在穿线前对管口做防堵处理。其中，线盒敲落片防堵工艺就是采用开关盒、插座盒敲落孔的敲落片，在其上粘一点点胶，然后盖住管口即可，粘一点点胶是为了便于穿线时拿掉敲落片，如图1-16所示。

敲落孔的点粘，也可以采用胶带粘住。

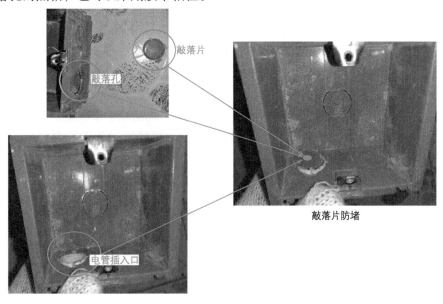

图1-16　线盒敲落片防堵工艺

1.1.9　摇表检测线路绝缘电阻工艺

图1-17　摇表检测线路绝缘电阻

摇表检测线路绝缘电阻如图1-17所示。摇表又称兆欧表，主要是用来检查线路、电器绝缘情况与测量高阻值电阻的一种仪表。摇表主要由交流发电机倍压整流电路、表头等部件组成。

摇表工作原理：当摇动摇表时，会产生直流电压；当绝缘材料加上一定电压后，绝缘材料中就会流过极其微弱的电流（包括电容电流、吸收电流、泄漏电流）。摇表产生的直流电压与泄漏电流之比为绝缘电阻阻值。摇表外形如图1-18所示。

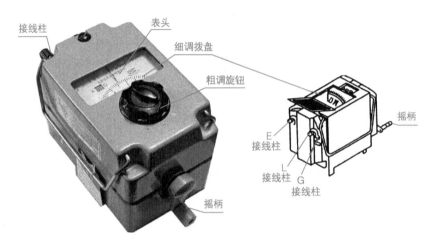

图1-18　摇表外形

摇表不能带电检测绝缘电阻，为此，采用摇表检测家装线路绝缘电阻时一定要关闭总闸停电。摇表的两个接线夹分别接火线与地线，或者火线与零线后，即可开始摇动检测。正常绝缘电阻阻值应大于$0.5M\Omega$。如果检测的绝缘电阻阻值较小，则说明存在短路、漏电等异常情况，需要检修、检查。

摇表具体的操作要点如下。

① 验表——测量前，要检验摇表，具体操作步骤：把摇表水平放置，然后左手按住表身，右手摇动摇表摇柄（大约以120r/min转速旋转），指针应指为无穷大（∞）位置。否则，说明该摇表有故障。

② 测量前，要切断被测回路的电源，并对相关元件进行临时接地放电，以保证人身与摇表的安全以及测量结果的准确性。

③ 测量时接线必须正确。摇表有L、E、G三个接线柱，不同电器或者线路的测量接线不同。例如测量回路的绝缘电阻时，回路的首端与尾端分别与摇表的L、E接线柱连接，然后摇动摇柄进行测量。

④ 摇表接线柱引出的测量软线绝缘应良好，两根导线间，以及导线与地间应保持适当距离，以免影响测量精度。

⑤ 摇动摇表时，不能用手接触摇表的接线柱与被测回路，以防触电。

⑥ 摇动摇表后，各接线柱间不能短接，以免损坏。

1.1.10 水管整管工艺

据统计，漏水事故中，管材管件连接处出现异常引起漏水问题占到了90%以上。为此，出现了水管整管工艺。

水管整管工艺，也就是水管能够采用整管就尽量采用整管，尽量不用接头或者少用接头，以减少漏水情况的发生。对于短距离的水管直路，则要采用整管，中间不得采用接头连接。

水管整管工艺，对于防漏水起到一定的作用，但是造价会高一些。

水管整管工艺如图1-19所示。

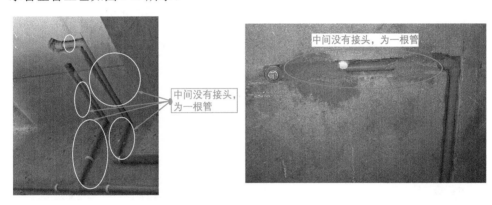

图1-19 水管整管工艺

☀ 小提示

常规一根PPR水管整长一般为4m。因此，直管长度小于或者等于4m均为整管，中间无接头。

1.1.11 水管加保护套（管）工艺

扫码看视频

水管加保护套（管）工艺，也就是水管加保温、防冻、防结露的保护套（管），从而更进一步保护水管，如图1-20所示。水管没有加保护套（管）的工艺如图1-21所示。

水管加保护套（管）工艺

PPR热水管包上保温层，可以防止水温度流失过快。PPR冷水管包上保温层，可以防止通冷水时管外壁凝结冷凝水。PPR水管包上保温层，还可以隔声降噪，大大降低水流的声音，以及防止水管老化等。

厨房、卫生间、封闭阳台处排水管，宜采用隔声材料包裹，其还可以减少排水产生的噪声，如图1-22所示。

保温棉应根据实际情况来选择，有普通保温棉、加厚保温棉等种类。太阳能设备上的水管，一定要加保温棉。

图1-20　水管加保护套（管）工艺

图1-21　水管没有加保护套（管）的工艺　　　　图1-22　排水管加保护套（管）工艺

💡 小提示

安装保温层时，可以把保温管的管子剪开，再把胶水均匀地涂抹在剪开管子的截面上（两边均要涂上胶水），让其干燥几分钟后将其压合在一起，粘起来。如果管子比较长，则可以分段施工。

1.1.12　PPR水管熔接"双眼皮"工艺

热熔PPR水管熔接位置的形状往往可以体现水管熔接的质量，其中热熔PPR水管熔接位置的"双眼皮"形状被行业内认为是"三最"的形状：最成功的焊接、最完美的焊接、最漂亮的焊接。PPR水管熔接"双眼皮"形状图示如图1-23所示。

💡 小提示

判断PPR水管熔接质量好坏时，可以目测PPR水管是否熔接为"双眼皮"来作为判断依据。PPR水管熔接前，需要根据熔接头利用尺来划好熔接深度。

PPR水管熔接"双眼皮"形状图示

图1-23 PPR水管熔接"双眼皮"形状图示

PPR水管熔接方法见表1-1。PPR水管熔接参数见表1-2。

表1-1 PPR水管熔接方法

步骤	项目	解释
1	安装前的准备工作	（1）需要准备熔接机、直尺、剪刀、记号笔、清洁毛巾等 （2）检查管材、管件的规格尺寸是否符合要求 （3）熔接机需要有可靠的安全措施 （4）安装好熔接头，并且检查其规格要正确、连接要牢固可靠。安全合格后才可以通电 （5）一般熔接机红色指示灯亮表示正在加热，绿色指示灯亮表示可以熔接 （6）一般家装不推荐使用埋地暗敷方式，一般采用嵌墙或嵌埋天花板暗敷方式
2	清洁管材、管件熔接表面	（1）熔接前需要清洁管材熔接表面、管件承口表面 （2）一般情况下，管材端口需要切除2～3cm，如果有细微裂纹需要切除4～5cm
3	管材熔接深度划线	熔接前，需要在管材表面划出一段沿管材纵向长度不小于最小承插深度的圆周标线
4	熔接加热	（1）首先将管材、管件匀速地推进熔接模套与模芯，并且管材推进深度为到标志线，管件推进深度为到承口端面与模芯终止端面平齐即可 （2）管材、管件推进中，不能有旋转、倾斜等不正确的现象 （3）加热时间需要根据规定执行
5	对接插入、调整	（1）对接插入时，速度尽量快，以防止表面过早硬化 （2）对接插入时，允许不大于5°的角度调整
6	定型、冷却	（1）在允许调整时间过后，管材与管间需要保持相对静止，不允许再有任何相对移位 （2）熔接的冷却，需要采用自然冷却方式进行，严禁使用水、冰等冷却物强行冷却
7	管道试压	（1）管道安装完毕后，需要在常温状态下，在规定的时间内试压 （2）试压前，需要在管道的最高点安装排气口，只有当管道内的气体完全排放完毕后，才能够试压 （3）一般冷水管验收压力为系统工作压力的1.5倍，压力下降不允许大于6% （4）有的需要先进行逐段试压，各区段合格后再进行总管网试压 （5）试压用的管堵仅限试压时用。试压完毕后，需要更换为金属管堵

表1-2 PPR水管熔接参数

公称外径/mm	热熔深度/mm	加热时间/s	加工时间/s	冷却时间/min
20	11.0	5	4	3
25	12.5	7	4	3
32	14.6	8	4	4
40	17.0	12	6	4
50	20.0	18	6	5
63	23.9	24	6	6
75	27.5	30	10	8
90	32.0	40	10	8
110	38.0	50	15	10

注：若在室外作业或环境温度低于5℃，加热时间应延长20%。

图1-24 给水管位于排水管外侧工艺

1.1.13 给水管位于排水管外侧工艺

给水管位于排水管外侧工艺如图1-24所示。图1-24中,给水管位于排水管外侧,便于施工操作,以及避免给水管产生的热空气影响排水管。另外,给水管放在排水管上方,以防排水泄漏污染给水。

💡 **小提示**

给排水管道的敷设原则:热水管在上,冷水管在下;给水管在上,排水管在下。

1.1.14 卫生间砌壁龛工艺

卫生间的柜子要采用环保、防霉、防潮、易清洁、不易变形的材料,台面板要采用硬质、耐水、抗渗、易清洁、耐久、强度高的材料。因此,在卫生间砌个壁龛,就能够符合以上要求。

卫生间砌个壁龛,有利于放置洗发水及衣物等。为了遮蔽排水立管,可以在靠近卫生间排水立管旁边砌个壁龛。卫生间砌的壁龛深度,为常见小型红砖长度即可。面积大一些的卫生间,则在小型红砖长度的基础上加尺寸,具体尺寸还需配合空间的美感来定。卫生间砌的壁龛宽度,大约为3块常见小型红砖宽度之和即可。如果面积大一些的卫生间,该尺寸也可以适度调整。如图1-25所示。小型红砖图例如图1-26所示。

图1-25 卫生间砌壁龛工艺

图1-26 小型红砖图例

需要砌壁龛墙的厚度一般不小于30cm。壁龛开凿的位置，一般是洗手池正前方、洗手池侧面、外墙位置、干湿分离隔墙位置以及排水管附近（包管位置）等，可根据使用习惯、墙面的情况来确定。

小提示

卫生间壁龛，还可以通过在卫生间墙面上挖出一个洞来实现，注意不得在承重墙上挖洞。卫生间壁龛深度为15~20cm，且有一定坡度，外低内高，以免积水。

1.1.15 卫生间给水管不走地工艺

卫生间给水管不走地，也就是说凡是卫生间给水管都不走卫生间地面，这样可确保卫生间地面不漏水，以及万一给水管漏水维修，维修卫生间墙面比维修地面工程量小一些，并且排查故障也相对容易一些，如图1-27所示。

卫生间给水管走地的情况如图1-28所示。根据实际情况，改为卫生间给水管不走地工艺的示意如图1-29所示。

卫生间给水管还可以走天花板，即水管走顶。

卫生间给水管不走地工艺

卫生间给水管走地的情况

图1-27 卫生间给水管不走地工艺　　　　图1-28 卫生间给水管走地的情况

图1-29 改为卫生间给水管不走地工艺的示意

💡 小提示
───

家装给水管暗敷时，需要避免破坏建筑结构、其他设备管线，水平给水管宜在顶棚内暗敷。家装塑料给水管明设在容易受撞击的地方时，要采取防撞击的构造。

1.1.16   大便器排污支管无补芯件工艺

为了便于排水管的连接，大便器排污支管常采用无补芯件进行连接。采用补芯件明显存在藏污垢的现象，如图1-30所示。

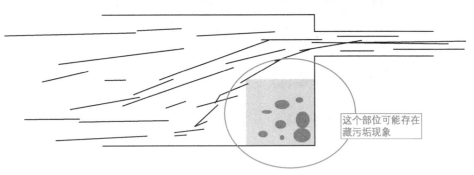

图1-30   采用补芯件进行连接

大便器排污支管无补芯件工艺的方法，就是大便器排污支管采用独立支管，洗脸盆排污支管采用另外支管，同时注意避免返水现象。

另外，尽量考虑斜边的大小头实现排水管变径，以达到"一冲一点不留"排到立管的效果。大小头的特点图例如图1-31所示。补芯的特点图例如图1-32所示。

1.1.17   排水支管45°斜接主排污管工艺

排水管和排污管布置要合理，所有支管都要45°斜接主排污管（特殊情况除外），并且要加存水弯。排水管必须保证有足够的存水，保持排水通畅，不返水，不返臭，才视为合格。

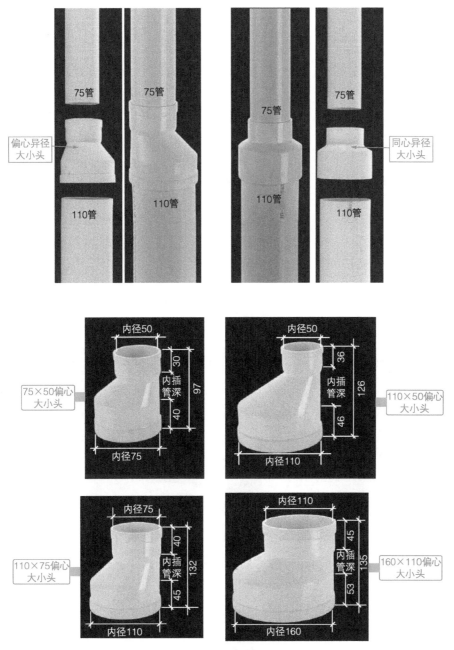

图1-31　大小头的特点图例

排水支管45°斜接主排污管如图1-33所示。

顺水三通是排水管路中的一种管件，主要用于支管和干管的垂直连接。顺水三通虽然是垂直连接，但是支管进入干管的连接处不是垂直相交，而是采用一小段圆弧顺水的流向进行连接的。该小段圆弧起到顺水作用，不同厂家的顺水三通及顺水圆弧长短不同。

从附件条件来看，90°斜三通优于顺水三通。顺水三通、正三通、45°斜三通的特点如图1-34所示。

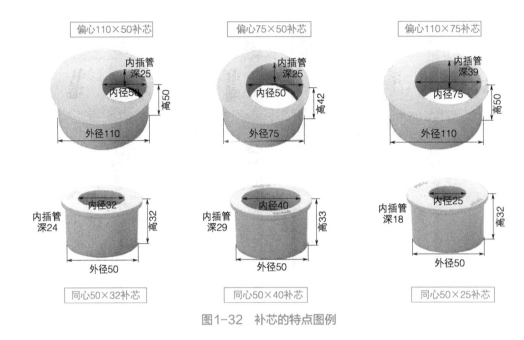

图1-32　补芯的特点图例

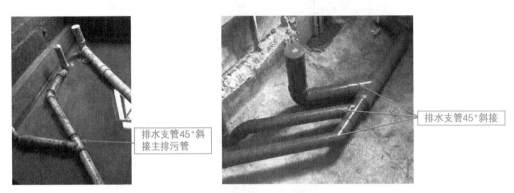

图1-33　排水支管45°斜接主排污管

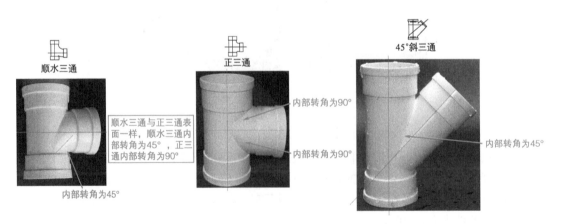

图1-34　顺水三通、正三通、45°斜三通的特点

小提示

　　T三通，也就是正三通。TY三通，也就是90°斜三通。Y三通，也就是45°斜三通。正三通承压能力不如斜三通。

　　对于卫生间污废水管等无压管，可以用顺水三通或者45°斜三通。对于有压管，无特殊要求时，则都可以用90°斜三通。

1.1.18　水改造"835"检查工艺

　　水改造"835"检查工艺，也就是家装水管改造后需要打压检查。打压检查时，三个重要的参数如图1-35所示（参数简称为8、3、5）。

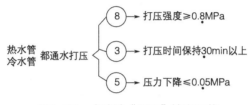

图1-35　水改造"835"检查工艺

1.1.19　包立管工艺

　　家装包排水立管工艺比较多，一些新特包排水立管工艺的特点见表1-3。

表1-3　一些新特包排水立管工艺的特点

名称	解释
红砖包立管工艺	（1）红砖包立管是用红砖将立管包好后进行抹灰、贴钢丝网、抹水泥砂浆、贴瓷砖 （2）这种方法比较占空间，对于小户型家装不建议采用这种方法 （3）也可以采用其他砖来垒砌成立柱包排水管
木龙骨包立管工艺	（1）可以先做木龙骨支架，然后钉水泥压力板，再贴瓷砖 （2）木龙骨容易受潮，因此，卫生间一般不适合用木龙骨包立管 （3）也可以先做木龙骨框架，再用PVC扣板包立管
轻钢龙骨+水泥压力板包立管工艺	（1）先做轻钢龙骨框架，然后封水泥压力板，再挂钢丝网，最后贴瓷砖 （2）轻钢龙骨+水泥压力板包立管工艺具有不易变形的特点
塑料扣板、塑铝板包立管工艺	（1）塑料扣板、塑铝板包立管，不需要在其外面贴瓷砖 （2）塑料扣板外观不是很美观，塑铝板角比较容易断裂 （3）也可以用木龙骨打底，再装上木工板，然后贴塑铝板

1.1.20　卫生间沉箱砌格子工艺

　　卫生间沉箱砌格子工艺，也就是卫生间沉箱内用砖砌多个格子，以便填充填充物，以及隔断架空。

　　卫生间沉箱内用砖砌格子，相当于给沉箱做了框架，可以保证卫生间地面的承重支持作用，避免以后卫生间地面下沉出现漏水等问题。卫生间沉箱做好框架后，可以往这些小格子内填充比较轻盈的陶粒、灰煤渣等能够起到吸水作用的材料。

下沉式卫生间沉箱砌格子，一般采用红砖框架，小格子有400mm×400mm正方形应用的案例，也有采用其他材料并且不连续砌（即支撑柱形式）的案例。总之，田字形、九宫格、支撑柱等均有应用的案例。

卫生间沉箱砌格子工艺如图1-36所示。卫生间沉箱砌格子工艺中格子内的填充物往往是陶粒，然后上面往往是采用现铺水泥砂浆。有的工艺，还可用钢筋（网）加强后再现铺水泥砂浆；有的工艺，则采用预制板，而不采用现铺水泥砂浆。

图1-36　卫生间沉箱砌格子工艺

1.1.21　卫生间陶粒工艺

扫码看视频
卫生间陶粒工艺

一些房子在交房时，卫生间的地面要比其他空间低30～40cm。房屋装修施工时，需要用一些材料把卫生间地面填充到合适的高度。这就是卫生间填埋，即填底。

卫生间陶粒工艺，就是采用陶粒回填卫生间沉箱。如果采用废渣回填卫生间，则尖锐的废渣容易破坏卫生间的防水层。由于陶粒易碎，可能会引起后期卫生间下沉。为此，面积较大的卫生间陶粒工艺，应考虑一些支撑措施。如采用隔断架空框架，可用水泥红砖砌成格子，也有只是将红砖码起来而不用水泥砌死的框架等多种情况。

卫生间陶粒工艺如图1-37所示。

图1-37　卫生间陶粒工艺

有的卫生间回填陶粒后，可在其上铺上一层200mm×200mm小格子的钢筋网，以便使陶粒基层受力均匀，增加整个沉箱的坚固性。然后在其上面倒大约厚40mm的混凝土。倒混凝土时，需要注意下水道的斜坡要求。混凝土干透后，可以连墙体一起刷两遍防水涂层。防水层干透后，刷一遍素水泥浆作为保护层，以防贴砖时刮花、损坏防水层。

有的卫生间回填陶粒后，采用预制板形式来施工。制作预制板时，先根据卫生间的大小，用木板钉架子，然后在木板模型的中间分布光圆钢筋，再现场浇筑水泥砂浆，等水泥砂浆干后，再去掉木板架子。

预制板干后，即可铺设，可直接把预制好的预制板覆盖在卫生间架空隔断上面，把边边角角、缝隙铺好填实，然后做防水保护层。

卫生间填埋常见方式的比较见表1-4。

表1-4 卫生间填埋常见方式的比较

名称	图例	解释
建筑废料		建筑废料，也就是建渣。建筑废料便宜，施工简单。填埋的建筑废料要敲碎，尽量减少尖锐的棱角，以免破坏防水层。一般是先把底部铺上厚15cm左右的砂子（保护防水层），再用建筑废料填充，最后用砂子把缝隙填满。需要考虑楼板的承重情况，并且有的物业是不允许用建筑废料回填卫生间的
炭渣		采用炭渣实惠，炭渣材质轻，吸潮性比较好，但是炭渣材料不好找。填炭渣时，需要确保炭渣的干燥性。炭渣的稳定性不好，因此填好后需要压实。炭渣上面的水泥浆一般需要封厚一点，以防出现裂缝
陶粒		目前，陶粒是卫生间回填的最佳材料。陶粒材质轻，内部有微孔，具有吸潮作用，构造较圆润，不用担心会破坏防水层。但陶粒价格较贵，可以使用珍珠棉陶粒或泡沫砖，加上砂子、水泥回填
预制板架空		采用直接预制板架空，也就是地下用砖头架空，再把预制板盖到沉箱上即可。预制板一般先在外面做好，并且需要加钢筋

小提示

卫生间无论采用哪种回填方法，都不能破坏防水层。回填时，需要保护好水管，最好用砖头把水管支撑起来。如果全部用砂子，水管可能会下沉，接口处可能会漏水。另外，防水最好做两次，第一次是在整个下沉部位做防水（做满），第二次是在回填后再做一次防水。考虑到一旦防水没做好，后期再修的可行性与方便性，则可以优先考虑预制板架空等方法。

1.1.22 圆弧（圆角）工艺

圆弧（圆角）工艺，就是原来不是圆弧（圆角）的工艺项目需要特意进行弧化或者圆化处理。

家装需要圆弧（圆角）工艺的地方有：衣柜、壁柜、家具、桌椅、相关交接处、相关转折处、阴阳角、管根部等。

衣柜、壁柜、家具、桌椅、幼儿接触的地方应进行弧化或者圆化处理，以防止直角等形状可能产生的伤害。

有些特色工艺，墙壁面和地面交接处、转折处、阴阳角以及柱子包边等需要进行弧化或者圆化处理。

圆弧（圆角）挡水防水工艺，也就是一些需要做挡水、防水的基层，其墙阴角需要做成半径大约为50mm的小圆弧（做成钝角）、墙阳角需要做成半径大约为10mm的圆角、地面上的阴角需要做半径大约为50mm的弧化或者圆化处理。弧化（做成钝角）或者圆化处理，可以方便防水涂层涂抹均匀、连续。圆弧（圆角）挡水防水工艺如图1-38所示。

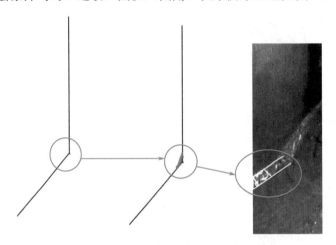

图1-38　圆弧（圆角）挡水防水工艺

卫生间一般采用涂料防水，或聚合物水泥砂浆防水，采用弧化或者圆化处理，可以方便涂抹时厚薄均匀，不易形成防水薄弱点而导致漏水。

弧化或者圆化处理的圆滑度需要达到足够的圆弧缓冲作用。

💡 小提示

老年人卧室墙面阳角宜做成圆角或钝角。儿童卧室不得在儿童可触摸、易碰撞的部位做外凸造型，以及不得有尖锐的棱状、角状造型。侧面凸出装饰面的硬质块材，一般需要做圆角或倒角处理。

1.1.23　柔性防水浆料防水工艺

柔性防水是指防水层在受到外力作用时，防水材料自身有一定的伸缩延展性，能抵抗在防水材料弹性范围内的基层开裂，呈现一定的柔性。

刚性防水材料相对于防水卷材、防水涂料等柔性防水材料而言，其是指按一定比例在水泥砂浆或混凝土中掺入少量外加剂、高分子聚合物等材料配制而成的一种防水材料。刚性防水材料主要包括防水砂浆、防水混凝土。

刚性防水所用的材料没有伸缩性，与柔性防水相比，刚性防水具有造价低、耐久性好、施工工序少、对基层条件要求不高、维修方便等特点。刚性防水存在的主要问题是对地基的不均匀沉降造成屋面构件的微小变形、温度变形较敏感，易产生裂缝和渗漏水。刚性防水可以在潮湿基面上施工。刚性防水适合贴砖，所以经常用在墙面防水。

柔性防水涂料具有抗变形能力强、抗渗能力强、对基层要求比较严格、成膜柔软、成膜有弹性且光滑、低温柔性好、摩擦系数大、稳定性好等特点，但贴砖容易滑落。柔性防水涂料常用于地面防水、管根与阴阳角的加强防水。

柔性防水浆料如图1-39所示。防水涂膜如图1-40所示。柔性防水涂料具有一定的伸缩性，因此，其防水不易开裂。

防水存在渗漏的现象如图1-41所示。

图1-39 柔性防水浆料

图1-40 防水涂膜

图1-41 防水存在渗漏的现象

 小提示

　　决定防水涂料柔韧性的因素比较多。其中，最重要的因素就是乳液的含量。丙烯酸乳液越多，产品柔韧性越好。其次的因素就是加水泥的比例。加水泥的比例越大，则涂料成膜后越坚韧。家装防水工程需要根据不同的设防部位，根据柔性防水材料、防水卷材、刚性防水材料的顺序，选择适宜的防水材料，以及相邻材料间要具有相容性。

1.1.24 防水返上（上翻）与防潮工艺

家装卫生间、厨房、浴室、设有配水点的封闭阳台、独立水容器等均要做防水。家装防水包括防水密封材料的名称、规格型号、主要性能指标，防水构造设计，排水系统设计，细部构造防水、密封措施等内容。

家装防水返上（上翻）工艺要求见表1-5。

表1-5 家装防水返上（上翻）工艺要求

工艺要求	解释
采取加强防水构造措施	卫生间管道穿楼板的部位，地面与墙面交界处，以及地漏周边等易渗水部位要采取加强防水构造措施
防水层高度不得低于1.2m	卫生间非洗浴区配水点处墙面防水层高度不低于1.2m
	浴室、设有配水点的封闭阳台等墙面要设置防水层，防水层高度一般距楼面、地面面层1.2m

工艺要求	解释
防水层高度不得低于1.8m	卫生间洗浴区墙面防水层高度不低于1.8m
	卫生间有非封闭式洗浴设施时，花洒所在与其邻近墙面防水层高度一般不小于1.8m
距装修地面1.4~1.5m	厨房洗涤池处墙面防水层高度一般距装修地面1.4~1.5m，长度要超出洗涤池两端各400mm
上翻300mm	卫生间地面防水层要沿墙基上翻300mm
	厨房地面防水层要沿墙基上翻300mm
通高防水层	卫生间采用轻质墙体时，墙面应做通高防水层

家装防水返上（上翻）工艺要求如图1-42所示。

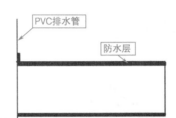

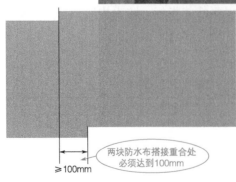

图1-42　家装防水返上（上翻）工艺要求

家装墙面、顶棚可以选择采用防水砂浆、聚合物水泥防水涂料做防潮层。无地下室的地面，可以采用聚氨酯防水涂料、聚合物乳液防水涂料、水乳型沥青防水涂料、防水卷材做防潮层。家装采用不同材料做防潮层时防潮层厚度要求见表1-6。

表1-6 家装采用不同材料做防潮层时防潮层厚度要求

材料			防潮层厚度/mm
防水涂料	聚合物水泥防水涂料		1.0～1.2
	聚合物乳液防水涂料		1.0～1.2
	聚氨酯防水涂料		1.0～1.2
	水乳型沥青防水涂料		1.0～1.5
防水卷材	自粘聚合物改性沥青防水卷材	无胎基	1.2
		聚酯毡基	2.0
	聚乙烯 - 丙纶复合防水卷材		卷材≥0.7（芯材≥0.5），胶结料≥1.3
防水砂浆	掺防水剂的防水砂浆		15～20
	涂刷型聚合物水泥防水砂浆		2～3
	抹压型聚合物水泥防水砂浆		10～15

家装防水与防潮施工的一些要求如下。

① 住宅室内防水包括楼面、地面的防水、排水，室内墙体防水，独立水容器防水、防渗。

② 采用地面辐射采暖的无地下室住宅，底层无配水点的房间地面，需要在绝热层下部设置防潮层。

③ 厨房的楼面、地面要设置防水层。厨房的墙面宜设置防潮层。厨房布置在无用水点房间的下层时，顶棚要设置防潮层。

④ 厨房设有采暖系统的分集水器、生活热水控制总阀门时，楼面、地面要就近设置地漏。

⑤ 对于有排水要求的房间，需要绘制放大布置平面图，并且要以门口、沿墙周边为标志标高，以及标注主要排水坡度、地漏表面的标高。

⑥ 防水层需要采取保护措施时，可以采用20mm厚1:3水泥砂浆做保护层。

⑦ 钢筋混凝土结构独立水容器的防水、防渗要求：水容器内侧要设置柔性防水层；设备与水容器壁体连接的地方需要做防水密封处理；采用强度等级为C30、抗渗等级为P6的防水钢筋混凝土结构，以及受力壁体厚度一般不小于200mm。

⑧ 楼面、地面做防水时，砂浆找坡层最薄地方的厚度，一般不小于20mm。混凝土找坡层最薄地方的厚度，一般不小于30mm。找平层兼找坡层时，一般需要采用强度等级为C20的细石混凝土。需设填充层铺设管道时，一般需要与找坡层合并，填充材料一般选用轻骨料混凝土。

⑨ 楼面、地面做防水时，装饰层一般要采用不透水材料和构造，并且粗糙面层排水坡度一般不小于1%，主要排水坡度一般为0.5%～1%。

⑩ 设有配水点的封闭阳台，墙面要设防水层，顶棚要有防潮层，楼面、地面要有排水措施，并且设置防水层。

⑪ 卫生间、浴室的楼面、地面要设置防水层。卫生间、浴室的墙面、顶棚要设置防潮层，门口要有阻止积水外溢的措施。

⑫ 无地下室的住宅，地面要采用强度等级为C15的混凝土作为刚性垫层，并且刚性垫层厚度一般不小于60mm。无地下室的住宅，楼面基层一般为现浇钢筋混凝土楼板。楼面基层为预制钢筋混凝土条板时，则板缝间需要采用防水砂浆堵严抹平，并且沿通缝涂刷宽

度不小于300mm的防水涂料形成防水涂膜带。

⑬ 现场浇筑的独立水容器,需要符合刚柔结合的防水要求。独立水容器需要有整体的防水构造。

⑭ 有防水设防的功能房间,除了要设置防水层的墙面外,其余部分墙面、顶棚均需要设置防潮层。

⑮ 有排水的楼面、地面,一般要低于相邻房间楼面、地面20mm或做挡水门槛。如果需进行无障碍设计时,一般要低于相邻房间面层15mm,并且以斜坡过渡。

💡 小提示
_____

　　家装用水房间门口的地面防水层,还要求:向外延展宽度一般不小于500mm,向两侧延展宽度一般不小于200mm,不要设置门槛。家装厨房墙面要设防潮层,如果厨房布置在非用水房间的下层时,则顶棚还要设防潮层。

1.1.25　左热管右冷管工艺

　　家装左热管右冷管工艺,就是厨房、卫生间给水管左边为热水管,右边为冷水管,冷热水管间距宜不少于100mm(如果使用混水龙头,则出水口、管间距需要综合考虑),如图1-43所示。

图1-43　左热管右冷管工艺

💡 小提示
_____

　　家装中进入住户的给水管道,在通向厨房的给水管道上需要增设控制阀门。厨房冷水和热水给水管接口地方一般需要安装角阀,高度一般宜为500mm。厨房热水器水管,一般需要预留到热水器正下方且高出地面1200~1400mm的地方。家装厨房内给水管道,可以沿地面敷设,也可以采用隐蔽式的管道明装方式,以及要求管中心与地面、墙面的间距一般不大于80mm。

1.1.26 卫生间三层排水工艺

有言道："家装沉箱式卫生间防水不如排水"，也就是说卫生间二次排水措施胜过采用相关防水措施。因此，家装卫生间防水工艺，很大程度上就是卫生间排水工艺。其中，卫生间三层排水工艺属于多层排水，其防水性更可靠。

卫生间三层排水工艺的三层，分别为底层排水出口（层）、中层排水出口（层）、上层排水出口（层）。

（1）底层排水出口（层）

底层排水出口（层），也就是沉箱底位置的排水。首先整个沉箱（包括沉箱底）均要做防水层。一般情况下，交房时，绝大多数开发商对沉箱池底都刷了防水层。家装时，一般还要刷防水层。

底层排水出口（层）的施工工艺有两大类，即需要拆改110排水主管、不需要拆改110排水主管。其中，不需要拆改110排水主管简单高效，实际中应用较广。为此，本书重点介绍不需要拆改110排水主管。

底层排水出口（层）工艺的出发点与核心节点，就是靠近沉箱底在110排水主管有个出水口，如图1-44所示。围绕这个出水口，有很多施工工艺。下面介绍常见的几个可靠性高的施工工艺。

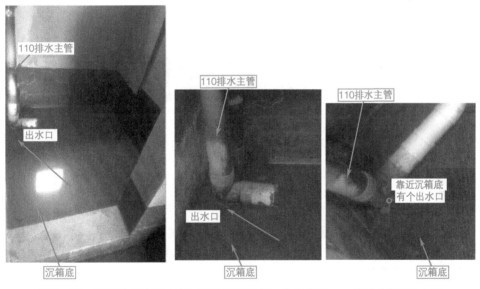

图1-44 底层排水出口（层）工艺的出发点与核心节点——靠箱底有个出水口

该出水口位于110排水主管与箱底靠近位置，以便沉箱万一积水能够流出排到110排水主管中，并且利用其处于最低位置的特点将水排干净。该出水口常采用在靠近箱底位置的110排水主管钻小孔即可。小孔，可以是1个，或者2个、3个（但是不宜过多）。小孔孔径一般小于6mm即可。小孔不能太大，否则会破坏110排水主管且易堵塞。为防止堵塞，可以考虑采用2~3个小孔，以及在小孔位置堆放一些鹅卵石。考虑沉箱排水有一定的空间，为更好地排水，可以再考虑在沉箱底上放一根与小孔连接的细管。细管上要钻许多小孔或者开许多小槽，以便积水流入细管并排到110排水主管里。为防止小孔或者小槽堵塞，细管上可以覆盖一层鹅卵石，如图1-45所示。

　　靠近箱底位置的110排水主管钻孔时，注意不得破坏110排水主管与箱底交界位置的防水层。另外，也可以采用一些特殊的配件来实现，如图1-46所示。

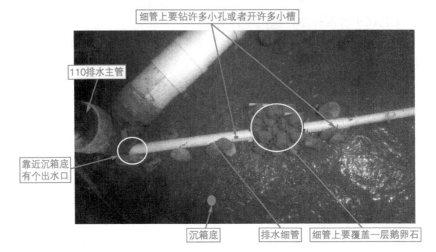

图1-45　底层排水出口与排水细管

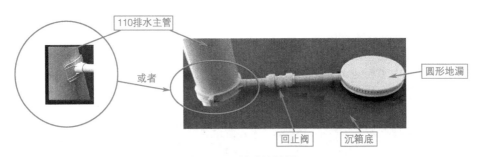

图1-46　特殊的地漏

💡 小提示

　　底层排水细管，有采用老式闭路电视线代替PVC细管来排水（滴水）的实例。注意，要抽去闭路电视线中间的电芯，以便水能够通过。沉箱中安装的排水横支管，可以用砖砌围起来，然后填沙子，以起到保护作用。

（2）中层排水出口（层）与上层排水出口（层）

　　中层排水出口（层），也就是沉箱底位置与卫生间地面之间的中间设置的排水口（层）。

　　中层排水出口（层），一般设置在填充层上面的硬化找平层上。这样，利用底层排水出口（层）与中层排水出口（层），使卫生间沉箱填充段变为真正的"干"段，沉箱变为真正的"干"箱。

　　首先整个沉箱填充层上面的硬化找平层均要做防水。中层排水出口（层）的位置，一定要是沉箱填充层上面的硬化找平防水层最低的地方。为达到该要求，可以在填充层上面的硬化找平防水层做一个窝状的面，"窝底"就是最低位置，如图1-47所示。

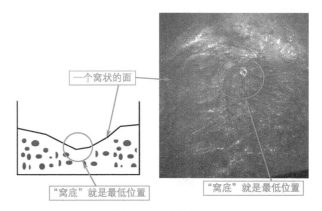

图1-47 窝状的面

卫生间沉箱往往还需要布置大便器排污下水管（口）、洗脸盆排污下水管（口）等。其中，洗脸盆排污下水管（口）可以直接留到卫生间地面装饰表层上。对于大便器排污下水管（口），往往需要考虑大便器高度。

中层排水出口"窝底"最低位置，是单独细管引出，或是采用与地漏（暗地漏）相结合，还是与大便器排污下水管相结合等形式，决定了中层排水出口（层）与上层排水出口（层）联系的强弱。

① 中层排水出口与上层排水出口均采用地漏排水管来连通。

中层排水出口与上层排水出口均采用地漏排水管来连通，如图1-48所示。中层排水出口，就是采用在填充层上面的硬化找平层上，对上层排水出口地漏排水管打孔，实现排水口的连通。

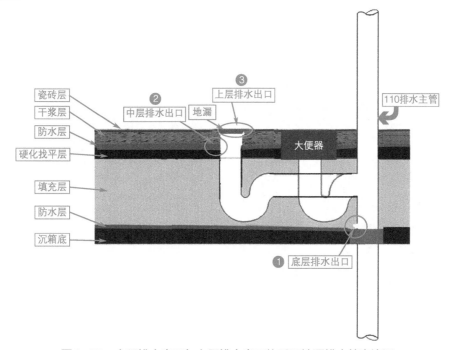

图1-48 中层排水出口与上层排水出口均采用地漏排水管来连通

② 中层暗排水出口（暗地漏）、上层排水出口（明地漏）。

中层暗排水出口（暗地漏）、上层排水出口（明地漏）如图1-49所示。

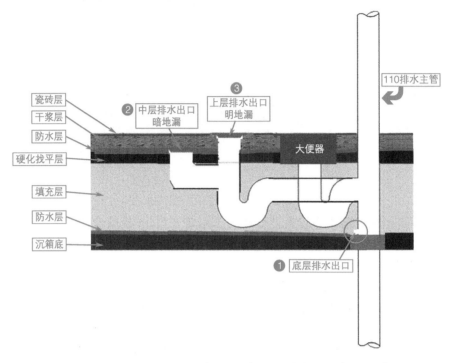

图1-49　中层暗排水出口（暗地漏）、上层排水出口（明地漏）

③ 中层暗排水出口（暗地漏）、上层排水出口（大便器排污管附近地漏）。

中层暗排水出口（暗地漏）、上层排水出口（大便器排污管附近地漏）如图1-50所示。采用该形式，一定要注意大便器平面的标高要求与沉箱深度是否满足要求，以及各排水出口均要排水顺畅，不得出现返水等异常现象。

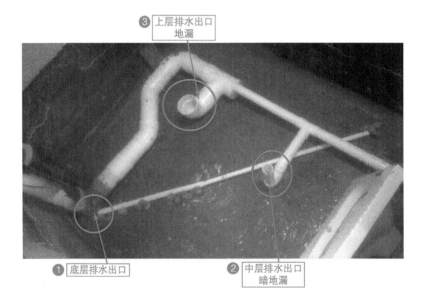

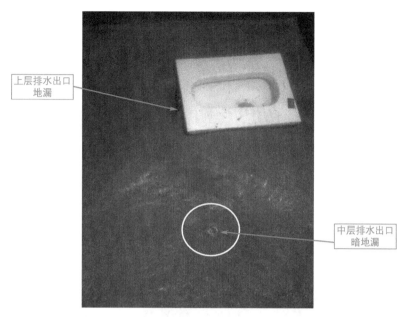

图1-50 中层暗排水出口（暗地漏）、上层排水出口（大便器排污管附近地漏）

④中层暗排水出口（单独细管引出）、上层排水出口。

中层暗排水出口单独采用一根细管引出，也就是另外采用一根单独细管，一端作为填充层上面的硬化找平防水层"窝底"最低位置端口，一端与110排水主管打个小孔连接，注意该单独细管质量要好，不得漏水。"窝底"最低位置端口需要采用防堵塞措施。

中层排水出口单独细管引出，该单独细管也可以放置在填充层上面的硬化找平防水层上面，则该找平层需要设置通向110排水主管的槽路，并且有坡向。

上层排水出口，是由大便器排污下水管接口附近下方110排水主管上打个小孔来实现的，如图1-51所示。

卫生间地面找平后，必须有排水坡度。排水坡度最低位置应为地漏位置。排水处理工艺如图1-52所示。

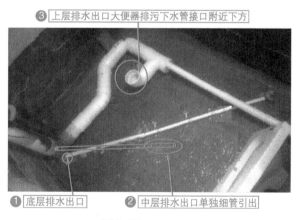

图1-51

中层排水出口单独细管引出，若该单独细管放置在填充层上面的硬化找平防水层上面，则该找平层需要设置通向110排水主管的槽路，并且有坡向

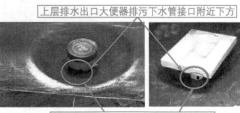

上层排水出口大便器排污下水管接口附近下方

卫生间防水层上方积水进行上层排空，保持瓷砖铺贴层干燥，防渗漏

图1-51　中层暗排水出口（单独细管引出）、上层排水出口

防水至少要做2次

图1-52　排水处理工艺

💡 小提示

　　卫生间内设有洗衣机时，需要有专用的给水排水接口与防溅水电源插座。卫生间防水涂层要无透底、无开裂，涂抹要均匀、饱满。卫生间地面要有坡度坡向地漏。卫生间非浴区地面排水坡度，一般不宜小于0.5%。卫生间浴区地面排水坡度，一般不宜小于1.5%。

1.1.27　卫生间二层排水工艺

　　卫生间二层排水工艺，就是上文讲到的卫生间三层排水工艺的简化版，也就是采用三层排水工艺中底层排水出口（层）+中层排水出口（层）；或者底层排水出口（层）+上层排水出口（层）等形式。

　　例如，采用了底层排水出口（层）后，二层排水出口在大便器排污下水管接口附近下方设置，如图1-53所示。

1.1.28　窗边防水工艺

　　一些房屋建设时，窗边采用发泡剂灌缝，整个窗断面起防水作用的仅为一道硅胶。时

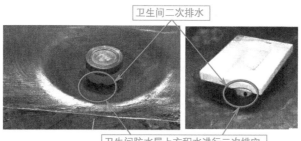

图1-53 卫生间二层排水工艺

间久了，这些材料会老化、脱开，导致雨水渗入。另外，窗框周边空穴存在、窗框周边产生细小裂缝、窗结构变形、窗安装误差大等原因，均可能引发窗边渗水。

窗户内外侧防水工艺，也就是窗户边也做防水，以防下雨时有水从窗户渗透到屋内，渗水到窗边，使窗边墙面上出现一片水迹的现象。

窗户防水施工，首先进行基层处理与清理，然后修补，再就是滚刷防水涂层。窗户防水施工可以采用滚刷或刮板涂覆，需要多涂刷几遍，并且注意一次涂覆不得太厚，以免出现开裂等现象。涂刷时要均匀一致。窗户防水施工也可以做一层防水保护层。

铝合金门窗的四周，一般要从窗边300mm左右涂防水涂层，并且做防水涂层前要把所涂部位的灰扫除干净。

窗户四周需要采用添加防水剂的混凝土进行密封。窗框四周与其他材料交接的地方，需要采用防水密封胶。玻璃与铝合金框料需要注密封胶，不要使用胶条密封。

窗户内外侧防水工艺如图1-54所示。

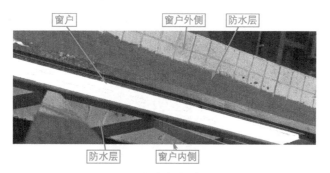

图1-54 窗户内外侧防水工艺

 小提示

窗台板，一般需要朝外且有斜坡。窗底部的窗台板与窗的胶缝，一般要朝外。

1.1.29 厨房排烟管道防水工艺

厨房排烟管道没有进行防水工艺处理，使得楼下存在渗漏现象，如图1-55所示。为了减轻高层的承重，房屋原有烟道一般采用轻质材料制成。这些轻质材料，没有防水功能。排烟管道位置防水如图1-56所示。

图1-55　排烟管道位置渗漏现象　　　　图1-56　排烟管道位置防水

　　厨房排烟管道防水工艺，首先需要采用挂网加固砂浆找平，然后对厨房排烟管道靠近地面进行返上做防水层，也有做防水埂、涂层中加铺无纺布增强处理等方案。

1.1.30　1∶1实景放样工艺

　　1∶1实景放样工艺如图1-57所示。采用1∶1实景放样工艺，可以避免家具、设备等位置偏差大、不合理，装修后期才发现，返工难度增大的风险。同时，还具有提前感知空间、感知使用功能等作用。

图1-57　1∶1实景放样工艺

1.1.31　地固、墙固工艺

　　地固、墙固是加固水泥砂浆层的基材，它们均是一种水性界面处理剂。采用墙固，可以改善墙壁腻子与基材间的结合力，增强基层密实度，提高层间附着力。墙固，有透明墙固、有色墙固等种类。有色墙固以黄色居多，地固以绿色为主，如图1-58所示。

扫码看视频

墙固工艺

图1-58 地固、墙固

墙固适用于砖混墙面、水泥砂浆抹灰层、混凝土墙面批刮腻子前界面处理。墙固常规的施工方法有刷涂、辊涂等。

地固是一种水性地面加固剂。使用地固，能够充分浸润砂浆基层，加强基层密实度，提高抹灰砂浆与地面基层的黏结强度。使用地固，可以起到防空鼓、防掉砂、防潮等作用。

地固适用于水泥地面的封闭处理，其常见的施工方法有刷涂、辊涂等。

地固、墙固的刷涂、辊涂，一般情况是砌墙工程完成后开始施工，后续如有因开槽等工序破坏后可以再修补。为此，有的项目地固、墙固的刷涂、辊涂，则安排到地面、墙面已经确定了不再有基层等破坏地固、墙固的工艺才进行，从而保证了地固、墙固的一次性完整刷涂、辊涂。

墙固在套胶涂刷过程中控制好稀释比例，不可涂刷过厚，以免刷涂墙固后出现批刮腻子产生开裂现象。

1.1.32 柜门防变形工艺

对于一些柜门，不能够与顶面、地面以及其他接触面直接接触，应留有一定的距离，以防柜门或者其他面日久变形，或者两者均变形，产生打不开的现象，如图1-59所示。

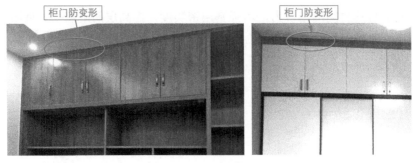

图1-59　柜门防变形工艺

 小提示

　　柜子顶住天花板时，柜高至少少计10mm，这样避免柜子直接顶住天花板，以防止因天花板不平而在现场不好调整。

1.1.33　石膏板拼缝倒V工艺

　　石膏板拼缝时，如果石膏板直接拼，则底层涂料难以渗透到拼缝处的拼缝里面，经过热胀冷缩后会产生开裂现象。

　　石膏板拼缝倒V工艺，就是把石膏板拼缝处采用倒V口形式，然后采用石膏粉底层处理，再贴上网格布、绷带即可。这样石膏粉底层可以完全渗透到拼缝里面，形成整体。

　　石膏板拼缝倒V工艺如图1-60所示。

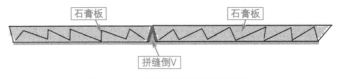

图1-60　石膏板拼缝倒V工艺

1.1.34　石材与地板接缝衔接工艺

　　石材与地板接缝衔接工艺见表1-7。

表1-7　石材与地板接缝衔接工艺

类型	特点
7字条衔接	采用7字条对地板尽头端缝隙进行处理，从而实现与石材缝隙的衔接
高低扣衔接	如果石材与地板标高不同，则可以采用高低扣来衔接
平压条衔接	平压条可以用于遮盖处于同一水平高度的石材与地板缝隙的衔接

　　石材与地板接缝衔接工艺如图1-61所示。

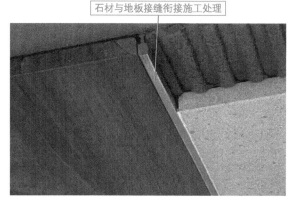

图1-61　石材与地板接缝衔接工艺

1.1.35　过门石工艺

扫码看视频

过门石工艺

采用过门石，不仅增添室内装修的美感，而且还能实现某些功能作用。

为了美观、方便，可将过门石边角"倒角"，也就是将过门石磨一个斜边。

过门石可以采用大理石，也可以采用花岗石。花岗石材质比大理石硬，过门石耐踏。如果铺贴地面一侧有石材地面拼花或石材地面圈边线的情况，则可采用近似或相同材质的过门石。

不同房间因材料不同做法有异，从而可能导致地面厚度不同产生高差。为此，过门石的铺贴应考虑好地面高差。卫生间过门石需要考虑用来挡水的作用。厨房过门石需要用来阻挡一些食物、积水的作用。

一般情况，入户、洗手间与厨房的门口，可以选择过门石，并且过门石要高于地面。

过门石应比卫生间完成面大约高20mm。过门石应比厨房完成面大约高10mm。

如果过门石两边，一边是地砖，一边是实木地板，则过门石与地板间应留4～5mm缝隙，并且用铜扣条（或者木扣条）做过桥衔接。

过门石的高差，需要考虑行动的方便性。

小提示

有的室内地面铺强化复合地板的厚度为12～15mm（即8 mm厚地板+5 mm厚地垫）。有的地面贴瓷砖的厚度大概为：水泥砂浆厚度+瓷砖厚度+地面流水找坡厚度等。家装套内各空间的地面、门槛石的标高要求见表1-8。

表1-8　家装套内各空间的地面、门槛石的标高要求

位置	建议标高/m	说明
入户门槛顶面	0.010～0.015	防渗水
套内前厅地面	±（0.000～0.005）	套内前厅地面材料与相邻空间地面材料不同时
厨房地面	-0.015～-0.005	当厨房地面材料与相邻地面材料不同时，与相邻空间地面材料过渡

位置	建议标高/m	说明
阳台地面	-0.015～-0.005	开敞阳台或当阳台地面材料与相邻地面材料不相同时，防止水渗至相邻空间
超居室、餐厅、卧室走道地面	±0.000	以起居室（厅）地面装修完成面为标高±0.000
卫生间门槛石顶面	±(0.000～0.005)	防渗水
卫生间地面	-0.015～-0.005	防渗水

注：以套内起居室（厅）地面装修完成面标高为±0.000。

1.1.36　大理石踢脚板工艺

大理石踢脚板工艺安装有粘贴法、灌浆法，粘贴法工艺方法与流程如图1-62所示，灌浆法工艺方法与流程如图1-63所示。

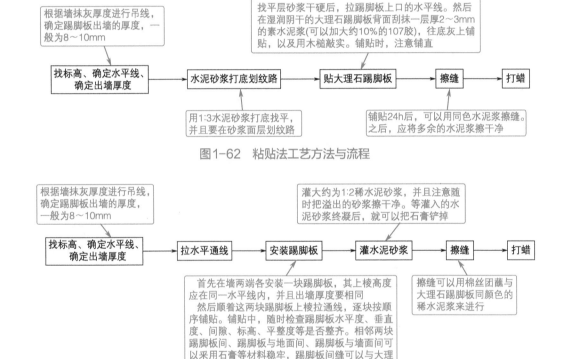

图1-62　粘贴法工艺方法与流程

图1-63　灌浆法工艺方法与流程

1.1.37　拼花石材地面工艺

拼花石材地面的施工重点之一是确保施工后要出"花"的效果。因此，拼花石材地面的施工除了石材地面施工的通用要点外，还必须考虑拼花的实现与实现的最佳效果。

拼花石材，尽量预先在工厂根据设计图加工、拼装，尽量在工厂完成将"花"粘贴到背板上，或者粘贴到背网上形成完整的大石材块。

拼花石材地面的施工，首先需要根据现场实际情况、相关尺寸、相关设计图纸进行必要的预排版、预拼花，以便对板块的色调、规格进行检验与确认，以及提出改进措施与施工注意事项。

根据相关设计、图纸进行拼花组拼，同时要检验合格后对各块石材进行定位编号。

拼花石材地面施工前，也需要拉通线，设拼花位置中心线、分块安装定位控制线等基准线。

施工完成后的地面石材表面防滑等级，要能够满足有关要求。

1.1.38　家装成品保护工艺

对于家装"成品"保护工艺而言，主要是对已经完成的工艺进行必要的保护措施，从而避免可能产生破坏。家装常见的成品保护工艺如图1-64所示。

图1-64　家装常见的成品保护工艺

1.1.39　其他新工艺与特色工艺

其他新工艺与特色工艺见表1-9。

墙面充筋工艺

家装卫生间门口双挡水防水工艺

装修凿毛工艺

表1-9　其他新工艺与特色工艺

名称	解释
30工艺	30工艺，也就是强弱电管间距大于30cm。水管进入卫生间，不直接穿墙地下进入，而是返墙高30cm位置进入，避免后期补水管孔的材料与墙结合不够，容易产生开裂，存在渗透隐患
保温层、白灰铲除工艺	装修进场时，毛坯房的保温层、白灰要铲除，以免后期容易出问题
厨房烟道加厚工艺	鉴于毛坯房的厨房烟道比较薄，做饭时，温度升高，长时间高温，厨房烟道水泥会膨胀，厨房烟道外贴的瓷砖会开裂。为此，装修时应加厚厨房烟道，并且加厚时还需要采用钢丝网，即挂网工艺
厨房专用分线盒工艺	厨房专用分线盒工艺，就是家庭电箱中引出6mm²铜主线到厨房专用分线盒内，然后由厨房专用分线盒分别引出厨房各插座的电线。厨房专用分线盒工艺，可以避免线路内某个插座短路，会影响其他插座的情况
瓷砖背胶工艺	针对抛光砖、玻化砖、大理石等墙面砖，如果采用普通砂浆铺贴，容易引起空鼓、掉落等现象。为此，采用背胶来铺贴。瓷砖背胶工艺，也就是被一些装修项目"宣传"的特色工艺

名称	解释
瓷砖留缝工艺	为了避免热胀冷缩引起瓷砖起拱等缺陷，为此，瓷砖采用留缝处理，具体留缝多大，需要根据瓷砖种类、大小等因素来决定
瓷砖嵌入铝合金窗下方工艺	为了避免雨水渗漏浸入室内，为此，采用瓷砖嵌入铝合金窗下方的施工工艺
带两耳大理石门槛工艺	带两耳大理石门槛工艺，就是采用带两耳的大理石作为门槛，从而具有防水防潮、不易变形以及避免木质底易霉变等缺点
吊顶平面穿梁底工艺	吊顶平面穿梁底工艺，就是吊顶的平面包括了梁底，而不是采用梁底作为吊顶的一部分。这样，保证了吊顶的整体性
房内入户水阀工艺	有的房屋，屋外安装了总水阀，便于物业控制，但是不便于业主控制。为此，在房屋内再设置一个总水阀，这就是房内入户水阀工艺。总水阀，有的安排在水管入户位置，有的安排在橱柜下柜内
分色电管工艺	分色电管，也就是强电采用红色或者黄色电管，弱电采用蓝色电管
护角工艺	护角工艺，主要是指阴阳角护角工艺。护角材料，包括L形纸护角、U形纸护角、环绕形纸护角、C形纸护角、其他特殊形状纸护角、PVC护角等 家装护角材料主要是L形纸护角、PVC护角等
交界处工艺	对于要包边的门套，是首先安装门套，还是贴墙布（或者抹灰）等面层施工，其实该程序比较灵活，关键是门套边墙的施工处理一般要平整，这样无论先安装门套，还是先贴墙布（或者抹灰）等面层施工，交界处均会平整紧贴。如果门套边墙不平整，则门套与墙面层交界处会出现缝隙等问题。为此，对于门边周边200mm宽度的墙面层交界处一定要采用靠尺检查整体的平整度
角落处石膏板七字板工艺	角落处石膏板切七字板，可以有效防止接缝处开裂
坑管、下水管盖帽保护工艺	坑管、下水管采用盖帽保护，避免杂物堵塞坑管、下水管
龙头偏心定位工艺	龙头偏心定位工艺，就是为了避免龙头盖与装饰面出现缝隙而考虑的工艺
门槛与地板门槛石工艺	门槛与地板门槛石工艺，就是门槛与地板间采用门槛石过渡，并且地板埋入门槛石槽中
门槛与地板压线条工艺	门槛与地板压线条工艺，就是门槛与地板间采用压线条过渡
木柜子背板横档加固工艺	对于衣柜等面积较大的背板，为防背板起翘，则每隔一定距离加横档加固
木柜子背板刷防潮漆+贴防潮膜工艺	木柜子背板由于长期靠近墙壁，为此，背板刷防潮漆，再贴防潮膜，最大限度防止受潮
木质基层离地工艺	木质基层离地工艺，就是采用木质基层时，考虑到防潮，木质基层下口要离地
排水管加固工艺	立管、卫生间地面等位置的排水管采用砌筑加固保护
强弱电线管交接处锡箔纸包裹工艺	强弱电线管交接处锡箔纸包裹工艺，就是强弱电线管交接处的地方，采用锡箔纸包裹，避免强电干扰弱电
墙面充筋工艺	鉴于毛坯房垂直度、平整度差，为此采用在墙面首先填充几条一定间距的筋，以筋控制墙面垂直度、平整度，然后在筋间填充筋料，并且达到需要的垂直度、平整度
轻钢龙骨吊顶工艺	轻钢龙骨吊顶相对于传统木龙骨吊顶而言，可以避免传统龙骨因空气湿度导致吊顶变形、墙体开裂等缺点 采用轻钢龙骨吊顶，可以提高吊顶的整体美及防潮湿性能
石膏板固定螺钉十字弹线工艺	石膏板固定螺钉十字弹线工艺，就是石膏板固定螺钉采用弹十字标识来固定，以保证控制合理有效
石膏板整板工艺	石膏板整板工艺，就是尽量采用石膏板整板，包括L转角处，也就是采用整板L转角石膏板，或者顶角转角处采用整块与轻钢龙骨相应宽度的石膏板以L形固定，能够错开受力点，从而避免石膏板拼缝开裂、错位，吊顶重力引起开裂，吊顶转角开裂等现象
室外壁灯接地线+套热缩管工艺	室外壁灯接地线+套热缩管工艺，就是室外壁灯必须接地，以起到保护作用。另外，采用套热缩管且热缩管口朝下，避免雨水进入电线管内引起电路隐患
家装卫生间门口双挡水防水工艺	家装卫生间门口双挡水防水工艺，就是卫生间门口设置两个梯度的结构形式防水，从而使得卫生间门口的水很快流到卫生间内
水管走顶工艺	为了便于维修，以及能够及时发现渗漏水故障点，则采用水管走卫生间顶部的方式
统一线工艺	划出吊顶水平线——吊顶处于同一位置 划出门头水平线——所有门的高度一致

续表

名称	解释
统一线工艺	划出门边垂线——所有门边垂直不倾斜 划出开关水平线——所有开关高度一致 划出插座水平线——所有插座高度一致 划出地面水平线——所有地面高度一致 划出灯具中心线——区域内的灯具中心一致
卫生间75管工艺	卫生间75管工艺，就是台盆下水管、地漏下水管串联起来，采用75管，而不是采用50管，并且75管只安装一个总存水弯，以及这些下水管与马桶不是同一路下水。卫生间75管工艺，可以解决干区地漏反臭，以及有利于下水管的疏通
卫生间、厨房墙砖压地砖工艺	卫生间、厨房墙砖压地砖，具有边角收口好和防水性好的特点。如果地砖压墙砖，则会出现缝隙，容易进水与进污物
卫生间淋浴房槽式排水工艺	卫生间淋浴房槽式排水工艺，是四周建立排水槽，不以排水坡度排水为主 特色工艺优势：不以排水坡度排水为主，而是在四周建立排水槽，排水速度更快、表面不积水，易于打理
卫生间门槛石工艺	卫生间门槛石工艺，就是卫生间门口采用门槛石，并且采用卫生间门套线直接压在门槛石上的方式，以起到防潮作用与防止门套线发黑变形等现象 家装用水房间门口门槛要采用坚硬的材料，并且高出用水房间地面5～15mm
卫生间门槛止水带工艺	卫生间门槛止水带工艺，就是卫生间门槛石与地板交界处、卫生间基层采用了止水带，避免卫生间潮气外流
下沉开槽或者过桥弯工艺	当电管交叉时，采用一根下沉开槽或者过桥弯，从而避免影响地面找平高度
下沉式卫生间盖板工艺	下沉式卫生间盖板工艺，就是采用红砖砌方格，填充陶粒，然后采用预制的盖板盖上，再做防水
新砌墙体马牙槎嵌入工艺	新砌墙体马牙槎嵌入工艺，使得新旧墙体结合更牢靠
新砌轻质隔墙现浇止水带工艺	新砌轻质隔墙现浇止水带工艺，就是新砌轻质隔墙的地面必须现浇止水带，以便防潮
阳角线金属条包边工艺	就是对于瓷砖阳角线采用金属条来包边的工艺
有色防水工艺	采用有色防水，可以用肉眼直接辨别，以便检查防水是否有漏刷等情况
装修凿毛工艺	装修凿毛工艺也就是把平滑的装修基层凿成凹凸不平，以便后续材料能黏结牢靠

1.2　工艺实现工具及材料

1.2.1　混凝土空心砌块专用尼龙锚栓安装工艺

混凝土空心砌块专用尼龙锚栓安装工艺如图1-65所示。

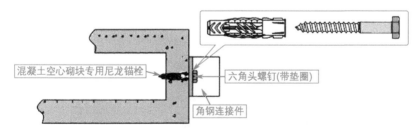

图1-65　混凝土空心砌块专用尼龙锚栓安装工艺

1.2.2　并线器应用工艺

电线的并线，一般采用手工方式。如果采用一些并线工具，有的效果比手工并线更能达到电气要求，一些并线工具如图1-66所示。另外，还有一种并线钩的并线器。

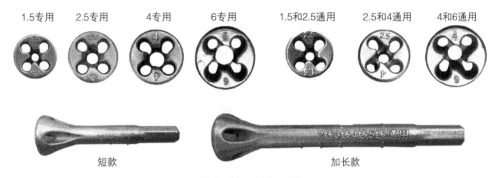

1.5专用 2.5专用 4专用 6专用 1.5和2.5通用 2.5和4通用 4和6通用

短款   加长款

图1-66　并线工具

1.2.3　水管双联内螺纹弯头固定器工艺

装修水管施工中，如果采用水管双联内螺纹弯头固定器，则比采用单弯头的组合要准确、高效一些。水管双联内螺纹弯头固定器的应用如图1-67所示。

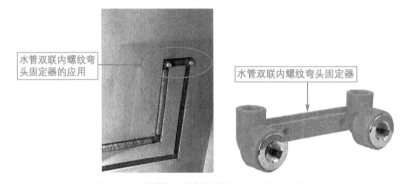

水管双联内螺纹弯头固定器的应用

水管双联内螺纹弯头固定器

图1-67　水管双联内螺纹弯头固定器的应用

1.2.4　PVC多腔线管工艺

采用PVC多腔线管，可以方便区分线路，避免出现短路等现象。采用PVC多腔线管，显著特点就是避免单腔线管缠绕线、线打结等现象，具有抽线灵活、维护方便等特点。

多腔线管如图1-68所示。

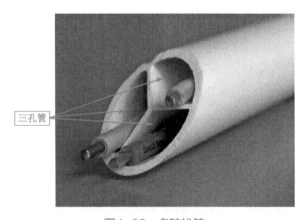

三孔管

图1-68　多腔线管

弯曲多腔线管时，需要各孔分别插入一根弯管弹簧，如图1-69所示。

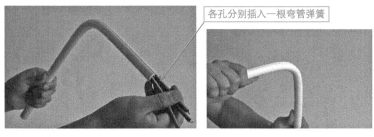

图1-69 各孔分别插入一根弯管弹簧

 小提示

家装中的一些新特工艺，往往是由采用新型材料或者新型配件、附件、设备设施而实现的。因此，掌握新型材料或者新型配件、附件、设备设施，也就容易掌握其相应工艺特点。

2.1　砖墙砌体工程

扫码看视频　　扫码看视频

砖墙三角砖+　　装修过梁工艺
倾斜砌体工艺

2.1.1　工艺准备

砌体工程，也叫作砌筑工程，是指在建筑工程中使用普通黏土砖、粉煤灰砖、承重黏土空心砖、蒸压灰砂砖、各种中小型砌块、石材等材料进行砌筑的工程。砌体主要由块材、砂浆组成。砂浆主要将块材结合成整体，以满足正常使用要求、承受结构的各种荷载等。

工艺准备主要包括材料准备、作业条件准备、主要机具准备，其中，部分材料准备包括砖、水泥、砂、石灰膏等，各自的部分要求如图2-1所示。

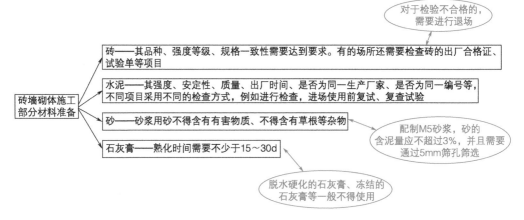

图2-1　砖墙砌体施工部分材料准备

主要机具包括手锤、筛子、瓦刀、大铁锹、小铁锹、垂线球、水平尺、钢卷尺等。

砖墙砌体施工部分作业条件如图2-2所示，另外有的项目还需要等砂浆试模、试配、试验合格等作业条件完成。

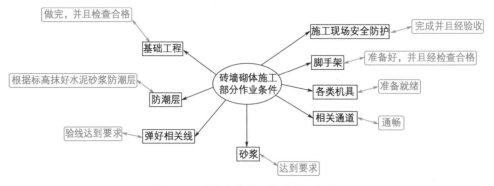

图2-2　砖墙砌体施工部分作业条件

小提示

家装时，不得拆除框架结构、框剪结构、剪力墙结构的填充墙，不得拆除混合结构住宅的墙体、阳台与相邻房间的窗下槛墙。也不得在梁上、梁下、楼板上增设柱子。分割空间要选择轻质隔断、轻质混凝土板，不要采用砖墙等重质材料，并且要由具备设计资质的单位进行校验、确认。

2.1.2 工艺流程

砖墙砌体施工一般工艺流程如图2-3所示。具体项目工艺流程，可能会存在调整或者差异。

基础验收 → 放线 → 材料见证取样 → 配制砂浆 → 排砖摆底盘角 → 立杆挂线与砌墙 → 验收 → 养护

图2-3 砖墙砌体施工一般工艺流程

2.1.3 施工要点

砖墙砌体施工要点主要包括组砌、挂线、盘角、砌砖、留槎、安装过梁、安装梁垫、构造柱等施工要点。其一些施工要点如图2-4所示，具体不同的项目与要求有所差异，本书中的一些施工要点仅供参考。

扫码看视频

门洞预制块工艺

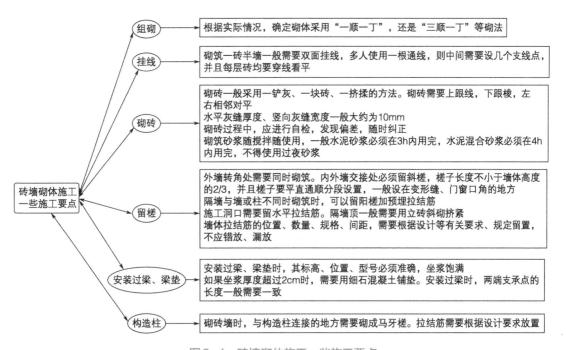

图2-4 砖墙砌体施工一些施工要点

砖砌体的砌筑方法有"三一"砌砖法、挤浆法、刮浆法、满口灰法。砖墙砌体"三一"砌砖法如图2-5所示。

图2-5 砖墙砌体"三一"砌砖法

💡 小提示

小型空心砌块门洞施工工艺如图2-6所示。

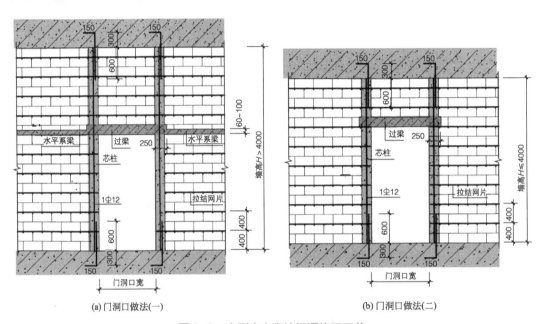

(a) 门洞口做法(一)   (b) 门洞口做法(二)

图2-6 小型空心砌块门洞施工工艺

2.1.4 注意事项

砖墙砌体施工中的一些注意事项包括施工前、施工中、施工后的事项，具体如下所示。

① 如果发现基础不合格，要及时整改到位，检查后允许后续工作，才能够进入下一步施工。需要整改的基础如图2-7所示。

② 如果需要指挥人员、监督人员等在场，则需要认真指挥和操作。

③可能遇到大风时，需要采取必要的支持等措施。

④ 有的情况，需要采取必要的遮盖、保洁措施。

⑤ 墙体各种预埋件、墙体拉结筋、抗震构造柱钢筋、暖卫管线、电器管线等均需要注意保护，不得任意拆改、损坏。

图2-7 需要整改的基础

⑥ 标高、平直度等要准确。

⑦ 砂浆稠度要适宜。

⑧ 砌墙时，要防止砂浆弄脏墙面。

⑨ 注意防止碰撞已砌好的砖墙的情况。

⑩ 砂浆搅拌时间需要达到规定的要求。

⑪ 砂浆试块需要有专人负责制作、养护。

⑫ 砌砖时准线需要拉紧。

⑬ 排砖时，一般把破活排在中间或不明显位置。

⑭ 舌头灰需要刮净，保持墙面整洁。

⑮ 排砖的半头砖一般分开使用，避免产生通缝。

⑯ 水平灰缝需要平直、均匀。

⑰ 需要防止产生墙背面偏差过大的现象。

⑱ 需要注意脚手架安全、砍砖安全、戴好安全帽等职业健康安全问题。

⑲ 需要注意封闭化、废物存放等环境问题。

⑳ 根据实际选择砌筑砂浆，常见的砌筑砂浆如图2-8所示。

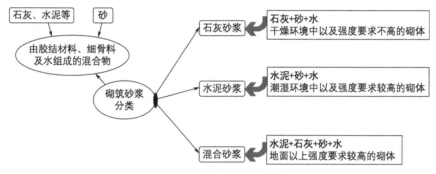

图2-8 常见的砌筑砂浆

㉑ 砌筑中，为保证墙面垂直平整，可以采用"35皮"法，具体如图2-9所示。

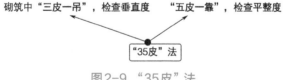

图2-9 "35皮"法

 小提示

　　家装套内装饰装修设计不得改变原住宅建筑中厨房、卫生间的位置，也不宜改变阳台的基本功能。装饰装修后，家装套内通往卧室、起居室（厅）的过道净宽不得小于1m。通往厨房、卫生间、储藏室的过道净宽不得小于0.9m。家装厨房空间的墙体，其厚度需要符合模数要求，以及宜根据模数网格布置。装修餐厅时需要选择尺寸、数量适宜的家具、设施，以及家具、设施布置后要形成稳定的就餐空间，并且一般要留有净宽不小于900mm的通往厨房等空间的通道。

2.1.5　检测与质量

有的项目，需要必要的质量记录。砖墙砌体施工常见的质量记录如图2-10所示。

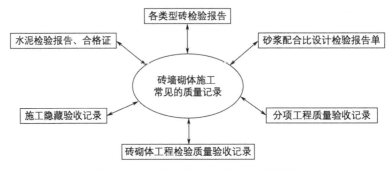

图2-10　砖墙砌体施工常见的质量记录

主控项目就是建筑、装饰装修工程中对安全、卫生、环境保护、公众利益起决定性作用的检验项目。一般项目就是除主控项目外的检验项目。砖墙砌体工程一些项目的质量参考要求见表2-1。砖墙砌体基本要求如图2-11所示。

表2-1　砖墙砌体工程一些项目的质量参考要求

项目	抽验参考	检验法与检验要求
砌体水平灰缝的砂浆饱满度（主控项目）	抽验参考数量：每检验批抽查一般不少于5处	（1）检查砖底面与砂浆的黏结痕迹面积 （2）砌体水平灰缝的砂浆饱满度一般要求不得小于80%
砖、砂浆的强度等级（主控项目）	（1）抽验参考数量：砖到现场后，烧结砖大约15万块、灰砂砖大约10万块、粉煤灰砖大约10万块、多孔砖大约5万块，各为一个验收批 （2）抽检数量：一般为1组	需要符合砖、砂浆试块试验报告，砖的强度等级、砂浆的强度等级需要符合有关要求
砖砌体的灰缝（一般项目）	抽验参考数量：每步脚手架施工的砌体，大约每20m抽查1处	（1）可以采用尺量10皮砖砌体高度进行折算 （2）砖砌体的灰缝要横平竖直，厚薄要均匀 （3）水平灰缝厚度大约为10mm
砖砌体组砌（一般项目）	（1）抽验参考数量：对于外墙，大约每20m抽查1处，每处3～5m，并且不应少于3处 （2）抽验参考数量：对于内墙，根据有代表性的自然间大约抽10%，并且不少于3间	（1）可以采用观察检验法来检查 （2）清水墙、窗间墙要无通缝 （3）内外要搭砌 （4）上、下要错缝

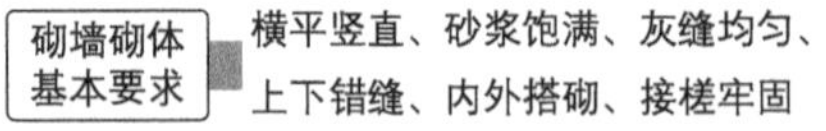

砌墙砌体基本要求　横平竖直、砂浆饱满、灰缝均匀、上下错缝、内外搭砌、接槎牢固

图2-11　砖墙砌体基本要求

砖墙砌体工程一些项目参考允许偏差见表2-2，并且抽验数量要符合有关要求。

表2-2　砖墙砌体工程一些项目参考允许偏差

项　目	允许偏差/mm	检验法
垂直度（主控项目）——每层	5	可以用2m托线板来检查
垂直度（主控项目）——全高>10m	19	可以用经纬仪、吊线、尺来检查
垂直度（主控项目）——全高≤10m	10	可以用经纬仪、吊线、尺来检查
混水墙、柱（一般项目）	8	可以用2m靠尺、楔形塞尺来检查
基础顶面、楼面的标高（一般项目）	±14	可以用水平仪、尺来检查
门窗洞口高度、宽度（后塞口）（一般项目）	±4	可以用尺来检查

项　目	允许偏差/mm	检验法
清水墙、柱（一般项目）	5	可以用2m靠尺、楔形塞尺来检查
清水墙游丁走缝（一般项目）	19	可以用吊线、尺来检查
水平灰缝平直度（一般项目）——混水墙	10	可以拉10m线、尺来检查
水平灰缝平直度（一般项目）——清水墙	7	可以拉10m线、尺来检查
外墙上下窗口偏移（一般项目）	20	可以以底层窗口为准，用经纬仪、吊线来检查
轴线位置偏差（主控项目）	10	可以用经纬仪、尺来检查

 小提示

清水砌体勾缝工程质量要求见表2-3。

表2-3　清水砌体勾缝工程质量要求

项目	项目类型	要求	检验法
灰缝颜色要求、砌体表面要求	一般项目	灰缝要颜色一致、砌体表面要洁净	可以采用观察法来检验
清水砌体勾缝所用砂浆的品种、性能要求	主控项目	要符合设计、标准、规定等有关要求	检查产品合格证书、检查进场验收记录、检查性能检验报告、检查复验报告
清水砌体勾缝要求	主控项目	要无漏勾、黏结牢固、横平竖直	可以采用观察法来检验

2.2 轻质隔墙工程

2.2.1 工艺准备

轻质隔墙工程包括板材隔墙、活动隔墙、骨架隔墙、玻璃隔墙等，如图2-12所示。纸面石膏板规格的选择如图2-13所示。

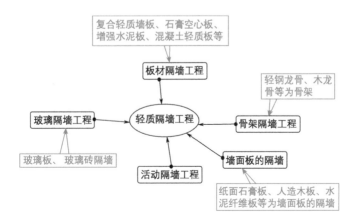

图2-12　轻质隔墙工程

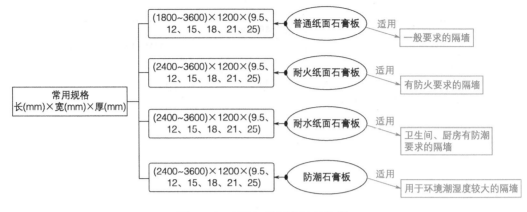

图2-13 纸面石膏板规格的选择

 小提示

家装套内空间新增隔断、隔墙要采用轻质、隔声性能较好的材料。家装轻质隔墙，一般需要选择隔声性能好的墙体材料、吸声性能好的饰面材料，并且把隔墙做到楼盖的底面，隔墙与地面、墙面连接的地方不应留缝隙。

2.2.2 检测与质量

轻质隔墙工程的一些检查与验收要求如图2-14所示。

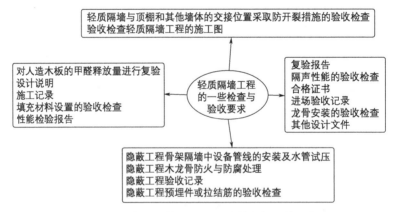

图2-14 轻质隔墙工程的一些检查与验收要求

2.3 活动隔墙工程

2.3.1 工艺流程

活动隔墙是指推拉式活动隔墙、可拆装活动隔墙等。活动隔墙的工艺流程如图2-15所示。

图2-15 活动隔墙的工艺流程

2.3.2 施工要点

活动隔墙工艺施工要点见表2-4。

表2-4 活动隔墙工艺施工要点

工艺施工	要点
木隔墙扇制作	（1）加工好的隔扇一般要刷一道封闭底漆，以防出现木隔墙扇干裂变形等异常情况 （2）木隔墙扇要符合设计施工图的要求 （3）木隔墙扇一般采用工厂定制 （4）制作扇数要符合设计施工图的要求，并符合现场情况
弹隔墙定位线	（1）先根据有关图纸在房间的地面上弹出活动隔墙的位置线 （2）把位置线引到两侧结构墙面、楼板底 （3）弹线时先弹中心线，后弹边线 （4）弹线位置要准确
固定上槛、固定立筋	（1）先预埋好铁件或木砖等 （2）根据要求，把上槛（槽钢）就位，与预埋铁件连接好 （3）如果没有预埋铁件，则可以采用膨胀螺栓孔或者钻孔打木楔的方法进行处理 （4）上槛两端注意调直、调平
安装导轨	（1）根据设计间距，在上槛上安装吊杆 （2）安装导轨要调直、调平 （3）吊杆中心位置，一般要与上槛钻孔位置上下对应，不要错位 （4）导轨就位后用吊轨螺栓与上槛螺栓孔眼对准，并且拧紧螺母 （5）吊轨螺栓可装上螺母、下螺母，以便调整导轨的水平度
安装回转螺轴、安装隔墙扇	（1）吊轮一般由导轨、回转螺轴、包橡胶轴承轮、门吊铁等组成 （2）门吊铁可以用木螺钉钉固在活动隔墙扇的门上框顶面上 （3）安装时，需要确定相关中心点
隔墙扇饰面	（1）有的隔墙扇的芯板在工厂已经安装完成。如果没有安装完成，则需要在现场安装完成 （2）活动隔墙扇安装后的油漆一般是在现场涂刷的

⚙ 小提示

活动隔墙的构造如图2-16所示。

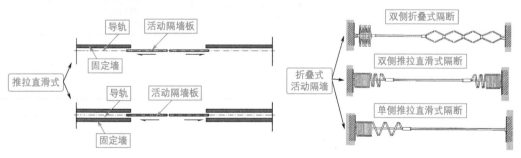

图2-16

图2-16 活动隔墙的构造

2.3.3 注意事项

活动隔墙工艺施工的注意事项如下。

① 安装上槛的过程中，钻膨胀螺栓孔时要戴护目镜。

② 安装时，要防止工具下落。

③ 吊轮安装架的回转轴，要与隔墙扇上梃的中心点垂直并且重合。

④ 靠结构墙面的立筋，一般在立筋距地面150mm的地方设置60mm长的橡胶门挡，以便隔墙扇与立筋相碰时得到缓冲而不损坏隔墙扇边框。

⑤ 楼板底上槛与导轨吊杆的连接点，一般在同一垂直线上并且重合。

⑥ 施工现场要保持良好的通风，施工现场要注意各种安全事项。

⑦ 使用的胶结、饰面材料，要符合有关标准的规定。

2.3.4 检测与质量

活动隔墙工程一些项目的质量参考要求见表2-5。

表2-5 活动隔墙工程一些项目的质量参考要求

项目	项目类型	要求	检验法
活动隔墙的表面	一般项目	色泽要一致、要平整光滑洁净、线条要顺直清晰	（1）可以采用观察检验法来检查 （2）手摸来检查
活动隔墙的组合方式、安装方法	主控项目	要符合设计等有关要求	可以采用观察检验法来检查
活动隔墙轨道与基体结构	主控项目	连接要牢固、位置要正确	（1）可以采用尺量检查 （2）手扳来检查
活动隔墙上的孔洞、槽、盒	一般项目	位置要正确、套割要吻合、边缘要整齐	（1）尺量来检查 （2）可以采用观察检验法来检查
活动隔墙所用墙板、轨道、配件等材料	主控项目	品种、规格、性能、人造木板甲醛释放量、燃烧性能等要符合设计等有关要求	（1）检查合格证书、进场验收记录、性能检验报告、复验报告 （2）可以采用观察检验法来检查
活动隔墙推拉	一般项目	要无噪声	推拉来检查
活动隔墙用于组装、推拉、制动的构配件	主控项目	安装要牢固、位置要正确，推拉要安全平稳与灵活	（1）尺量来检查 （2）手扳来检查 （3）推拉来检查

活动隔墙安装的允许偏差和检验法见表2-6。

表2-6 活动隔墙安装的允许偏差和检验法

项目	允许偏差/mm	检验法
表面平整度	2	可以用2m靠尺和塞尺来检查
接缝高低差	2	可以用钢直尺和塞尺来检查
接缝宽度	2	可以用钢直尺来检查
接缝直线度	3	可以拉5m线，不足5m拉通线，用钢直尺来检查
立面垂直度	3	可以用2m垂直检测尺来检查

2.4 其他隔墙工程质量要求与允许偏差

2.4.1 板材隔墙工程质量要求与允许偏差

板材隔墙是指由轻质条板用胶黏剂拼合在一起形成的隔墙。板材隔墙工程一些项目的质量参考要求见表2-7。

表2-7 板材隔墙工程一些项目的质量参考要求

项目	项目类型	要求	检验法
安装隔墙板材所需的预埋件、连接件位置、连接件数量、连接方法	主控项目	要符合设计等有关要求	（1）可以采用观察检验法来检查 （2）检查隐蔽工程验收记录 （3）尺量来检查
板材	主控项目	要没有裂缝、没有缺损	（1）可以采用观察检验法来检查 （2）尺量来检查
板材隔墙表面	一般项目	要光洁、平顺、色泽一致	（1）可以采用观察检验法来检查 （2）手摸来检查
板材隔墙接缝	一般项目	要均匀、顺直	（1）可以采用观察检验法来检查 （2）手摸来检查
隔墙板材	主控项目	安装要牢固	（1）可以采用观察检验法来检查 （2）手扳来检查
隔墙板材安装	主控项目	位置要正确	（1）可以采用观察检验法来检查 （2）尺量来检查
隔墙板材的品种、规格、颜色、性能	主控项目	（1）要符合设计要求 （2）有隔声、隔热、阻燃、防潮等特殊要求的工程，则板材要有相应性能等级检验报告	（1）可以采用观察检验法来检查 （2）检查合格证书、进场验收记录、性能检验报告
隔墙板材所用接缝材料的品种、接缝方法	主控项目	要符合设计等有关要求	（1）可以采用观察检验法来检查 （2）检查合格证书、施工记录
隔墙上的孔洞、槽、盒	一般项目	位置要正确、套割要方正、边缘要整齐	可以采用观察检验法来检查

板材隔墙安装的允许偏差与其检验法见表2-8。

表2-8 板材隔墙安装的允许偏差与其检验法

项目	石膏空心板允许偏差/mm	混凝土轻质板、增强水泥板允许偏差/mm	复合轻质墙板		检验法
			金属夹芯板允许偏差/mm	其他复合板允许偏差/mm	
表面平整度	3	3	2	3	可以用2m靠尺和塞尺来检查
接缝高低差	2	3	1	2	可以用钢直尺和塞尺来检查
立面垂直度	3	3	2	3	可以用2m垂直检测尺来检查
阴阳角方正	3	4	3	3	可以用直角检测尺来检查

 小提示

某项目轻质板材隔墙工程如图2-17所示。

图2-17 某项目轻质板材隔墙工程

2.4.2　骨架隔墙工程质量要求与允许偏差

骨架隔墙是由龙骨作为受力骨架固定在建筑主体上，然后在隔墙龙骨两端用各种木质板、防火板、塑料板、纸面石膏等板材做罩面板。骨架隔墙工程一些项目的质量参考要求见表2-9。

表2-9　骨架隔墙工程一些项目的质量参考要求

项目	项目类型	要求	检验法
骨架隔墙表面	一般项目	要平整光滑、色泽一致、洁净、无裂缝	（1）可以采用观察检验法来检查 （2）手摸来检查
骨架隔墙的墙面板	主控项目	安装要牢固，无脱层、翘曲、折裂、缺损等异常现象	（1）可以采用观察检验法来检查 （2）手扳来检查
骨架隔墙地梁所用材料、尺寸、位置	主控项目	要符合设计等有关要求	（1）手扳来检查 （2）尺量来检查 （3）检查隐蔽工程验收记录
骨架隔墙接缝	一般项目	要均匀、顺直	（1）可以采用观察检验法来检查 （2）手摸来检查
骨架隔墙内的填充材料	一般项目	要干燥，填充要密实均匀且无下坠	（1）可以采用轻敲来检查 （2）检查隐蔽工程验收记录
骨架隔墙上的孔洞、槽、盒	一般项目	位置要正确、套割要吻合、边缘要整齐	可以采用观察检验法来检查
骨架隔墙所用龙骨、配件、墙面板、填充材料、嵌缝材料	主控项目	（1）品种、规格、性能、木材的含水率要符合设计等有关要求 （2）有隔声、隔热、阻燃、防潮等特殊要求的工程，则材料要有性能等级检验报告	（1）可以采用观察检验法来检查 （2）检查合格证书、进场验收记录、性能检验报告、复验报告
骨架隔墙沿地、沿顶、边框龙骨与基体结构的连接	主控项目	连接要牢固	（1）手扳来检查 （2）尺量来检查 （3）检查隐蔽工程验收记录
骨架隔墙中龙骨间距与构造连接方法	主控项目	要符合设计等有关要求	检查隐蔽工程验收记录等方法
骨架内设备管线的安装、门窗洞口等部位加强龙骨的安装	主控项目	要安装牢固、位置安装正确	检查隐蔽工程验收记录等方法
木龙骨与木墙面板的防火、防腐的处理	主控项目	要符合设计等有关要求	检查隐蔽工程验收记录等方法
墙面板所用接缝材料的接缝方法	主控项目	要符合设计等有关要求	可以采用观察检验法来检查
填充材料的品种、厚度、设置	主控项目	要符合设计等有关要求	检查隐蔽工程验收记录等方法

骨架隔墙安装的允许偏差与其检验法见表2-10。

表2-10　骨架隔墙安装的允许偏差与其检验法

项目	纸面石膏板允许偏差/mm	水泥纤维板允许偏差/mm	人造木板允许偏差/mm	检验法
表面平整度	3	3	3	可以用2m靠尺和塞尺来检查
接缝高低差	1	1	1	可以用钢直尺和塞尺来检查
接缝直线度	—	—	3	可以拉5m线，不足5m拉通线，用钢直尺来检查
立面垂直度	3	4	4	可以用2m垂直检测尺来检查
压条直线度	—	3	3	可以拉5m线，不足5m拉通线，用钢直尺来检查
阴阳角方正	3	3	3	可以用直角检测尺来检查

💡 小提示

某项目骨架隔墙工程工艺特点如图2-18所示。

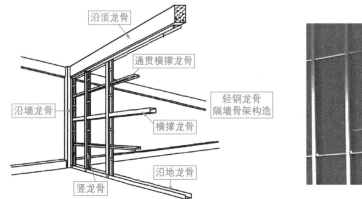
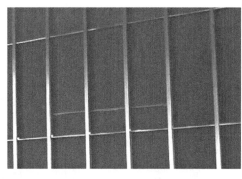

图2-18 某项目骨架隔墙工程工艺特点

2.4.3 玻璃隔墙工程质量要求与允许偏差

玻璃隔墙是用木材、金属型材等做布局，在布局内镶装玻璃制作而成的一种隔墙。玻璃隔墙工程一些项目的质量参考要求见表2-11。

表2-11 玻璃隔墙工程一些项目的质量参考要求

项目	项目类型	要求	检验法
玻璃板安装	主控项目	要牢固、受力要均匀	（1）可以采用观察检验法来检查 （2）检查施工记录
玻璃板安装、玻璃砖砌筑方法	主控项目	要符合设计等有关要求	可以采用观察检验法来检查
玻璃板安装橡胶垫	主控项目	位置要正确	（1）可以采用观察检验法来检查 （2）检查施工记录
玻璃板隔墙嵌缝及玻璃砖隔墙勾缝	一般项目	要密实平整、均匀顺直、深浅一致	可以采用观察检验法来检查
玻璃隔墙表面	一般项目	色泽要一致、平整洁净、清晰美观	可以采用观察检验法来检查
玻璃隔墙工程所用材料的品种、规格、图案、颜色、性能	主控项目	（1）要符合设计等有关要求 （2）玻璃板隔墙要使用安全玻璃	（1）可以采用观察检验法来检查 （2）检查合格证书、进场验收记录、性能检验报告
玻璃隔墙接缝	一般项目	要横平竖直	可以采用观察检验法来检查
玻璃门与玻璃墙板连接、地弹簧安装位置	主控项目	要符合设计等有关要求	（1）可以采用观察检验法来检查 （2）开启检查 （3）检查施工记录
玻璃砖隔墙砌筑中埋设的拉结筋与基体结构	主控项目	连接要牢固、数量要正确、位置要正确	（1）手扳来检查 （2）尺量来检查 （3）检查隐蔽工程验收记录
无框玻璃板隔墙的受力爪件、爪件的数量与位置、爪件与玻璃板的连接	主控项目	连接要牢固、爪件数量要正确	（1）可以采用观察检验法来检查 （2）手推来检查 （3）检查施工记录

续表

项目	项目类型	要求	检验法
有框玻璃板隔墙的受力杆件与基体结构	主控项目	连接要牢固	（1）可以采用观察检验法来检查 （2）手推来检查 （3）检查施工记录

 小提示

某项目玻璃隔墙工程工艺特点如图2-19所示。

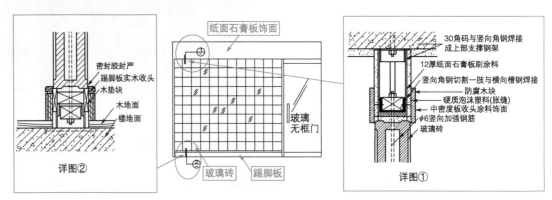

图2-19　某项目玻璃隔墙工程工艺特点

玻璃隔墙安装的允许偏差和检验法见表2-12。

表2-12　玻璃隔墙安装的允许偏差和检验法

项目	玻璃板允许偏差/mm	玻璃砖允许偏差/mm	检验法
表面平整度	—	3	可以用2m靠尺和塞尺来检查
接缝高低差	2	3	可以用钢直尺和塞尺来检查
接缝宽度	1	—	可以用钢直尺来检查
接缝直线度	2	—	可以接5m线，不足5m拉通线，用钢直尺来检查
立面垂直度	2	3	可以用2m垂直检测尺来检查
阴阳角方正	2	—	可以用直角检测尺来检查

 小提示

家装时采用隔墙重新分隔室内空间后，火灾自动报警系统设备、自动灭火喷水头的位置与数量，均要满足消防安全的规定。

3.1 PVC导管敷设工程

3.1.1 工艺准备

PVC导管敷设安装施工工艺准备包括材料准备、主要机具准备、作业条件准备等。其中，主要机具准备包括水平尺、卷尺、角尺、铅笔、皮尺、线坠、小线、钢锯、锯条、手锤、錾子、刀锯、半圆锉、活扳手、弯管弹簧、剪管器、开孔器、热风器、人字梯、电锤、电钻、钻头、绝缘手套、高凳等。

PVC导管敷设安装施工材料准备见表3-1。

表3-1 PVC导管敷设安装施工材料准备

名称	解释
附件、制品	（1）开关盒、接线盒、灯头盒、插座盒、端接头、管箍等附件、制品要使用配套的阻燃材料 （2）阻燃型塑料开关盒、灯头盒、接线盒外观要整齐，预留孔要全
专用胶黏剂	专用胶黏剂要在使用期限内使用，并且要符合阻燃塑料管的粘接要求
阻燃型（PVC）塑料管	（1）选择的阻燃型（PVC）塑料管要具有检验报告单、耐冲击性能，氧指数不应低于27%的阻燃指标，以及有合格证、阻燃标记、厂标等要求 （2）选择的阻燃型（PVC）塑料管要无凸棱、无针孔、无凹陷、无气泡，管子内外壁要光滑，内外径尺寸应符合标准，管壁厚度均匀一致

3.1.2 工艺流程

建筑PVC导管敷设安装施工工艺流程如图3-1所示。

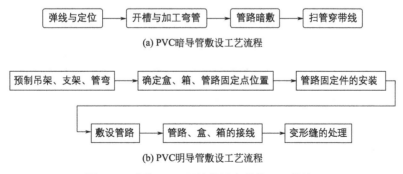

图3-1 建筑PVC导管敷设安装施工工艺流程

家装电路暗管敷设，其实就是PVC导管敷设安装施工。PVC导管敷设安装施工是家装电路改造施工程序的一部分。家装电路改造施工程序如图3-2所示。

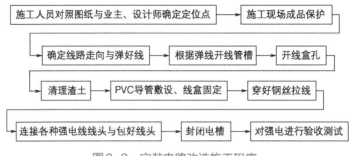

图3-2　家装电路改造施工程序

3.1.3　施工要点

家装PVC导管暗管敷设的施工要点见表**3-2**。

表3-2　PVC导管暗管敷设的施工要点

项目	解释
定位	（1）PVC导管暗管敷设的定位，还包括PVC导管的安装定位 （2）开关、接线盒、灯具、插座、设施、电器等定位非常重要。这些定好位置后，后面的开槽、布管、穿线等就是在此基础上进行的 （3）现场布管与布线的方案不同，则布管的具体定位不同。布管的定位实际上就是以开关、插座、设施、接线盒、灯具、电器等的定位为点，然后实现点与点间的电气连接
划线开槽	（1）除了考虑线管的开槽外，还要考虑电器设备是否需要开槽开孔 （2）各线管放入的电线尽量是同组、同回路的 （3）划线开槽的基础就是设备点间需要多少根电线、什么样的电线，然后把电线放在一根线管里面，如果放入的电线超过线管1/4横截面，则需要用2根或者2根以上线管来放电线 （4）线管安放的方案应横平竖直、最短路径、大弧度、走地等 （5）线管里面的电线数量、种类、去向与来源确定后，则要确定线管本身怎样安放才合情合理 （6）线管如果是明敷，线管规格确定好后，则其安装路径只需要确定几个点定位即可，当然也可以划线，以便使线管安放符合要求 （7）线管如果是暗敷，则线管确定好的路径，往往需要划线开槽
管路暗敷（布管）	（1）PVC管长度太长，则需要在中间开检查口 （2）PVC管的连接需要采用PVC管胶水黏结 （3）PVC管连接后应根据需要成型 （4）电路布管要横平竖直 （5）分色的线管可以使强弱电相互分离、永久标识强弱电走线布局、强弱电分布一目了然，无须再在墙面上写满线路标识，避免强电对弱电造成磁场干扰，提高网络及视频、音频线路的品质 （6）劣质的PVC穿线管一捏就瘪、一踩就碎，一旦在墙内碎裂导致电路出现故障，即便没有引发火灾，其维修也需要凿开墙面，成本高，而且破坏原有装修效果。优质的彩色PVC线管如果严格按照国家标准进行生产制造，用料足，则有足够厚的管壁，从而保障了其具有良好的抗压抗冲击性能，浇筑在墙面内不会被压碎压瘪，避免导致挤压线路造成电路短路，影响到线路安全，造成火灾隐患 （7）强电以鲜艳的线管区分，也可警示施工人员注意用电安全 （8）强弱电线管交叉的地方，需要包锡箔纸隔开 （9）先布管、后穿线的活线工艺，电线管里还应穿好钢丝或钢丝绳，以便拉线需要 （10）线管中不得有接头
PVC管穿线	（1）PVC管穿线有先布管后穿线、边布管边穿线等方案。边布管边穿线就是布一段管穿一段线。先布管后穿线就是线管开槽完成后，用水泥筑好线盒，就可以开始进行穿线工作 （2）穿好线的线头需要用绝缘胶布包好 （3）穿线到插座处，需要三根线：火线、零线、地线

3.1.4 注意事项

家装PVC导管暗管敷设一些注意事项如下。

① PVC布管尽量不要拐弯抹角，尽量垂直布管，减少材料与工作量。

② PVC布管时应选择管路径最优的一条。

③ PVC管道开槽深度为管外径+(1～1.5)cm的砂浆保护层。

④ PVC管口要平整光滑。

⑤ PVC管立管时，随时堵好管堵，以免杂物落入管中。

⑥ PVC管与PVC管、PVC管与盒（箱）等器件应采用插入法连接，连接处的结合面要涂PVC专用胶黏剂，接口要牢固紧密。

⑦ PVC管与PVC管间采用套管连接时，PVC套管长度要为管外径的1.5～3倍，PVC管口在套管中要对缝平齐。

⑧ 潮湿部位的配电线路，一般要采用管壁厚度不小于2mm的塑料导管或金属导管，明敷的金属导管要做防腐、防潮处理。

⑨ 导线不得直接敷设在墙体、顶棚的抹灰层、保温层、装饰面板内。

⑩ 电气线路与采暖热水管在同一位置时，一般敷设在热水管的下面，以及要避免与热水管平行敷设，并且与热水管相交的地方不得有接头。

⑪ 电线开槽时，特别注意转弯处、连接处要宽一些、深一些，或者槽的整体均以转弯处、连接处为标准进行施工。

⑫ 敷设在顶棚内的电气线路，要采用穿金属导管、封闭式金属线槽、塑料导管、金属软管等布线方式。

⑬ 管路敷设完后要注意成品保护。

⑭ 家装厨房导线要采用截面不小于5mm^{2}的铜芯绝缘线，保护地线线径不得小于N线和PE线的线径。

⑮ 家装厨房的电气线路宜沿吊顶敷设。

⑯ 尽量避免互相垂直地布PVC管。

⑰ 开槽与预埋管线时，要横平竖直，这样方便以后生活中往墙上钉挂东西或维修。

⑱ 强电与弱电布管互相平行时，尽量间距大一些。

⑲ 墙壁上尽量不要开横槽，如必须开，横槽长度尽量小于1.5m。因为开横槽会影响墙体承重，同时以后也容易开裂。

⑳ 施工过程注意危害辨识与控制措施。

㉑ 剔槽打洞时，要预先划好线，以免洞口、管槽剔得过大、过宽，影响建筑结构质量。

㉒ 卫生间电气线路要在顶棚内敷设，以及设置在给水、排水管道的上方。

㉓ 一般空调回路火线、零线均用6mm^{2}或者4mm^{2}的线。普通插座回路一般采用2.5mm^{2}的线。普通照明回路主线一般采用2.5mm^{2}的线，普通照明灯控线一般采用1.5mm^{2}的线。厨卫回路一般采用4mm^{2}的线，卫生间回路一般采用4mm^{2}的线，冰箱回路一般采用2.5mm^{2}的线。

㉔ 支架、吊架、敷设在墙上的管卡固定点，以及距离底盒、配电箱边缘150～300mm处采用管卡固定线管。

🔅 小提示

　　家装住宅套内用电负荷大于原建筑电气的设计负荷时，需要事先得到当地供电部门的增容许可。家装不宜改变原设计的分户配电箱位置，如果需改变时，则配电箱不得安装在共用部分的电梯井壁、套内卫生间、分户隔墙上。家装配电箱底部到装修地面的高度不得低于1.6m。另外，有洗浴设备的卫生间要做局部等电位连接，装饰装修不得拆除、覆盖局部等电位连接端子箱。

3.1.5 检测与质量

PVC导管敷设安装施工的质量记录如图3-3所示。

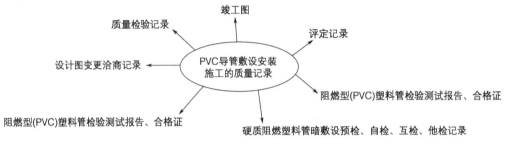

图3-3 PVC导管敷设安装施工的质量记录

PVC导管敷设安装施工的质量要求见表3-3。

表3-3 PVC导管敷设安装施工的质量要求

项目	项目类型	要求	检验法
管路连接要求	一般项目	（1）PVC导管弯曲处要无明显皱褶、凹扁等异常现象 （2）管路连接时，要使用胶黏剂牢固紧密连接 （3）导管入盒、入箱时，要采用端接头与内锁母	观察法来检查，尺量来检查
阻燃型（PVC）塑料管与其附件材质氧指数的要求	主控项目	阻燃型（PVC）塑料管与其附件材质氧指数要达到27%以上的性能指标	检查资料

硬质PVC塑料管弯曲半径安装的允许偏差、检验法见表3-4。

表3-4 硬质PVC塑料管弯曲半径安装的允许偏差、检验法

项目		弯曲半径或允许偏差	检验法
管子弯曲处的弯曲度		$\leqslant 0.1D$	尺量来检查
管子最小弯曲半径	暗配管	$\geqslant 6D$	尺量来检查及检查安装记录
	明配管：管子有两个及以上弯	$\geqslant 6D$	尺量来检查及检查安装记录
	明配管：管子只有一个弯	$\geqslant 4D$	尺量来检查及检查安装记录
明配管固定点间距	管子直径：15～20mm	30mm	尺量来检查
	管子直径：25～30mm	40mm	尺量来检查
	管子直径：40～50mm	50mm	尺量来检查
	管子直径：65～100mm	60mm	尺量来检查
明配管水平、垂直敷设任意2m段内（垂直度）		3mm	吊线、尺量来检查
明配管水平、垂直敷设任意2m段内（平直度）		3mm	拉线、尺量来检查

注：D表示管子外径。

3.2 塑料线槽安装工程

3.2.1 工艺准备

塑料线槽安装施工工艺包括材料准备、主要机具准备、作业条件准备等。其中，主要机具准备包括铅笔、卷尺、线坠、电工常用工具、活扳子、手锤、钢锯、钢锯条、手电钻、电锤、工具箱、高凳等。

塑料线槽安装施工工艺材料准备包括由槽底、槽盖、附件组成的塑料线槽，以及塑料胀管、辅助材料等。

3.2.2 工艺流程

塑料线槽安装施工工艺流程如图3-4所示。

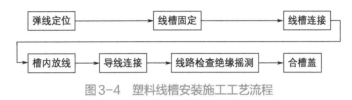

图3-4 塑料线槽安装施工工艺流程

3.2.3 施工要点

塑料线槽安装施工工艺要点见表3-5。

表3-5 塑料线槽安装施工工艺要点

项目	解释
弹线定位	（1）穿过楼板、墙壁线槽配线时，应采用保护管，并且穿过楼板的位置要采用钢管保护 （2）根据图纸、现场特点确定进户线、盒、箱、线路等固定位置，以及确定房屋的水平控制线、垂直控制线 （3）在相关固定点位置进行钻孔，然后埋入塑料胀管或伞形螺栓，以便后续安装
线槽固定	（1）如果是在混凝土墙、砖墙上安装塑料线槽，可以采用打孔安装塑料胀管固定塑料线槽 （2）如果是石膏板墙或其他护板墙，可以采用伞形螺栓来固定塑料线槽 （3）如果土建结构施工时配合预埋了木砖，则可以把塑料线槽安装在其上面
线槽连接	（1）三线槽的槽底与槽盖对接缝需要错开，并且要大于100mm （2）线槽分支接头、线槽接头等附件，一般需要采用与线槽相同材质的定型产品 （3）安装盒子（线槽附件）时，要两点固定 （4）槽底板、槽盖与各种附件相对接时，接缝地方要牢固、严实、平整 （5）槽底板与槽盖直线段对接时，槽底与固定点间距一般不小于500mm，盖板一般不小于300mm （6）槽底板与槽盖直线段对接时，底板离终点50mm、盖板离终端点30mm的地方均要固定 （7）灯头盒、接线盒要采用相应插口来连接 （8）线槽与附件连接的地方要无缝隙、严实、平整 （9）线槽终端需要采用终端头来封堵 （10）线路分支接头位置要采用相应接线箱 （11）转角、附件角、三通等固定点，除卡装式外要不少于两点固定

3.2.4 注意事项

塑料线槽安装施工的注意事项如下。

①采用塑料胀管固定塑料线槽时，槽底板要横平竖直。

②采用塑料胀管固定塑料线槽时，固定的槽底板应紧贴建筑物表面。

③采用塑料胀管固定塑料线槽时，应根据胀管直径、胀管长度来选择钻头钻孔。钻孔不得豁口歪斜。

④固定线槽时，一般是先固定两端再固定中间。

⑤槽体紧贴建筑物固定点最大间距见表3-6。

表3-6　槽体紧贴建筑物固定点最大间距　　　　　　　　　　　　　　单位：mm

固定点形式	槽底板宽度		
	20~40	60	80~120
双列	—	1000	—
双列	—	—	800
中心单列	800	—	—

⑥如果胀管固定不牢，螺钉没有拧紧，则线槽底板可能会有松动、翘边等现象。

⑦施工时，注意职业健康安全要求、施工过程危害辨识及控制措施要求、环境因素辨识及控制措施要求。

⑧安装时，需要注意对墙面的保护与保持整洁等要求。

⑨安装时，需要仔细地把盖板接口对好，以免错台。

⑩配线完成后，盒盖要全部平整严实。

⑪塑料线槽配线完成后，不得再进行刷油与喷浆等作业，以防污染。

3.2.5　检测与质量

塑料线槽安装施工的一些质量记录如图3-5所示。

图3-5　塑料线槽安装施工的一些质量记录

塑料线槽安装施工的质量要求见表3-7。

表3-7　塑料线槽安装施工的质量要求

项目	项目类型	要求	检验法
塑料线槽、连接件、附件的要求	主控项目	（1）要符合标准、规定、设计等要求 （2）具有合格证	观察法、检查法来检查
槽底板敷设要求	一般项目	（1）槽底板表面色泽均匀、无污染 （2）槽底板布置合理 （3）槽底板固定可靠 （4）槽底板横平竖直 （5）槽底板紧贴建筑物表面	观察法、检查法来检查

槽底板配线允许偏差与检验法见表3-8。

表3-8 槽底板配线允许偏差与检验法

项 目	允许偏差/mm	检验法
水平或垂直敷设的直线段——平直程度	5	可以拉线、尺量来检查
水平或垂直敷设的直线段——垂直度	5	可以拉线、尺量来检查

3.3 开关、插座安装

扫码看视频

底盒四周平整度工艺

3.3.1 工艺准备

开关、插座安装施工工艺准备包括材料准备、主要机具准备、作业条件准备等。其中，主要机具包括卷尺、绝缘手套、水平尺、线坠、工具袋、高凳、手锤、錾子、剥线钳、尖嘴钳、套管、电钻、电锤、钻头等。

开关、插座安装施工工艺作业条件准备如图3-6所示。

图3-6 开关、插座安装施工工艺作业条件准备

开关、插座安装施工工艺的材料准备主要涉及符合设计要求且有合格证的开关、插座、螺钉。有的项目，还需要准备足够强度的塑料（台）板、塑料胀管等材料。

3.3.2 工艺流程

开关、插座安装施工工艺流程如图3-7所示。

图3-7 开关、插座安装施工工艺流程

3.3.3 施工要点

开关、插座安装的施工要点见表3-9。

表3-9 开关、插座安装的施工要点

项目	解释
清理	把开关、插座盒内残存的灰块、杂物清理掉，然后用湿布把盒内灰尘擦净
接线	（1）插座的接线接点接触要可靠 （2）交、直流或不同电压的插座安装在同一场所时，应有明显区别，且其插头与插座配套，均不能互相代用 （3）开关、插座接线时，先在盒内甩出导线，留出维修长度，然后削出线芯且不碰伤线芯。再把导线按顺时针方向盘绕在开关、插座盒内，以及把导线削头对应连接在接线柱上，然后旋紧。如果是独芯导线，则往往可以把线芯直接插入接线孔内，然后把顶丝压紧且线芯不外露 （4）同一场所的开关切断位置一致，开关接线接点接触要可靠

续表

项目	解释
固定安装	（1）暗装开关、插座的固定安装。先把盒内甩出的导线与开关、插座面板连接好，然后把开关或插座推入盒内且对正盒眼，再用螺钉固定。固定时，注意要使开关、插座面板端正，要与墙面平齐，多个开关、插座要平齐 （2）开关、插座安装在木结构上或者内部，一般要做防火处理 （3）明装开关、插座的固定安装。先把从盒内甩出的导线从塑料（木）台或者盒的出线孔中穿出，然后把塑料（木）台或者盒紧贴在墙面上，并且用螺钉固定。把甩出的相线、中性线、保护地线对应好位置，以及将导线压牢连接。然后把开关或插座贴在塑料（木）台或者盒上，找正后用螺钉固定好。再把开关、插座盖板上好即可 （4）有的明装开关、插座的固定安装，需要采用塑料胀管进行。有的明装开关、插座采用配线槽形式，则需要对准槽口

3.3.4　注意事项

开关、插座安装的施工注意事项如下。

① 潮湿场所，要选择防潮闭型开关。

② 成排安装的开关高度要一致，高低差不得大于2mm。

③ 拉线开关相邻间距一般不得小于20mm。

④ 开关不要放在单扇门后。

⑤ 开关的安装位置要正确。

⑥ 多尘、潮湿场所，选择安装防水开关或者加装保护装置。

⑦ 多灯房间开关与控制灯具顺序不对应，需要在接线时仔细分清各路灯具的导线，并且依次压接，保证开关方向一致。

⑧ 安装开关时，不得碰坏墙面，需要保持墙面清洁。

⑨ 暗装开关的面板要端正严密，并且要与墙面平齐。

⑩ 扳把开关接线时，把电源相线接到静触点接线柱上，动触点接线柱接灯具导线。

⑪ 扳把开关距地面的高度大约为1.4m，距门口为150～200mm。

⑫ 开关一般不允许横装。

⑬ 开关安装的位置，需要便于操作。

⑭ 开关安装盒内需要清洁，无杂物，表面也要清洁且不变形。

⑮ 开关安装完成后，不得再进行喷浆，以免破坏面板的清洁。

⑯ 开关安装在木结构内，需要注意做好防火处理。

⑰ 开关的盖板，需要紧贴建筑物的表面。

⑱ 开关的面板不平整，与建筑物表面之间有缝隙，需要调整面板后再拧紧固定螺钉，使其紧贴建筑物表面。

⑲ 开关拱头接线，需要采用LC安全型压线帽压接总头后，再分支进行导线连接。

⑳ 开关接通与断开电源的位置要一致。

㉑ 开关没有断相线，需要及时改正。

㉒ 开关面板上有指示灯的，指示灯需要在上面。

㉓ 开关面板已经上好，盒子过深，没有加套盒处理时，需要及时补上。

㉔ 开关翘板上有红色标记的，需要朝上安装。"ON"是开的标志，当翘板或面板上无任何标志时，需要装成开关往上扳是电路接通，往下扳是电路切断。

㉕ 开关是切断相线，不得改成切断零线。

㉖ 开关位置要与灯位相对应，并且同一室内开关方向要一致。

㉗ 拉线开关距地面的高度一般为2～3m，距门口为150～200mm，并且拉线的出口要向下。

㉘ 在层高小于3m时，拉线开关距顶板不小于100mm。

㉙ 明线敷设的开关，要安装在不小于15mm厚的木台上。

㉚ 同一场所的开关高度差，一般允许大约为5mm。

㉛ 其他工种在施工时，不得碰坏、碰歪开关。

㉜ 双控开关的共用极（动触点）与电源的L线连接，另一个开关的共用桩与灯座的一个接线柱连接，灯座另一个接线柱应与电源的N线连接，两个开关的静触点接线柱，用两根导线分别进行连接。

㉝ 双联开关有三个接线柱，其中两个分别与两个静触点接通，另一个与动触点接通。

㉞ 铁管进盒护口脱落、遗漏，安装开关接线时，需要注意把护口带好。

㉟ 同一房间的开关安装高度之差超出允许偏差范围，需要及时更正。

㊱ 为了美观，应选用统一的螺钉固定面板。

㊲ 易燃易爆场所，要选择防爆型开关。

㊳ 安装插座接线时，需要注意把护口带好。

㊴ 暗装的插座，需要有专用盒，并且盖板需要端正严密，以及与墙面平齐。

㊵ 插座安装完成后，不得再次进行喷浆，以免破坏面板的清洁。

㊶ 插座安装在木结构内，需要做好防火处理。

㊷ 插座安装的底盒子内要清洁无杂物，不变形。

㊸ 插座的安装位置要正确。

㊹ 插座的底板、插座的面板并列安装时，插座的高度差允许大约为0.5mm，同一场所的高度差大约为5mm。面板的垂直允许偏差大约为0.5mm。

㊺ 插座盖板紧贴建筑物的表面。

㊻ 插座盒一般在距室内地坪0.3m处埋设。

㊼ 插座连接的保护接地线措施、相线与中性线的连接导线位置需要符合规定。

㊽ 插座面板已经上好，盒子过深，没有加套盒处理，需要及时补上。

㊾ 插座使用的漏电开关，动作要灵敏可靠。

㊿ 潮湿场所采用密封型以及带保护地线触头的保护型插座，安装高度一般不低于1.5m。

51 成排安装的插座高低差不得大于2mm。

52 厨房宜预留增添设施、设备的电源插座位置，电源插座距水槽边缘的水平距离要大于600mm。

53 单相两孔插座，面对插座的右孔或上孔与相线连接，左孔或下孔与零线连接。

54 单相三孔、三相四孔、三相五孔插座的接地或接零线接在上孔。

55 单相三孔插座，面对插座的右孔与相线连接，左孔与零线连接。如果看插座面板反面，则连接左右孔刚好相反。

56 插座的接地端子不得与零线端子连接。

㊆ 插座的接地线一般要单独敷设。

㊈ 插座的面板不平整，与建筑物表面间有缝隙，需要调整好。

㊉ 插座的相线、零线、地线压接混乱，需要及时改正。

⑥ 电源插座底边距地面1.8m及以下时，一般需要选用带安全门的电源插座。

⑥ 儿童活动场所，需要采用安全插座。如果采用普通插座，则安装高度不得低于1.5m。

⑥ 固定插座面板的螺钉尽量选择统一的型号。

⑥ 同一场所不同电压的插座，要有明显区别。

⑥ 家装中应设置信息配线箱，当箱内安装集线器（HUB）、无线路由器、其他电源设备时，箱内需要预留电源插座。

⑥ 开关、插座、照明灯具等电器的高温部位靠近可燃性装饰装修材料时，需要采取隔热、散热的构造措施。

⑥ 同一场所的三相插座，接线的相序要一致。

⑥ 同一房间的插座的安装高度差超出允许偏差范围时，需要及时更正。

⑥ 同一室内安装的插座高度差不得大于5mm。

⑥ 照明开关、电源插座距淋浴间门口的水平距离一般不小于600mm。

⑦ 落地插座，需要有保护盖板。

⑦ 其他工种在施工时，不要碰坏、碰歪插座。

⑦ 特别潮湿与有易燃、易爆气体、粉尘的场所，不得装设插座。

⑦ 特殊场所暗装的插座高度，一般不低于0.15m。

小提示

家装插座设置的高度，一般需要根据适用设备来确定，并且距室内装修地面的高度宜为300mm、1200mm、2100mm。阳台布置电器时，一般要在墙面合适的位置安装防溅水电源插座。

3.3.5　检测与质量

开关、插座安装的质量参考要求见表3-10。

表3-10　开关、插座安装的质量参考要求

项目	抽验参考	检验法
保证项目	（1）接地线、相线、中性线等连接导线的位置 （2）开关动作的灵敏可靠性	观察检查法、检查安装记录
基本项目	盒子的清洁度、安装的位置、盖板与建筑物表面的紧贴性	观察法、通电来检查
	导线进入开关插座处的绝缘良好性与不伤线芯的情况、开关切断相线、插座接地线单独敷设的要求	观察法、通电来检查

开关、插座安装允许偏差见表3-11。

表3-11 开关、插座安装允许偏差

项目	允许偏差/mm
插座的高度差	0.5
面板的垂直度	0.5
同一场所开关、插座的高度差	5

3.4 普通灯具安装工程

3.4.1 工艺准备

普通灯具安装施工工艺包括材料准备、主要机具准备、作业条件准备等。其中，主要机具包括手电钻、电锤、大功率电烙铁、常用电工工具、卷尺、纱线手套、人字梯、锯弓、锯条、数字式万用表等。

普通灯具安装施工工艺作业条件准备如图3-8所示。

图3-8 普通灯具安装施工工艺作业条件准备

普通灯具安装施工准备如图3-9所示。

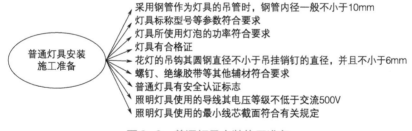

图3-9 普通灯具安装施工准备

3.4.2 工艺流程

普通灯具安装施工工艺流程如图3-10所示。

图3-10 普通灯具安装施工工艺流程

3.4.3 施工要点

普通灯具安装施工要点见表3-12。

表3-12 普通灯具安装施工要点

项目	解释
检查灯具	（1）潮湿、多尘场所，检查时要使用密闭式灯具 （2）除敞开式外，其他各类灯具的灯泡容量在100W及以上的，检查时要使用瓷灯口 （3）灯具有可能受到机械损伤的情况，检查时要使用有防护网罩的灯具 （4）根据清单清点灯具、安装配件 （5）检查灯具外观是否正常，要无变形、无金属镀层剥落、无锈蚀等问题
组装灯具	组装灯具时，要选择适宜的场地，根据说明书要求操作，戴上干净的纱线手套，正确接线、正确组装灯具部件等
灯具安装	例如普通座式灯头的安装如下 ①把电源线留足维修长度后剪除余线，并剥出线头 ②区分相线、零线。螺口灯座中心簧片接相线，零线接在螺纹端子上 ③用连接螺钉把灯座安装在接线盒上
通电试运行	灯具安装完，经过绝缘测试检查合格后，才能够允许通电试运行。通电后，需要仔细检查、巡视

3.4.4 射灯的安装

射灯施工安装要点如下。

① 射灯的安装包括位置的确定与预留、射灯的连接。

a. 位置的确定与预留——射灯一般采用嵌入式安装，因此，需要根据位置预留线路，也就是需要先开好孔，并适当预留出射灯的空槽。

b. 射灯的连接——在射灯空槽处装好底座，拉出电线，固定螺钉；然后连接线头，并且对连接处进行绝缘处理，装上射灯部分即可。

② 壁灯的安装——首先把灯具底托摆放在留线安装位置，注意四周留出的余量要对称；然后划出打孔点，放下底托，再用电钻开好安装孔，将灯具的灯头线从出线孔中拿出来，与墙灯接头接好线，使壁灯安装座贴紧墙面，用螺钉固定好，配好灯泡、灯罩。

3.4.5 组合式吸顶花灯的安装

组合式吸顶花灯的安装要点如下。

① 根据预埋的螺栓、灯头盒位置，在灯具的托板上用电钻开好安装孔、出线孔。

② 安装时，将托板托起，将电源线和从灯具甩出的导线连接好，并且包扎严密，尽量把导线塞入灯头盒内。

③ 把托板的安装孔对准预埋螺栓，使托板四周与顶棚贴紧。然后用螺母将其拧紧，并且调整好各个灯口。

④ 悬挂好灯具的各种装饰物，上好灯管、灯泡。

3.4.6 吊式花灯的安装

吊式花灯的安装要点如下。

① 首先把灯具托起，并把预埋好的吊杆插入灯具内。再把吊挂销钉插入后，将其尾部掰开成燕尾状，并将其压平。

② 导线接好后，用电工胶布包扎严实，理顺后向上推起灯具上部的扣碗，将接头扣于其内，并且将扣碗紧贴顶棚，然后拧紧固定螺钉，再调整好各个灯口。

③ 上好灯泡，配上灯罩。

 小提示

花灯吊钩圆钢直径不应小于灯具挂销直径，并且不应小于6mm。大型花灯的固定与悬吊装置，需要根据灯具重量的2倍做承载试验。

3.4.7　吊灯的安装

吊灯的安装步骤主要包括吊灯的固定与吊灯的连接。

① 吊灯的固定——首先画出钻孔点，然后使用冲击钻打孔，再将膨胀螺栓打进孔内。需要注意，一般先使用金属挂板或吊钩固定顶棚，再连接吊灯底座，这样安装得更牢固。

② 吊灯的连接——连接好电源电线后，连接处需要用绝缘胶布包裹好。再把吊杆与底座连接，并且调整好合适高度，然后将吊灯的灯罩与灯泡安装好。

 小提示

某吊灯施工工艺特点如图3-11所示。

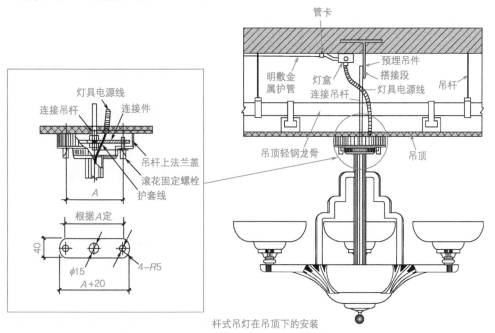

杆式吊灯在吊顶下的安装

图3-11　某吊灯施工工艺特点

3.4.8　注意事项

扫码看视频

电线保护套管
工艺

普通灯具安装施工注意事项如下。

① 安装灯具的导线绝缘测试合格后，才能够接灯具线。

② 安装灯具的预埋螺栓、吊杆、吊顶上嵌入式灯具安装专用骨架等完成后，需要根据设计要求做承载试验，合格后才能够安装灯具。

③ 安装在室外的壁灯需要有泄水孔，绝缘台与墙面间需要有防水措施。

④ 安装在重要场所的大型灯具的玻璃罩，需要采取防止玻璃罩碎裂后向下溅落的措施。

⑤ 成排灯具的中心线偏差不得超出规定允许范围。

⑥ 厨房、卫生间照度一般为75lx、100lx、150lx为宜。

⑦ 床头台灯供阅读一般为300lx为宜。

⑧ 带有开关的灯头，开关手柄应没有裸露的金属部分。

⑨ 当灯具距地面高度小于2.4m时，灯具的可接近裸露导体必须接地或接零可靠，并应有专用接地螺栓与标识。

⑩ 当钢管做灯杆时，钢管内径不应小于10mm，钢管厚度不应小于1.5mm。

⑪ 灯槽内的T4日光管间隔不宜太长，以免造成光与光间有阴影。

⑫ 灯的下方不能堆放可燃物品。

⑬ 灯具的型号、规格需要符合设计要求与国家标准的规定。

⑭ 灯具固定应牢固可靠，不得使用木楔。

⑮ 灯具开关不允许串接在零线上，必须串接在火线上。

⑯ 灯具每一单项分支回路不允许超过20个灯头，但花灯、彩灯除外。一般情况下严禁超过10A。

⑰ 灯具与边框需要紧贴在灯栅上，以及完全遮盖灯孔，不允许有露光现象。

⑱ 灯具质量大于3kg时，需要固定在螺栓或预埋吊钩上。

⑲ 灯内配线严禁外露，灯具配件齐全，无机械损伤、变形、油漆剥落、灯罩破裂、灯箱歪翘等现象。

⑳ 灯泡距地面的高度一般不低于2m。如果低于2m，需要采取防护措施。

㉑ 灯头的绝缘外壳不得有破损与漏电现象。

㉒ 灯头线应打结。

㉓ 固定灯具带电部件的绝缘材料与提供防触电保护的绝缘材料，需要耐燃烧与防明火特性。

㉔ 镜前灯一般安装在距地1.8m左右。

㉕ 矩形灯具的边框需要与灯栅的装饰直线平行，偏差≤5mm。

㉖ 客厅照度一般为100lx、150lx、200lx三档。

㉗ 卧室照度一般为50lx、100lx、150lx三档。

㉘ 连接灯具的软线需要盘扣、搪锡压线。

㉙ 每个灯具固定用螺钉或螺栓不少于2个。绝缘台直径在75mm及以下时，可以采用1个螺钉或螺栓固定。

㉚ 嵌入式灯具固定在专设的柜架上，导线在灯盒内需要留有余地，以方便维修。

㉛ 软导线（即灯头线）截面不得小于$0.4mm^2$。

㉜ 施工过程中，注意职业健康安全要求、环境管理要求。

㉝ 无明确规定，庭院照明夜晚能辨别出花草色调，平均照度一般为20～50lx为宜。景点与重点花木需要另增加效果照明。

㉞ 选择的灯具需要具有合格证。

㉟ 严禁用纸、布等可燃材料遮挡灯具。

小提示

家装中，与儿童、老人用房相连接的卫生间走道、上下楼梯平台、踏步等部位，要设灯光照明。家装厨房照明重点要放在主要操作台面上。家装厨房照明点，一般宜在操作台区域、灶台与水池上方。厨房照明开关，一般宜设置在厨房门外侧。

3.4.9　检测与质量

普通灯具安装质量记录如图3-12所示。

图3-12　普通灯具安装质量记录

引向每个灯具的导线线芯最小截面积要求见表3-13。

表3-13　引向每个灯具的导线线芯最小截面积要求

安装场所		线芯最小截面积/mm²	
		铜芯软线	铜线
灯头线	工业建筑室内	0.5	1
	民用建筑室内	0.4	0.5
	室外	1	1

3.5　室内UPVC排水管工程

3.5.1　工艺准备

室内UPVC排水管施工工艺包括材料准备、主要机具准备、作业条件准备等。其中，主要机具包括砂轮锯、手锯、铣口器、钢刮板、板锉、手电钻、冲击钻、活扳手、电锤、水平尺、毛刷、线坠、白线等。

室内UPVC排水管施工作业条件准备如图3-13所示。

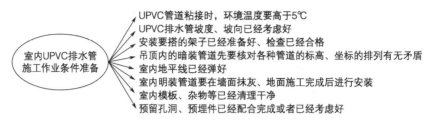

图3-13　室内UPVC排水管施工作业条件准备

室内UPVC排水管施工工艺材料准备如下。

① 镀锌螺栓、胶黏剂等其他材料要符合相关质量要求并满足使用要求。

② 管材、管件、阻火圈、防火套管要有检验报告、许可证明、合格证、说明书。

③ 管材、管件包装上应标有批号、数量、生产日期、检验代号。

④ 管材、管件管壁厚度符合相关要求，且管壁薄厚均匀。

⑤ 管材、管件内外表层要光滑平整，无气泡、裂纹和凹陷。

⑥ 管材、管件色泽要一致。

⑦ 管材端口平整并且垂直于轴线。

⑧ 检查管材是否为硬质聚氯乙烯（UPVC）。

⑨ 管件承口要与管材外径插口相配套。

⑩ 管件造型要规矩、光滑、无毛刺。

⑪ 管托、管卡、管箍等支撑件、紧固件一般采用生产厂家配套制作的标准件。

⑫ 寒冷地区使用的胶黏剂，其性能应适应当地的气候条件。

⑬ 胶黏剂内不得含有团块、不溶颗粒及其他杂质。

⑭ 胶黏剂要呈自由流动状态，不得为凝胶体。

⑮ 胶黏剂要无异味，并且在没有搅拌的情况下不得有分层现象、析出物。

⑯ 胶黏剂要选择标有生产厂家名称、生产日期、使用年限、出厂合格证、说明书的产品。

⑰ 所用胶黏剂要为同一厂家配套产品，并且与UPVC、卫生洁具连接相适宜。

⑱ 阻火圈需要采用由权威单位许可的工厂生产的产品。

3.5.2　工艺流程

室内UPVC排水管施工工艺流程如图3-14所示。

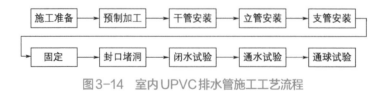

图3-14　室内UPVC排水管施工工艺流程

3.5.3　施工要点

室内UPVC排水管施工要点见表3-14。

表3-14　室内UPVC排水管施工要点

项目	解释
预制加工	（1）根据图纸、实际情况和要求，量好管道尺寸、断管。断口要平齐，并且用刮刀除掉断口内外的飞刺，以及外棱刮出15°的角 （2）粘接前，需要对承插口先进行插入试验，注意不要全部插入，即一般插入为承口的3/4深度即可 （3）试插检查合格后，把承插口需要粘接的部位擦干净。然后用毛刷涂抹UPVC排水管胶黏剂，先涂抹承口后，再涂抹插口，随即垂直插入。刚插入粘接时，可以将插口稍做转动，以有利于胶黏剂的均匀分布。粘接牢后，立即把溢出的胶黏剂擦干净。插入粘接久了，不得转动插口。多口粘连时，还需要注意预留口方向与粘接是否正确
干管安装	（1）首先确定坐标、标高、孔洞、受水口位置 （2）管道穿结构墙体处，需要设置刚性防水套管 （3）排水导管根据设计、要求、位置、图纸等安装伸缩节。如果设计无要求时，则伸缩节间距一般小于4m （4）UPVC排水管安装时，可以采用铅丝临时吊挂，以便预安装，进行有关甩口坐标、位置、管道标高、坡度的调整、校正、确定 （5）UPVC排水管粘接固化后，可以安装卡进行固定。如果采用金属支架，则要在与管外径接触的地方垫橡胶垫片来保护 （6）注意干管与立管连接口的位置与路径 （7）管道安装、检查、调整好后，可以进行堵管洞、支模封堵等作业
立管安装	（1）首先确定坐标、标高、卡架位置，预装立管卡架 （2）根据图纸核对工场（或者工地），确定管道中心线，然后安装管道、管件、伸缩节、管口。安装时，注意安装顺序的先后 （3）防火圈要根据设计、规范等要求安装在楼层相应部位 （4）注意立管与支管连接口的位置与路径 （5）UPVC排水管穿过楼顶板时，需要预留防水刚性套管，以及注意屋顶防水与套管间隙的防水密封作业处理
支管安装	（1）首先确定坐标、标高、吊卡位置、支管位置、预留口坐标位置 （2）支管安装时，注意调整支管坡度，以满足坡度值的要求 （3）支导管安装时，若直管段长度大于4m，则需要考虑安装伸缩节，以确保每段内净长≤4m
试验	（1）根据规范、方案等要求进行闭水试验 （2）多层结构，应分层分段逐根进行试验 （3）满水试验，可以采用橡胶球胆封闭管口来进行 （4）通球通水试验，可以采用从屋顶透气口投入不小于管径2/3的试验球来进行

UPVC排水管安装如图3-15所示。

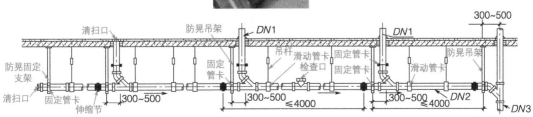

图3-15　UPVC排水管安装

3.5.4 注意事项

室内UPVC排水管施工注意事项如下。

① UPVC排水管要水平堆放在平整的地面上，不得暴晒。

② 安装好的管道，需要采用专用封头、堵头进行封堵，以防堵塞管道。

③ 暗装立管的分支管管径≥100mm时，需要根据设计防火等级等有关要求安装阻火圈。

④ 厨房的排水立管支架与洗涤池，不得直接安装在与卧室相邻的墙体上。

⑤ 管件管材在运输、装卸、搬运时，要轻拿轻放，不得摔抛。

⑥ 家装不得封闭暗装排污管、废水管的检修孔以及顶棚位置的冷热水阀门的检修孔。

⑦ 家装不得将厨房排水与卫生间排污合并排放。

⑧ 家装除独立式低层住宅外，不得改变原有干管的排水系统。

⑨ 家装厨房采用PVC管材、管件的排水管道进行加长处理时，一般不得出现S状，以及端部要留有不小于60mm长的直管。

⑩ 家装厨房的排水立管要单独设置；排水量最大的排水点要靠近排水立管。

⑪ 家装厨房横支管转弯时，要采用45°弯头组合完成。隐蔽工程内的管道与管件间，不得采用橡胶密封连接，且横支管上不得设置存水弯。

⑫ 家装厨房立管的三通接口中心距地面完成面的高度，不得大于300mm。

⑬ 家装厨房排水口、连接的排水管道要具备承受90℃热水的能力。

⑭ 家装厨房热水器泄压阀排水要导流到排水口。

⑮ 家装厨房洗涤槽的排水管接口，距地面完成面一般为400～500mm，伸出墙面完成面一般不小于150mm，并且高于主横支管中心一般不小于100mm。

⑯ 家装排水管道不得穿过卧室、排气道、风道、壁柜，不得在厨房操作台上部敷设。

⑰ 家装排水立管不得穿越下层住户的居室。厨房设有地漏时，地漏的排水支管不得穿过楼板进入下层住户的居室。

⑱ 家装塑料排水管要避免布置在热源附近。如果不能避免且导致管道表面受热温度高于60℃时，要采取隔热措施。

⑲ 家装塑料排水立管与家用灶具边净距一般不小于400mm。

⑳ 家装同层排水系统要采取防止填充层内渗漏的防水构造措施。

㉑ 家装应缩短卫生洁具到排水主管的距离，减少管道转弯次数，转弯次数不宜多于3次；要将排水量最大的排水点靠近排水立管。

㉒ 立管与排出管端部的连接，需要采用两个45°弯头或曲率半径不小于4倍管径的90°弯头。

㉓ 连接2个及以上大便器，或者3个以上卫生器具的污水横管上，需要设置清扫口。

㉔ 如果塑料排水管上有油污，则需要用丙酮除掉后，再擦干净。

㉕ 施工时，注意人身安全、环保要求。

㉖ 通向室外的排水管，穿过墙壁或基础要采用45°三通和45°弯头连接，以及在垂直管段的顶部设置清扫口。

㉗ 污水管起点的清扫口与管道相垂直的墙面，距离不得小于200mm。

㉘ 严禁利用安装好的立导管作为支撑及吊挂点。

㉙ 转角、排水的水平管道与水平管道、水平管道与立管的连接处，需要采用45°三通或45°四通和斜三通或斜四通。

㉚ 在转角为135°的污水横管上，要设置检查口或清扫口。

3.5.5 检测与质量

① 生活污水UPVC（塑料管）排水管参考坡度见表3-15。

表3-15 生活污水UPVC（塑料管）排水管参考坡度

管径/mm	标准坡度/‰	最小坡度/‰	检验法
50	25	12	水平尺、拉线、尺量
75	15	8	
110	12	6	
125	10	5	
160	7	4	

② UPVC排水管横管固定件参考间距见表3-16。

表3-16 UPVC排水管横管固定件参考间距

公称直径/mm	50	75	100
支架间距/mm	0.6	0.8	1

③ UPVC排水管吊装时吊卡间距要求见表3-17。

表3-17 UPVC排水管吊装时吊卡间距要求

管径/mm	50	75	110	125	160
立管/m	1.2	1.5	2	2	2
横管/m	0.5	0.75	1.1	1.3	1.6

④ 室内UPVC排水管安装允许偏差与检验法见表3-18。

表3-18 室内UPVC排水管安装允许偏差与检验法

项目	允许偏差/mm	检验法
水平管道纵、横方向弯——每米	1.5	用水准仪（水平尺）、直尺、拉线、尺量来检查
水平管道纵、横方向弯——全长（25m以上）	不大于38	用水准仪（水平尺）、直尺、拉线、尺量来检查
立管垂直度——每米	3	用吊线、尺量来检查
立管垂直度——全长（5m以上）	不大于15	用吊线、尺量来检查

⑤ 家装连接卫生器具的排水管径与最小坡度如果设计没有要求，一般符合表3-19的规定才算合格。

表3-19　家装连接卫生器具的排水管径和最小坡度

卫生器具名称		排水管径/mm	管道最小坡度
大便器	高低水箱	100	0.012
	拉管式冲洗阀	100	0.012
	自闭式冲洗阀	100	0.012
单双格洗涤盆（池）		50	0.025
妇女卫生盆		40～50	0.02
淋浴器		50	0.02
污水盆（池）		50	0.025
洗手盆、洗脸盆		32～50	0.02
小便器	手动冲洗阀	40～50	0.02
	自动冲洗水箱	40～50	0.02
饮水器		25～50	0.01～0.02
浴盆		50	0.02

3.6 PPR给水管工程

扫码看视频

室内进水总阀
工艺

3.6.1 工艺准备

PPR管又叫三型聚丙类管。它是采用无规共聚聚丙烯经挤出成为管材，注塑成管件的新一代管道材料。PPR管具有较好的抗冲击性能、长期抗蠕变等性能。

PPR管，常指普通的PPR。PPR铜管是内层覆铜的一种特殊的PPR。PPR覆铝管就是其外表面覆有一层铝的一种特殊的PPR。

PPR管分为PPR冷水管、PPR热水管。PPR冷水管、PPR热水管的壁厚不同。PPR冷水管的壁厚有2.8mm、3.4mm等。PPR热水管的壁厚一般为4.2mm等。PPR热水管一般采用一条红线标记，PPR冷水管一般采用一条绿线标记。

PPR管的优劣判断见表3-20。

表3-20　PPR管的优劣判断

方法	优质	劣质
看	优质的PPR管色泽柔亮并有油质感，外表光滑，标识齐全，配件上也有防伪标识	劣质的PPR管由于混入了劣质塑料甚至是石灰粉，其色泽不自然，切口断面干涩、无油质感，所以感觉像加入了粉笔灰
拉丝	首先把少许PPR材料熔化，然后用铁钳夹住拉丝，质量好的管丝长	首先把少许PPR材料熔化，然后用铁钳夹住拉丝，劣质管丝短，容易拉断
热胀冷缩	热胀冷缩符合要求	水温下就被软化
韧性	好的PPR管韧性好，可轻松弯成一圈不断裂	劣质管较脆，一弯即断
烧	优质的PPR原料是一种烃链化合物，在火焰温度高于800℃以上，并有充足的氧气条件下，燃烧时只有二氧化碳和水蒸气释放，燃烧时应该没有任何异味、残渣	劣质的PPR管由于混入劣质塑料、其他杂质，燃烧时会有异味和残渣
使用寿命	优质产品质保50年	劣质产品仅5～6年
闻	好的管材没有明显的异味	差的管材有怪味
砸	砸PPR管时，"回弹性"好	容易砸碎
掂	优质PPR管用手掂掂分量要比劣质PPR管重一些。由于优质PPR金属管件大多数具有三道以上防水、防渗漏沟槽的铜件（铜含量要大于58%），其铜件尺寸较长，厚度也较厚	劣质PPR管要比优质的轻一些

方法	优质	劣质
灰渣	取少许PPR材料点燃，烧熔滴在白纸上：像蜡一样，色泽呈半透明状	取少许PPR材料点燃，待烧熔后再看灰渣：劣质的PPR灰渣多
摸	优质PPR管的内外壁光滑，无凹凸裂纹	劣质PPR管内壁粗糙，有凹凸感
捏	PPR管具有相当的硬度，捏不会变形	随便一捏即变形的管则为劣质管

PPR管正规与否的判断方法见表3-21。

表3-21　PPR管正规与否的判断方法

方法	正规PPR管	伪PPR管
冠名	正规的标识为："冷热水用PPR管"	冠以"超细粒子改性聚丙烯管""PPE管"等非正规名称的，均为伪PPR管
透光	正规PPR管完全不透光	伪PPR管轻微透光或半透光
手感	正规PPR管手感柔和	伪PPR管手感差
落地声	正规PPR管落地声较沉闷	伪PPR管落地声较清脆
色彩	正规PPR管呈白色亚光或其他色彩的亚光，伪PPR管光泽明亮或色彩特别鲜艳

PPR管可以暗敷，也可以明敷。但是，明敷时不要直接暴露于太阳光下，也不要直接暴露于紫外线辐射下，以免破坏PPR管材料分子结构。如果需要把PPR管暴露于太阳光下，则需要为PPR管套上保温套。

PPR管的连接，往往需要PPR冷热水管件（配件）配合进行。常见PPR冷热水管件（配件）的功能与特点见表3-22。

表3-22　常见PPR冷热水管件（配件）的功能与特点

名称	解释
截止阀/球阀	主要起到启闭水流的作用
内丝	内丝就是具有内螺纹的配件，有水龙头、水表、软管等地方一般需要用内丝。内丝包括弯头内丝、直接内丝、三通内丝
绕曲管	绕曲管又叫作过桥。当两路独立的水路交叉，需要其中一路绕一个弯，这样可以避免互相影响
三通	三通又叫作正三通，三通就是连接三根PPR管
外丝	外丝就是具有外螺纹的配件，例如有的热水器连接需要外丝。外丝包括弯头外丝、直接外丝、三通外丝
直接	直接又叫作套管、管套接头。当水管直通长度不够时，连接两根管子或者加长管子就用直接。直接可连接两路水路
PPR球阀	PPR球阀要采用热熔接头类型
堵帽	堵帽是配合外螺纹使用的
堵头	堵头又叫作管堵、闷头，堵头装在水龙头之前，用于堵住水路。如果有管子经常不用的话，建议用不锈钢堵头堵住内丝口。另外，装堵头时要缠上生料带，否则会漏水 堵头是配合内螺纹使用的
管卡	管卡是用来把管子固定在槽里或墙上的一种配件
弯头	PPR管均是直的管子。弯头主要用于当管子需要拐弯的连接处。弯头是管工中用得较多的一种配件。弯头可以分为90°弯头、45°弯头
异径三通	异径三通是指两头规格相同，单一端头规格不相同的三通
异径直接	异径直接是指两头规格不同的直接，即连接管径不同的两根水管的连接件。异径直接也就是大小头

PPR管安装工艺常见的工具如图3-16所示。

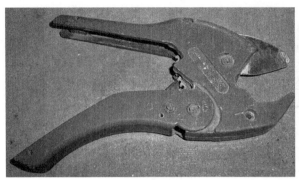

图3-16　PPR管安装工艺常见的工具

3.6.2　工艺流程

PPR进水管明敷安装工艺流程如图3-17所示。

水管下料 → 熔接 → 固定 → 修整 → 测试

图3-17　PPR进水管明敷安装工艺流程

PPR进水管暗敷安装工艺流程如图3-18所示。

开凿 → 水管下料 → 管路支托架预埋 → 预装 → 检查 → 熔接 → 安装 → 固定 → 修整 → 测试

图3-18　PPR进水管暗敷安装工艺流程

家装给水暗装主要工艺流程如图3-19所示。

选择好水管 → 看施工图与交底、定位 → 划线 → 开槽 → 焊接、布管 → 检查 → 测试 → 封槽 → 最后检查

图3-19　家装给水暗装主要工艺流程

3.6.3　施工要点

家装给水暗装施工要点见表3-23。

表3-23　家装给水暗装施工要点

项目	解释
开槽与布管	（1）热水器、水龙头等预留冷热水上水管，要保证间距15cm（现在大部分电热水器、分水龙头冷热水上水管间距都是15cm，个别的为10cm） （2）PPR暗敷管槽的深度一般为管径+20mm，宽度一般为管径+40mm （3）安装混水龙头时，热水管应在面向的左边 （4）厨房洗涤盆处进水口离地高度为450mm （5）热水器、水龙头等预留冷热水上水管，要求冷热水上水管口应该高出墙面2cm左右 （6）热水器、水龙头等预留冷热水上水管，则要求冷热水上水管口高度一致 （7）热水器、水龙头等预留冷热水上水管，则要求冷热水上水管口垂直墙面 （8）洗面盆的冷热水进水龙头离地高度为500～550mm （9）洗衣机地漏最好别用深水封地漏 （10）浴盆上的混水龙头装在浴盆中间，面向水龙头，左热右冷 （11）坐便器的进水水龙头尽量安置在能被坐便器挡住视线的地方

续表

项目	解释
管路封槽	（1）水管检验正常后，才能对水槽进行封槽 （2）封槽前，需要对松动的水管进行稳固 （3）补槽前，必须将所补之处用水湿透 （4）采用恰当比例的水泥砂浆封槽 （5）封槽可以用工具调制好水泥砂浆 （6）封槽后的墙面、地面不得高于所在平面

封槽砂浆如图3-20所示。

小提示

在加热与插接过程中不能转动PPR管材和PPR管件，应直接插入。正常熔接PPR时应在结合面放置均匀的熔接圈、结合环。PPR管材熔接器功率与配接模头的关系如下。

① 600W 一般配 ϕ20、ϕ25、ϕ32模头。

② 800W 一般配 ϕ20、ϕ32、ϕ40、ϕ50、ϕ63模头。

③ 1200W 一般配 ϕ75、ϕ90、ϕ110模头。

④ 2000W 一般配 ϕ160模头。

图3-20 封槽砂浆

3.6.4 注意事项

PPR给水管施工工艺注意事项如下。

① 明设的塑料给水立管距离灶台边缘小于400mm、距离燃气热水器小于200mm时，装饰装修一般需要采取隔热、散热的构造措施。

② 新设置的燃气或电热水器的给水，可以与原有太阳能热水器共用一路管道。塑料给水管不得与水加热器或热水出水管口直接连接，一般需要设置长度不小于400mm的金属管过渡。

③ 严寒、寒冷地区明设室内给水管道或装修要求较高的吊顶内给水管道，一般要有防结露保温层。

④ 家装套内要设置热水供应设施，并且宜采用太阳能或其他环保热源。

⑤ 家装PPR给水管交叉处使用过桥弯，如图3-21所示。

图3-21 交叉处使用过桥弯

🔅 **小提示**

　　正常熔接时，熔接器需要的温度一般为260～280℃。如果温度偏低，即没有达到该温度会出现虚焊现象，如果通过热水时，因热胀冷缩会出现渗水现象。

　　如果温度过高会破坏聚丙烯分子结构，容易出现不完全融合或者出现融合面异形现象，也会出现渗水现象。

3.6.5　检测与质量

（1）一般卫生器具给水配件的安装高度检测与质量

　　一般卫生器具给水配件的安装高度如果设计没有要求，通常符合表3-24的规定才算合格。

表3-24　一般卫生器具给水配件的安装高度

卫生器具给水配件名称		给水配件中心距地面高度/mm	冷热水龙头距离/mm
大便槽冲洗水箱截止阀（从台阶面算起）		不低于2400	
蹲式大便器（从台阶面算起）	带防污助冲器阀门（从地面算起）	900	
	低水箱角阀	250	
	高水箱角阀及截止阀	2040	
	脚踏式自闭冲洗阀	150	
	拉管式冲洗阀（从地面算起）	1600	
	手动自闭冲洗阀	600	
妇女卫生盆混合阀		360	
挂式小便器角阀及截止阀		1050	
盥洗槽	冷热水管上下并行中的热水龙头	1100	150
	水龙头	1000	150
架空式污水盆（池）水龙头		1000	
立式小便器角阀		1130	
莲蓬头下沿		2100	
淋浴器——截止阀		1150	95（成品）
落地式污水盆（池）水龙头		800	
洗涤盆（池）水龙头		1000	150
洗脸盆	角阀（下配水）	450	
	冷热水管上下并行中的热水龙头	1100	
	水龙头（上配水）	1000	150
	水龙头（下配水）	800	150
洗手盆水龙头		1000	
小便槽多孔冲洗管		1100	
饮水器喷嘴嘴口		1000	
浴盆	冷热水管上下并行中的热水龙头	770	
	水龙头（上配水）	670	
住宅集中给水龙头		1000	
坐式大便器	低水箱角阀	250	
	高水箱角阀及截止阀	2040	

（2）给水横管纵横方向弯曲的允许偏差检测与质量

给水横管纵横方向弯曲的允许偏差如果设计没有要求，一般符合表3-25的规定才算合格。

表3-25 给水横管纵横方向弯曲的允许偏差与检验法

项目			允许偏差/mm	检验法
铸铁管	每1m		≤1	水平尺、直尺、拉线、尺量检查
	全长（25m以上）		≤25	
钢管	每米	管径小于或等于100mm	1	
		管径大于100mm	1	
	全长（25m以上）	管径小于或等于100mm	≤25	
		管径大于100mm	≤25	
塑料管	每米		1.5	
	全长（25m以上）		≤38	
钢筋混凝土管、混凝土管	每米		3	
	全长（25m以上）		≤75	

（3）给水立管垂直度的允许偏差检测与质量

给水立管垂直度的允许偏差如果设计没有要求，一般符合表3-26的规定才算合格。

表3-26 给水立管垂直度的允许偏差与检验法

项目		允许偏差/mm	检验法
铸铁管	每米	3	吊线和尺量检查
	全长（5m以上）	≤15	
钢管	每米	2	
	全长（5m以上）	≤8	
塑料管	每米	3	
	全长（5m以上）	≤15	

3.7 水设备设施工程

3.7.1 地漏施工安装

地漏施工安装的要点如下。

① 盥洗室、厕所、浴室、卫生间及其他房间需从地面排水时，应在地面设置地漏。

② 地漏一般安装在易溅水的器具及不透水地面的最低处。

③ 不宜采用水封深度只有20mm的钟罩式地漏。

④ 当采用不带水封的地漏时，则排水管要另外加装存水弯。

⑤ 地漏与排水管连接处有承插、丝扣。

⑥ 地漏承插接口用胶水粘接。

⑦ 地漏丝扣接口要有钢管做排水管，并且丝扣处涂油、缠麻，与地漏连接好后拧紧即可。

⑧ 地漏算子顶面应低于设置处地面5～10mm，以利排水，周围地平面也要有不小于0.01的坡度，坡向地漏。

⑨ 防臭地漏可以采用100mm×100mm镀铬地漏。

⑩ 地漏工程标准——与地面平整，能自然排水。

3.7.2　洗脸盆（洗面台）施工安装

洗脸盆（洗面台）施工安装的要点见表3-27。

表3-27　洗脸盆（洗面台）施工安装的要点

项目			解释
支架安装			（1）根据排水管管口中心在墙上划垂线 （2）由地面向上按照设计要求量出规定的高度，并且划出水平线 （3）洗脸盆上沿口一般离地高800mm （4）根据盆宽在水平线上划出支架位置的十字线，即做记号 （5）根据十字线用电锤打孔洞，并且将洗脸盆支架找平、固定牢固 （6）再将洗脸盆置于支架上，并且找平、找正 （7）最后将φ4螺栓上端插到洗脸盆下面的固定孔内，下端插入支架内 （8）适度拧紧螺母即可
排水管的安装	S形存水弯的连接		（1）首先在洗脸盆分排水栓丝扣下端涂上铅油，缠上少许麻丝 （2）再将存水弯上节打到排水栓上，并且注意松紧适度 （3）将存水弯下节的下端插入排水管口内，将存水弯套在上节内 （4）然后把胶垫放在存水弯的下节连接处，把锁母用手拧紧后，再调直找正，然后用扳手拧紧 （5）再用油麻填塞排水管口间隙，并用油灰将排水管口塞严、抹平
	P形存水弯的连接		（1）首先在洗脸盆排水栓丝扣下端涂上铅油，缠上少许麻丝 （2）再将存水弯立节拧在排水栓上，注意松紧适度 （3）将存水弯横节按需要的长度配好，把锁母与压盖背靠背套在横节上，并且试一下安装高度是否合适，如果安装高度不合适则需要调整好 （4）再把胶垫放在锁母口内，将锁母适度拧紧 （5）将铜压盖内填满油灰后向墙面推进找平、按压严实，再擦净外溢油灰
给水管连接			（1）量好管道尺寸，配好短管，装好角阀 （2）如果是暗装管道，需要带铜压盖：先将铜压盖套在短节上，管子上好后，将铜压盖内填满油灰，向墙面推进找平、压实，清理外溢油灰 （3）将铜管按所需尺寸断好，需搣弯的把弯搣好 （4）将角阀与水嘴的锁线卸下，背靠背套在铜管上，两端分别缠好铅油麻丝或生料带，上端插入水嘴根部，并且带上锁母；下端插入角阀出水口内，并且带上锁母 （5）将铜管调直、找正。上端用自制朝天呆扳手拧紧，下端用扳手拧紧 （6）清除锁母处外露的填料
其他要求			卫生间洗面台施工安装的要点 （1）洗面台上的盆面到装修地面的距离一般宜为750～850mm （2）除了立柱式洗面台外，装饰装修后侧墙面到洗面盆中心的距离一般不宜小于550mm （3）嵌置洗面盆的台面进深一般宜大于洗面盆150mm，宽度一般宜大于洗面盆300mm （4）卫生间洗面台上部的墙面一般设置镜子

 小提示

卫生间洗面盆（洗面台）规格与接口定位尺寸如图3-22所示。

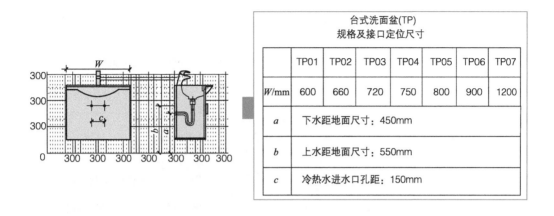

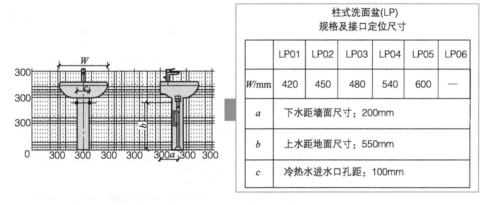

图3-22 卫生间洗面盆（洗面台）规格与接口定位尺寸

3.7.3 洗涤盆施工安装

洗涤盆施工安装的要点如下。

① 洗涤盆应平整，无损裂现象。

② 洗涤盆排水栓应有直径不小于8mm的溢流孔。

③ 排水栓与洗涤盆连接时，排水栓的溢流孔应尽量对准洗涤盆的溢流孔，以保证溢流部位畅通，镶接后排水栓上端面应低于洗涤盆底。

④ 托架固定螺栓可采用直径不小于6mm的镀锌开脚螺栓或镀锌金属膨胀螺栓固定。

⑤ 如果是多孔砖的墙体，严禁使用膨胀螺栓固定。

⑥ 洗涤盆与排水管连接后应牢固密实、便于拆卸，连接处不得敞口。

⑦ 洗涤盆与墙面接触部位要用硅膏嵌缝。

⑧ 洗涤盆排水存水弯、水龙头如果是镀铬产品，安装时应注意保护，不得损坏镀铬层。

3.7.4 坐便器施工安装

坐便器的施工安装流程、要点与其他见表3-28。

表3-28   坐便器的施工安装流程、要点与其他

项目	解释
安装流程	检查地面下水口管→对准管口→放平找正→划好印记→打孔洞→抹上油灰→套好橡胶垫→拧上螺母→水箱背面两个边孔划印记→打孔→插入螺栓→捻牢→背水箱挂放平找正→拧上螺母→安装背水箱下水弯头
安装要点	（1）安装连体坐便器，在水电安装时，需要考虑进水管口的高度、连体坐便器的出水口与墙壁的间距，固定螺栓打孔位置不得有水管、电线管经过。智能坐便器也要考虑上述情况 （2）给水管安装角阀高度一般距地面到角阀中心为250mm （3）安装连体坐便器应根据坐便器进水口离地高度而确定，但不小于100mm （4）给水管角阀中心一般在污水管中心左侧150mm或根据坐便器实际尺寸来定 （5）低水箱坐便器其水箱应用镀锌开脚螺栓或采用镀锌金属膨胀螺栓来固定 （6）墙体如果是多孔砖则严禁使用膨胀螺栓，水箱与螺间应采用软性垫片，不得采用金属硬垫片 （7）带水箱及连体坐便器的水箱后背部离墙应不大于20mm （8）坐便器安装时应用直径不小于6mm镀锌膨胀螺栓来固定，坐便器与螺母间应用软性垫片固定 （9）坐便器污水管应露出地面10mm （10）冲水箱内溢水管高度应低于扳手孔30～40mm，以防进水阀门损坏时水从扳手孔溢出 （11）坐便器安装时应先在底部排水口周围涂满油灰，然后将坐便器排出口对准污水管口慢慢地往下压挤密实、填平整，再将垫片螺母拧紧。清除被挤出的油灰，在底座周边用油灰填嵌密实后立即用回丝或抹布揩擦清洁 有的坐便器可以采用膨胀螺栓固定安装，并用油灰或聚硅氧烷（硅酮）连接密封，底座不得用水泥砂浆固定
其他	安装坐便器的必知知识如下 （1）壁挂式坐便器的所有安装螺栓孔直径都应为20～26mm或为加长型螺栓孔 （2）坐便器可以采用带有破坏真空的延时自闭式冲洗阀 （3）坐便器水道至少能通过直径为41mm的固体球 （4）后排式坐便器排污口距墙安装距一般有100mm、180mm两种 （5）后排式坐便器与不带存水弯蹲便器排污口有的外径为107mm （6）卫生间侧墙面到坐便器边缘的距离一般不宜小于250mm，到蹲便器中心的距离一般不小于400mm （7）卫生间坐便器、蹲便器前一般应有不小于500mm的活动空间 （8）下排式坐便器排污口距墙安装距一般有200mm、305mm、400mm三种 （9）下排式坐便器与带存水弯蹲便器排污口最大外径为100mm （10）小便器水道至少能通过直径为19mm的固体球 （11）用冲洗阀的小便器进水口中心至完成墙的距离应不小于60mm

小提示

卫生间坐便器规格与接口定位尺寸如图3-23所示。某项目卫生间坐便器施工工艺如图3-24所示。

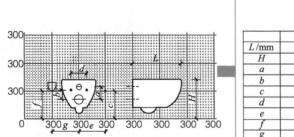

挂式坐便器(GB) 规格及接口定位尺寸				
	GB01	GB02	GB03	GB04
L/mm	510	540	570	600
H	挂式坐便器座面高度：390～420mm			
a	给水口距排水口尺寸：135mm			
b	螺栓连接孔距排水口尺寸：100mm			
c	自来水上水距地面尺寸：300mm			
d	螺栓连接孔间距：180mm			
e	自来水上水距坐便器中心线尺寸：300mm			
f	防溅插座距地面尺寸：300mm			
g	防溅插座距坐便器中心线尺寸：300mm			

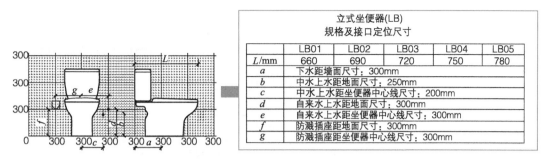

图3-23 卫生间坐便器规格与接口定位尺寸

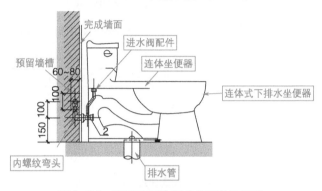

图3-24 某项目卫生间坐便器施工工艺

3.7.5 浴盆施工安装

浴盆安装流程、要点见表3-29。

表3-29 浴盆安装流程、要点

项目	解释
安装流程	浴盆安装→下水安装→油灰封闭严密→上水安装→试平找正
安装要点	（1）在安装裙板浴盆时，其裙板底部应紧贴地面，楼板在排水处应预留250～300mm洞孔，便于排水安装，在浴盆排水端部墙体应设置检修孔 （2）其他浴盆（裙板浴盆除外）根据有关需求确定浴盆上平面高度，再砌两条砖做基础后安装浴盆 （3）固定式淋浴器、软管淋浴器的高度按有关需求来确定 （4）浴盆安装上平面必须用水平尺（或者水平确定管）校验平整，不得侧斜 （5）各种浴盆冷水龙头、热水龙头或混水龙头的高度应高出浴盆上平面150mm （6）安装水龙头时不损坏镀铬层，并且镀铬罩与墙面应紧贴 （7）浴盆排水与排水管连接应牢固密实，连接处不得敞口 （8）浴缸、淋浴间靠墙一侧一般应设置牢固的抓杆 （9）浴缸安装后，上边缘到装修地面的距离一般宜为450～600mm （10）浴盆上口侧边与墙面结合处应用密封膏填嵌密实 （11）只设浴缸不设淋浴间的卫生间，一般宜增设带延长软管的手持式淋浴器（花洒）

 小提示

卫生间浴缸规格与接口定位尺寸如图3-25所示。

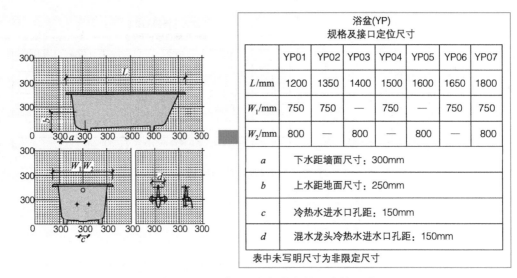

图3-25　卫生间浴缸规格与接口定位尺寸

3.7.6　注意事项

水设备、设施施工工艺的注意事项见表3-30。

表3-30　水设备、设施施工工艺的注意事项

项目	解释
厨房部品、设施施工安装密封性能要求	（1）给水管道、水嘴、接头不得渗水 （2）后挡水与墙面连接的地方，需要用密封胶密封（不锈钢橱柜除外） （3）排水管道各接头连接、洗涤槽、排水接口的连接均要严密，不得有渗漏，软管连接部位需要用卡箍紧固 （4）排油烟机排气管与接口处需要采取密封措施 （5）嵌式灶具与台面连接的地方需要加密封材料 （6）燃气灶具、用气设备的进气接头与燃气管道接口间（或者钢瓶）的软管连接要严密，连接部位要用卡箍紧固，并且不得有漏气现象 （7）洗涤槽与台面连接的地方，需要用密封胶密封（不锈钢橱柜整体台面洗涤槽除外）
卫生间、淋浴间要求	卫生间、淋浴间的挡水高度一般宜为25~40mm。淋浴间内花洒的两旁距离一般不宜小于800mm，前后距离一般不宜小于800mm，隔断高度一般不宜低于2.00m。卫生间、淋浴间一般宜设推拉门、外开门，门洞净宽一般不宜小于600mm
洗涤槽给水、排水接口与厨房给水管、排水管接驳要求	（1）给水立管与支管连接的地方，均需要设一个活接口，并且各户进水要设有阀门 （2）洗涤槽排水管，要将洗涤槽的下水接口及其附件安装好。洗涤槽与台面相接的地方，要采用防水密封胶密封，不得渗漏水。要将洗涤槽的水龙头与给水接口连接好。另外，与排水立管相连时要优先采用硬管连接，并且坡度符合要求
其他	（1）采用中水冲洗便器时，中水管道、预留接口需要设明显标识 （2）厨房用金属材料、金属配件，需要根据使用需要采取有效的表面防腐蚀处理措施 （3）厨房用密封胶的黏结性、耐水性、环保性、耐久性需要满足要求，而且要达到不污染材料、不黏结界面、防霉等要求 （4）地漏、大便器、排水立管等穿越楼板的管道根部，一般宜使用丙烯酸酯建筑密封胶、聚氨酯建筑密封胶等嵌填 （5）改变卫生间内设施位置时，不得影响结构安全以及下层住户、相邻住户使用，并且需要重做防水构造 （6）金属板的切口、开洞位置不得暴露在空气中，打钉位置一般宜采用密封胶处理 （7）金属件与人体接触部位或储藏部位，需要进行砂光处理，不得有毛刺，不得有锐棱 （8）住宅室内防水工程的密封材料，一般采用丙烯酸酯建筑密封胶、聚氨酯建筑密封胶、聚硅氧烷（硅酮）建筑密封胶 （9）住宅需要采用节水型便器、节水型淋浴器等卫生洁具 （10）坐便器安装洁身器时，洁身器要与自来水管连接，严禁与中水管连接

小提示

家装防水密封施工要求如下。

① 基层需要干净、干燥，以及根据需要涂刷基层处理剂。密封施工一般宜在卷材、涂料防水层施工前、刚性防水层施工后进行。

② 双组分密封材料配比要准确，混合要均匀。

③ 密封材料施工一般宜采用胶枪挤注方式，也可以采用腻子刀等嵌填来压实。密封材料需要根据预留凹槽的尺寸、形状、材料的性能采用一次或多次嵌填。

④ 密封材料嵌填完成后、硬化前，应避免灰尘、破损、污染等情况。

3.7.7 检测与质量

（1）卫生器具参考安装高度

卫生器具参考安装高度见表3-31，如果相差较大或者与设计所需尺寸不同，均说明不合格。

表3-31 卫生器具参考安装高度

卫生器具名称		卫生器具参考安装高度/mm		备注
		居住、公共建筑	幼儿园	
污水盆（池）	架空式	800	800	自地面到器具上边缘
	落地式	500	500	
洗涤盆（池）		800	800	
洗脸盆和洗手盆（有塞、无塞）		800	500	
盥洗槽		800	500	
浴盆		520	—	
蹲式大便器	高水箱	1800	1800	自台阶面到高水箱底
	低水箱	900	900	自台阶面到低水箱底
坐式大便器	高水箱	1800	1800	自台阶面到高水箱底
	低水箱（外露排出式）	900	900	自台阶面到低水箱底
	低水箱（虹吸喷射式）	470	370	自台阶面到低水箱底
大便槽冲洗箱		不低于200		自台阶面到水箱底
妇女卫生盆		360		自地面到器具上边缘
化验盆		800		自地面到器具上边缘
淋浴器		2100		从喷头底部到地面
小便器	立式	1000		自地面到下边缘
	挂式	600	450	自地面到下边缘
小便槽		200	150	自地面到台阶面

（2）卫生器具的保证项目检测与质量

污水盆、洗涤器、淋浴器、大小便器、妇女卫生盆、化验盆、排水栓、地漏、扫除口、加热器、煮沸消毒器、饮水器等卫生器具的保证项目检测可以参考表3-32进行。

表3-32   卫生器具的保证项目检测参考

项目	检测参考
安装装饰效果	整体观感效果与装饰的整体效果协调一致
器具排水管径、坡度	排水管径、坡度符合设计要求与施工规范规定
强度及安装稳定性	单个部件的结构强度符合产品标准要求
卫生器具排水口连接	卫生器具的排水口与排水管承口的连接处严密不漏

（3）卫生器具的基本项目检测与质量

污水盆、洗涤器、淋浴器、大小便器、妇女卫生盆、化验盆、排水栓、地漏、扫除口、加热器、煮沸消毒器、饮水器等卫生器具的基本项目检测可以参考表3-33进行。

表3-33   卫生器具的基本项目检测参考

项目	检测参考	
	合格	优良
排水栓地漏	平整、牢固、没有渗漏、低于排水表面	平整、牢固、没有渗漏、低于排水表面，排水栓低于盆槽底表面2mm，地漏低于安装处排水表面5mm
卫生器具	埋设平整、牢固、防腐良好、放置平稳	埋设平整、牢固、防腐良好、放置平稳、器具洁净、支架与器具接触紧密

（4）卫生器具的允许偏差

污水盆、洗涤器、淋浴器、大小便器、妇女卫生盆、化验盆、排水栓、地漏、扫除口、加热器、煮沸消毒器、饮水器等卫生器具的允许偏差可以参考表3-34进行。

表3-34   卫生器具的允许偏差

项目		允许偏差/mm
坐标	单独器具	≤10
	成排器具	≤5
标高	单独器具	±15
	成排器具	±10
器具水平度		≤2
器具垂直度		≤3

（5）室内给水静置设备安装允许偏差

室内给水静置设备安装允许偏差，如果设计没有要求，一般符合表3-35的规定才算合格。

表3-35   室内给水静置设备安装允许偏差与检验法

项目	允许偏差/mm	检验法
标高	±5	水准仪、拉线、尺量来检查
垂直度（每米）	5	吊线、尺量来检查
坐标	15	经纬仪、拉线、尺量来检查

4.1 一般抹灰工程

扫码看视频

内墙抹灰工程
+刷腻子粉工程
+墙漆工程工艺

4.1.1 工艺准备

抹灰工程就是粉饰、粉刷，是用灰浆涂抹在房屋建筑的墙、地、顶棚、表面上的一种装饰工程，具有保护基层与增加美观的作用。

根据施工方法，抹灰工程分为普通抹灰和高级抹灰。根据施工空间位置，抹灰工程分为内抹灰和外抹灰。室内各部位的抹灰称为内抹灰。室外各部位的抹灰称为外抹灰。

根据施工工艺不同，抹灰工程可以分为一般抹灰，清水砌体勾缝等。一般抹灰是指在混凝土、砌筑体、加气混凝土砌块等墙体立面等建筑物墙面涂抹石灰砂浆、聚合物水泥砂浆、麻刀石灰、水泥砂浆、水泥混合砂浆、纸筋石灰、石膏灰等。

根据部位，一般抹灰分为墙面抹灰、顶棚抹灰、地面抹灰等。装饰抹灰是指在建筑物墙面涂抹干粘石、假面砖等。

根据使用材料、施工方法、装饰效果不同，砂浆装饰抹灰分为拉毛灰、甩毛灰、搓毛灰、扫毛灰、拉条抹灰，人造大理石，外墙喷涂、滚涂、弹涂，装饰线条毛灰，假面砖等装饰抹灰。

一般抹灰施工工艺准备主要包括材料准备、作业条件准备、主要机具准备、技术准备，其中，部分材料准备包括水泥、砂、纸筋、麻丝、界面剂等，部分抹灰材料的要求见表4-1。

表4-1 部分抹灰材料的要求

名称	要求
水泥	（1）一般宜采用强度等级不低于32.5、同一批号、同一品种、颜色一致、同一强度等级、同一厂家的硅酸盐水泥、普通硅酸盐水泥，并且应有合格证与出厂检验报告 （2）如果采用其他品种水泥，则水泥凝结时间、安定性等必须满足抹灰工程的要求
砂	一般宜采用平均粒径为0.35～0.5mm的中砂，并且砂的颗粒要求质地坚硬，含泥量不得大于3%，以及不得含有碱质与其他有机物等杂质。使用前，根据使用要求过不同孔径的筛，以确保砂的洁净
纸筋	（1）可以采用纸浆、稻草、白纸筋、草纸筋、麦秆 （2）稻草、麦秆要干燥、洁净、坚韧，切割成长大约为20mm并经石灰浆浸泡 （3）纸筋要用水浸泡透彻后，再用碾磨机械碾磨细腻后备用
麻丝	（1）选择的麻丝应柔韧、干燥 （2）麻丝应切割成长为10～30mm，用机械打散后浸拌于石灰膏中
界面剂	一般宜选择有性能检测报告、合格证、使用说明书等质量证明文件的界面剂

普通硅酸盐水泥如图4-1所示。

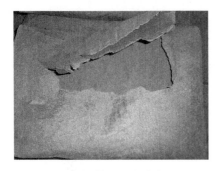

图4-1　普通硅酸盐水泥

如果还采用石灰膏，采用生石灰淋制时，宜用筛网过滤后储存在沉淀池中使其充分熟化（熟化时间不少于15d）。用于罩面灰时，熟化时间一般不少于30d。如果使用袋装石灰粉，则石灰粉的细度过0.125mm方孔筛的筛余量不大于13%。使用袋装石灰粉前，要洒水浸泡使其充分熟化（熟化时间不少于3d）。

常见机具有砂浆搅拌机、麻刀机、纸筋灰搅拌机、手推车、筛子、铁锹、灰勺、托线板、线坠、钢丝刷、钢卷尺、水桶、木抹子、阴阳角抹子、托灰板、刮杠、水平尺、靠尺、方尺、钢尺等。

💡 小提示

抹灰砂浆的选择如图4-2所示。

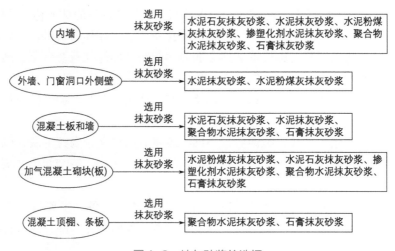

图4-2　抹灰砂浆的选择

4.1.2　工艺流程

一般抹灰施工工艺流程如图4-3所示。具体项目工艺流程，可能会存在调整或者差异。

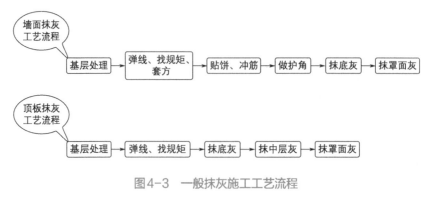

图4-3　一般抹灰施工工艺流程

4.1.3 施工要点

一般抹灰的施工要点如图4-4所示，根据不同的项目与要求会有所差异，本书一些施工要点仅供参考。当底灰抹平后，应把预留孔洞、配电箱、槽、盒周边大约5cm宽的石灰砂刮掉，并且采用大毛刷蘸水沿周边压抹平整、光滑。

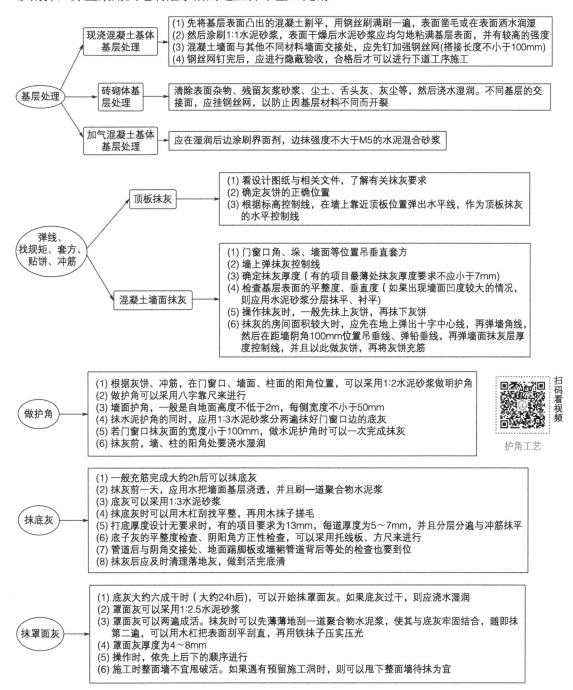

图4-4 一般抹灰的施工要点

用铁抹子压实压光面灰如图4-5所示。

图4-5   用铁抹子压实压光面灰

 小提示

抹灰砂浆的施工稠度如图4-6所示。

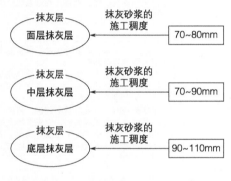

图4-6   抹灰砂浆的施工稠度

4.1.4　注意事项

一般抹灰施工的注意事项如下。

① 翻拆架子时，应防止损坏已抹好的墙面。

② 脚手板不得搭设在门窗、洗脸池、暖气片等承重的物器上。

③ 进入现场作业必须戴安全帽，2m以上作业要系安全带、穿防滑鞋。

④ 门窗框在抹灰前应进行保护。抹完灰后，应及时清理残留在门窗框上的砂浆。

⑤ 抹灰时避免将接槎放在大面中间位置，一般留在分格缝或不明显的地方。

⑥ 抹灰时墙上的预埋件、线槽、盒、预留孔洞要采取保护措施，以防施工时灰浆漏入或堵塞。

⑦ 抹灰完成后，在建筑物进出口、转角部位，应及时做护角保护。

⑧ 抹灰作业时，禁止蹬踩已安装好的窗台板等设备，以防损坏。

⑨ 施工用的界面剂应符合环保等要求。

⑩ 门窗框边缝不塞灰、塞灰不实、预埋木砖间距大、木砖松动、震动等可能会引起门

窗边抹灰层异常。

⑪ 抹灰层坠裂，还可能是抹灰层过厚引起的。抹灰层厚度可以通过冲筋进行控制（一般保持15～20mm厚，分层、间歇抹灰的每遍厚度为7～8mm）。

⑫ 如果出现次层与基体间空鼓、裂缝、黏结不牢，则可能是基层不刮素水泥浆、清扫不干净、湿润不够等原因引起的。另外，改进措施就是喷洒防裂剂或涂刷掺107胶的素水泥浆，以增加黏结性。

4.1.5 检测与质量

一般抹灰施工工艺的质量记录与验收、复验要求见表4-2。

表4-2 一般抹灰施工工艺的质量记录与验收、复验要求

项目	要求
验收时应检查的文件与记录	（1）材料的产品合格证书、性能检验报告、进场验收记录、复验报告等 （2）其他设计文件 （3）设计说明 （4）施工记录 （5）施工图 （6）隐蔽工程验收记录
复验	（1）聚合物砂浆的保水率 （2）砂浆的黏结强度
隐蔽工程的验收	（1）不同材料基体交接处的加强措施 （2）抹灰总厚度大于或等于35mm时的加强措施

一些项目的质量参考要求见表4-3。

表4-3 一些项目的质量参考要求

项目	项目类型	要求	检验法
槽、护角、孔洞、盒周围的抹灰表面	一般项目	（1）要整齐光滑 （2）管道后面的抹灰表面要平整	可以采用观察法来检查
滴水线、滴水槽（有排水要求部位的设置）	一般项目	（1）滴水槽宽度、深度要满足设计等要求 （2）滴水线、滴水槽要整齐顺直 （3）滴水线要内高外低 （4）滴水槽宽度、深度一般不得小于10mm	可以采用观察法、尺量检查法等
抹灰层的总厚度	一般项目	（1）水泥砂浆不得抹在石灰砂浆层上 （2）要符合设计要求 （3）罩面石膏灰不得抹在水泥砂浆层上	可以通过施工记录等来检查
抹灰层与基层间、各抹灰层间的要求	主控项目	要黏结牢固、抹灰层无脱层和空鼓、面层无爆灰、面层无裂缝	可以采用观察法、用小锤轻击检查法、检查施工记录等来检查
抹灰分格缝的设置	一般项目	（1）表面要光滑 （2）宽度、深度要均匀 （3）棱角要整齐 （4）要符合设计要求	可以采用观察法、尺量检查法等来检查
抹灰工程的分层	主控项目	（1）不同材料基体交接处表面的抹灰，需要采取防止开裂的加强措施 （2）抹灰总厚度大于或等于35mm时，则需要采取加强措施 （3）如果采用加强网防开裂，则加强网与各基体的搭接宽度要不小于100mm	检查隐蔽工程验收记录及施工记录等
抹灰前基层表面的尘土、污垢、油渍	主控项目	要清除干净，洒水润湿，以及进行界面处理	通过施工记录等来检查

续表

项目	项目类型	要求	检验法
一般抹灰工程的表面质量	一般项目	（1）高级抹灰表面要光滑洁净、颜色均匀、无抹纹、分格缝清晰、灰线清晰 （2）普通抹灰表面要光滑洁净、接槎平整、分格缝清晰	可以采用观察法、手摸法等来检查
一般抹灰所用材料的品种、性能	主控项目	要符合设计、有关现行标准等要求	通过合格证书、进场验收记录、性能检验报告、复验报告等来检查

一般抹灰工程质量的允许偏差与其检验法见表4-4。对于普通抹灰，若阴角方正可不检查。

表4-4   一般抹灰工程质量的允许偏差与其检验法

项目	普通抹灰允许偏差/mm	高级抹灰允许偏差/mm	检验法
表面平整度	4	3	可以采用2m靠尺和塞尺来检查
分格条、分格缝的直线度	4	3	可以拉5m线（如果不足5m，则可以拉通线）、用钢直尺来检查
立面垂直度	4	3	可以采用2m垂直检测尺来检查
墙裙、勒脚上口直线度	4	3	可以拉5m线（如果不足5m，则可以拉通线）、用钢直尺来检查
阴阳角方正	4	3	可以采用200mm直角检测尺来检查

💡 小提示

抹灰层黏结强度规定值如图4-7所示。

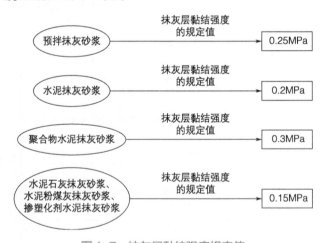

图4-7   抹灰层黏结强度规定值

4.2   室外水泥砂浆抹灰工程

4.2.1   工艺准备

室外水泥砂浆抹灰工程工艺准备包括材料准备、主要机具准备、作业条件准备、相关人员准备等。材料准备包括水泥、砂、石灰膏、其他掺合料等，具体见表4-5。

表4-5 室外水泥砂浆抹灰工程材料准备

名称	解释
水泥	（1）对水泥抽样进行复验 （2）对进场的水泥要检查其包装是否完好、标识是否清晰、是否具有合格证 （3）规划水泥进场计划，以确保每一个大面墙体使用同一厂家、同一批号的水泥 （4）可以采用普通硅酸盐水泥、矿渣硅酸盐水泥
砂	（1）可以采用细度模数位于Ⅱ区的中砂 （2）砂使用前要过0.5cm的方孔筛
石灰膏	（1）使用袋装磨细石灰粉时，使用前要洒水浸泡使其充分熟化，熟化期一般超过或者等于3d （2）用袋装磨细石灰粉时，则要求石灰粉过0.125mm方孔筛 （3）用生石灰淋制时，要用筛网过滤后储存在沉淀池中使其充分熟化，熟化时间一般超过或者等于15d，余量不大于13%
其他掺合料	（1）掺合料掺入量可以通过试验来决定 （2）掺合料质量要符合有关设计、标准、规范等要求 （3）其他掺合料包括107胶、磨细粉煤灰、外加剂等

室外水泥砂浆抹灰工程中的主要机具包括喷壶、铁锤、毛刷、线坠、靠尺板、刮杠、筛子、手推车、龙门井架、砂浆搅拌机、水桶、灰桶、铁锹、钢卷尺、托灰板、木抹子、钢丝刷、铁抹子、钉子、铝合金水平尺等。

室外水泥砂浆抹灰工程作业条件准备如图4-8所示。

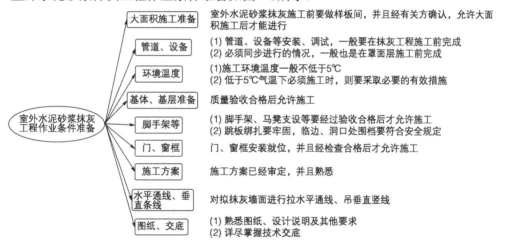

图4-8 室外水泥砂浆抹灰工程作业条件准备

4.2.2 工艺流程

室外水泥砂浆抹灰工程工艺流程如图4-9所示。

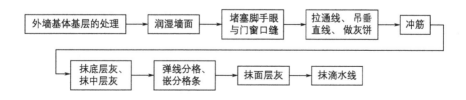

图4-9 室外水泥砂浆抹灰工程工艺流程

4.2.3 施工要点

室外水泥砂浆抹灰工程施工要点见表4-6。

表4-6 室外水泥砂浆抹灰工程施工要点

步骤	名称	解释
1	外墙基体基层的处理	（1）要把凸出墙面的部分剔平整 （2）光滑的混凝土基层面要进行凿毛处理 （3）可以采用钢丝刷与压力水配合冲刷灰尘、浮砂 （4）梁板下顶头缝，要用砂浆填塞密实 （5）轻质砌块基体抹灰前，对灰浆不饱满的、松动的拼缝要用砂浆填塞密实 （6）清除灰缝中的舌头灰 （7）清除砖墙面上残存的灰浆
2	润湿墙面	抹灰前，墙面基体要洒水或喷水使之湿润
3	堵塞脚手眼与门窗口缝	堵塞脚手眼与门窗口缝前，要先清理与清缝，再用1∶3水泥砂浆堵塞严实
4	拉通线、吊垂直线、做灰饼	（1）先拉通线、吊垂直线，再确定垂直度、平整度、抹灰成活面位置 （2）抹灰成活面位置，一般可以通过调整外凸严重部位的最薄厚度来确定
5	冲筋	（1）冲筋要等灰饼检查验收合格后才能进行 （2）冲筋面一般是以中层灰外表面为基准
6	抹底层灰、抹中层灰	（1）底层灰根据基层材质，针对性选择1∶1∶6水泥石灰混合砂浆，或是1∶3水泥砂浆 （2）底层灰厚度为5～8mm （3）抹底层灰前，要先对基层刷一道胶黏性水泥浆或胶黏剂 （4）抹底层灰时要用力压抹，以便基层与整个抹灰层严实结合 （5）底层灰抹压3～6h后，可以抹中层灰 （6）抹中层灰时，可以采用铝合金刮杠刮平找直，用木抹子搓毛 （7）抹中层灰时，要使中层灰与灰饼冲筋抹平
7	弹线分格、嵌分格条	（1）根据要求弹线分格、嵌分格条 （2）分格条嵌后要洒水养护
8	抹面层灰	（1）分格条嵌后要洒水养护，次日或隔日才可以进行面层灰施工 （2）面层灰施工前，底灰基层要洒水湿润 （3）抹面层灰时，可刮一道素水泥浆，再抹罩面灰与分格条 （4）抹面层灰时，可以用铝合金刮杠进行刮平，用木抹子进行搓平，用铁抹子进行压光 （5）抹面层灰时，可以在其表面稍干时用软毛刷蘸水轻刷一遍，以避免面层收缩裂缝 （6）面层灰抹压完毕后，可以将分格条起出，等面层灰干后，再补缝用素水泥勾好即可
9	抹滴水线	（1）阳台、窗台、窗眉、压顶等的装饰线条要抹滴水线或滴水槽 （2）有的项目滴水线（槽）距外立面要不小于3cm （3）滴水槽宽度，要不小于10mm （4）滴水槽深度，要不小于10mm （5）滴水线（槽）一般按先抹立面，后抹顶面，最后抹底面的顺序进行

4.2.4 注意事项

室外水泥砂浆抹灰工程施工注意事项，可以参考一般抹灰施工工艺施工注意事项。

4.2.5 检测与质量

室外水泥砂浆抹灰工程质量记录与验收、复验，可以参考一般抹灰施工工艺施工质量记录与验收、复验。

室外水泥砂浆抹灰工程施工关键控制点与主要控制法见表4-7。室外水泥砂浆抹灰工程施工的允许偏差与检验法，可以参考一般抹灰施工工艺的允许偏差与检验法。

表4-7 室外水泥砂浆抹灰工程施工关键控制点与主要控制法

关键控制点	主要控制法
表面平整度检查	可以在施工过程中随时用靠尺、塞尺来检查
灰饼检查	可以通过拉线、吊线、用垂直检测尺检查全部灰饼来进行
基体质量检查	可以实测实量
立面垂直度检查	可以在施工过程中随时用垂直检测尺来检查
石灰膏熟化	可以采用观察法、检查施工记录来检查
水泥凝结时间、水泥安定性	可以取样来检查
细部检查	可以在施工前、施工过程中，采用观察、尺量、拉线来检查

4.3 抹灰工程配合比材料用量与保温层薄抹灰工程

4.3.1 抹灰工程配合比材料用量

抹灰工程配合比材料用量见表4-8。

表4-8 抹灰工程配合比材料用量

水泥粉煤灰抹灰砂浆配合比的材料用量/（kg/m³）				
强度等级	水泥	粉煤灰	砂	水
M5	250～290	内掺，等量取代水泥量的10%～30%	1m³砂的堆积密度值	270～320
M10	320～350			
M15	350～400			

水泥抹灰砂浆配合比的材料用量/（kg/m³）			
强度等级	水泥	砂	水
M15	330～380	1m³砂的堆积密度值	250～300
M20	380～450		
M25	400～450		
M30	460～530		

水泥石灰抹灰砂浆配合比的材料用量/（kg/m³）				
强度等级	水泥	石灰膏	砂	水
M2.5	200～230	（350～400）—C	1m³砂的堆积密度值	180～280
M5	230～280			
M7.5	280～330			
M10	330～380			

说明：C为水泥用量

抗压强度为4.0MPa的石膏抹灰砂浆配合比的材料用量/（kg/m³）		
石膏	砂	水
450～650	1m³砂的堆积密度值	260～400

掺塑化剂水泥抹灰砂浆配合比的材料用量/（kg/m³）			
强度等级	水泥	砂	水
M5	260～300	1m³砂的堆积密度值	250～280
M10	330～360		
M15	360～410		

4.3.2　保温层薄抹灰工程允许偏差与检验法

保温层薄抹灰工程的质量要求，可以参考其他薄抹灰工程。保温层薄抹灰工程质量的允许偏差和检验法见表4-9。

表4-9　保温层薄抹灰工程质量的允许偏差和检验法

项目	允许偏差/mm	检验法
表面平整度	3	可以用2m靠尺和塞尺来检查
分格条（缝）直线度	3	可以拉5m线，不足5m拉通线，用钢直尺来检查
立面垂直度	3	可以用2m垂直检测尺来检查
阴阳角方正	3	可以用200mm直角检测尺来检测

 小提示

某项目保温层薄抹灰工程如图4-10所示。

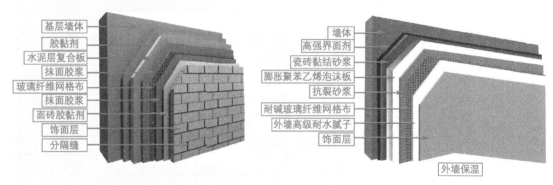

图4-10　某项目保温层薄抹灰工程

5.1 砂浆防水工程

5.1.1 工艺准备

砂浆防水层又叫作刚性防水，其所采用的砂浆称为防水砂浆。水泥砂浆防水层工程的准备工作，主要体现在材料准备、主要机具与作业条件准备，具体如图5-1所示。

用作防水工程防水层的防水砂浆有刚性多层抹面的水泥砂浆、掺防水剂的防水砂浆、聚合物水泥防水砂浆等，水泥砂浆防水材料如图5-2所示。

防水砂浆的配合比一般采用水泥：砂=1：（2.5~3），水灰比为0.5~0.55。砂子一般采用级配良好的中砂，水泥一般采用42.5级普通硅酸盐水泥。

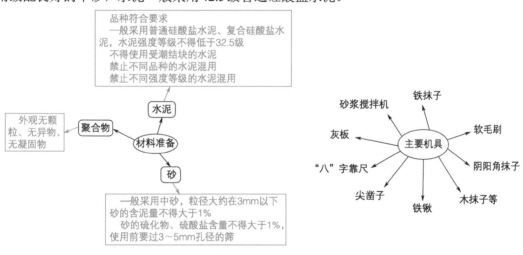

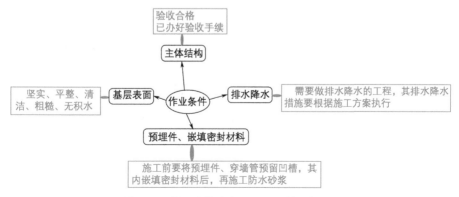

图5-1 水泥砂浆防水层工程工艺准备

图5-2　水泥砂浆防水材料

💡 小提示

　　家装防水工程要遵循防排结合、刚柔相济、因地制宜、经济合理、安全环保、综合治理等原则。家装防水密封材料，需要采用与主体防水层相匹配的材料。家装用于配制防水混凝土的水泥，可以选择硅酸盐水泥、普通硅酸盐水泥等，但是不得使用过期、受潮结块的水泥，不得将不同品种或强度等级的水泥混合使用等。

5.1.2　工艺流程

水泥砂浆防水层工程工艺流程如图5-3所示。

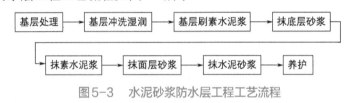

图5-3　水泥砂浆防水层工程工艺流程

5.1.3　施工要点

水泥砂浆防水层工程部分施工要点如图5-4所示。

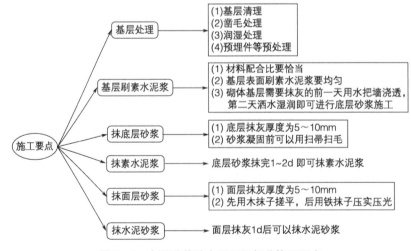

图5-4　水泥砂浆防水层工程部分施工要点

小提示

家装防水基层处理要求如下。
① 防水基层要符合要求且通过验收。基层表面要坚实平整，无浮浆、起砂、裂缝现象。
② 管根、地漏与基层的交接部位，应预留宽10mm、深10mm的环形凹槽，槽内应嵌填密封材料。
③ 基层表面不得有积水，基层的含水率应满足施工要求。
④ 基层的阴、阳角部位宜做成圆弧形。
⑤ 与基层相连接的各类管道、地漏、预埋件、设备支座等应安装牢固。

5.1.4　注意事项

水泥砂浆防水层工程施工的注意事项如下。
① 注意抹灰顺序，一般宜先抹立面，再抹地面。
② 防水各层要紧密结合，并且每层要连续施工。必须留施工缝时，要采用阶梯形槎，并且离阴、阳角处距离不小于200mm。
③ 基层表面的孔洞、缝隙，需要用与防水层相同的砂浆填塞抹平。
④ 加入聚合物水泥砂浆的施工，需要注意掺入聚合物的量要准确，并且分散均匀、拌和，应在1h内用完。
⑤ 聚合物水泥砂浆防水层没有达到硬化状态时，不得浇水养护、不得直接受雨水冲刷。
⑥ 聚合物水泥砂浆防水层硬化后，可以采用干湿交替养护方法进行。
⑦ 聚合物水泥砂浆防水层硬化后，若为潮湿环境，则其可以在自然条件下养护。
⑧ 普通水泥砂浆防水层终凝后要及时养护，并且保持湿润，养护温度不宜低于5℃，养护时间不得少于14d。
⑨ 水泥砂浆铺抹前，基层混凝土、基层砌筑砂浆强度不能低于设计值的80%。
⑩ 阴、阳角防水层一般做成圆弧形。
⑪ 施工时，注意职业健康安全、质量要求、环境要求、成品保护等事项。

小提示

家装防水砂浆施工要点如下。
① 施工前，要洒水润湿基层，但是不得有明水，一般要做界面处理。防水砂浆，一般要使用机械搅拌均匀，并且要随拌随用。
② 防水砂浆一般要连续施工。如果需留施工缝时，一般可以采用坡形接槎，相邻两层接槎一般要错开100mm以上，并且距转角不得小于200mm。
③ 水泥砂浆防水层终凝后，需要及时进行保湿养护，并且养护温度一般不得低于5℃。聚合物防水砂浆，一般根据产品有关使用要求进行养护。

5.1.5　检测与质量

水泥砂浆防水层工程部分质量记录如图5-5所示。

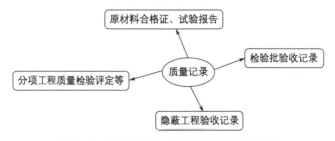

图5-5 水泥砂浆防水层工程部分质量记录

砂浆防水工程一些项目的质量参考要求见表5-1。

表5-1 砂浆防水工程一些项目的质量参考要求

项目	项目类型	要求	检验方法
砂浆防水层表面	一般项目	要密实、平整,不得出现裂纹、起砂、麻面等缺陷	可以采用观察法来检查
砂浆防水层厚度	一般项目	要符合设计、标准等有关规定、要求	(1)可以采用尺量来检查 (2)检查施工记录
砂浆防水层渗漏情况	主控项目	不得有渗漏现象	检查雨后或现场淋水检验记录
砂浆防水层施工缝位置、施工方法	一般项目	要符合设计、标准等有关规定、要求	可以采用观察法来检查
砂浆防水层所用砂浆品种、性能	主控项目	要符合设计、标准等有关规定、要求	检查合格证书、性能检验报告、进场验收记录、复验报告
砂浆防水层与基层之间、防水层各层之间的黏结情况	主控项目	黏结要牢固,不得有空鼓现象	(1)可以采用观察法来检查 (2)用小槌轻击来检查
砂浆防水层在变形缝、门窗洞口、穿外墙管道与预埋件等地方的做法	主控项目	要符合设计、标准等有关规定、要求	(1)可以采用观察法来检查 (2)检查隐蔽工程验收记录

 小提示

家装防水砂浆的厚度要求见表5-2。

表5-2 家装防水砂浆的厚度要求

防水砂浆类型		砂浆层厚度/mm
聚合物水泥防水砂浆	涂刮型	≥3
	抹压型	≥15
掺防水剂的防水砂浆		≥20

5.2 涂膜防水工程

扫码看视频

防水工艺

5.2.1 工艺准备

涂膜防水是在一定结构层表面涂刷一定厚度的防水涂料,并且经常温交联固化后,形成一层具有一定坚韧性的防水涂膜的一种防水方法。涂膜防水工程工艺准备包括材料准备、主要机具准备、作业条件准备等。涂膜防水工程主要机具准备如图5-6所示。涂膜防水材料与涂膜情况如图5-7所示。

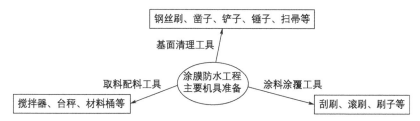

图5-6　涂膜防水工程主要机具准备

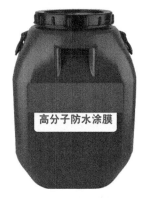

图5-7　涂膜防水材料与涂膜情况

涂膜防水工程作业条件准备如图5-8所示。

涂膜防水工程作业条件准备
- 涂膜防水可在潮湿或干燥的基面上施工
- 基层(找平层)可用水泥砂浆抹平压光，坚实、平整、不起砂、基本干燥
- 基层过于潮湿可用抗渗堵漏材料做潮湿基层处理，待表面干燥后做防水层
- 基层遇转角处等部位水泥砂浆抹成小圆角
- 基层与相连接的管件、地漏、排水口等在防水层施工前先将预留管道安装牢固
- 基层与相连接的管件、地漏、排水口等转角处水泥砂浆收头圆滑，管根处用密封膏嵌填密实
- 泛水坡度在2%以上

图5-8　涂膜防水工程作业条件准备

小提示

　　家装防水工程要使用聚氨酯防水涂料、聚合物乳液防水涂料、聚合物水泥防水涂料、水乳型沥青防水涂料等水性或反应型防水涂料。住宅室内长期浸水的部位，不得使用遇水产生溶胀的防水涂料。家装防水工程不得使用溶剂型防水涂料。聚氨酯防水涂料如图5-9所示。

图5-9　聚氨酯防水涂料

5.2.2　工艺流程

涂膜防水工程工艺流程如图5-10所示。

清理基面
做局部防水附加层
做防水层
防水层试水
做保护层
验收

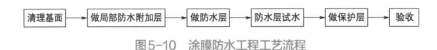

图5-10 涂膜防水工程工艺流程

5.2.3 施工要点

涂膜防水工程施工要点如图5-11所示。

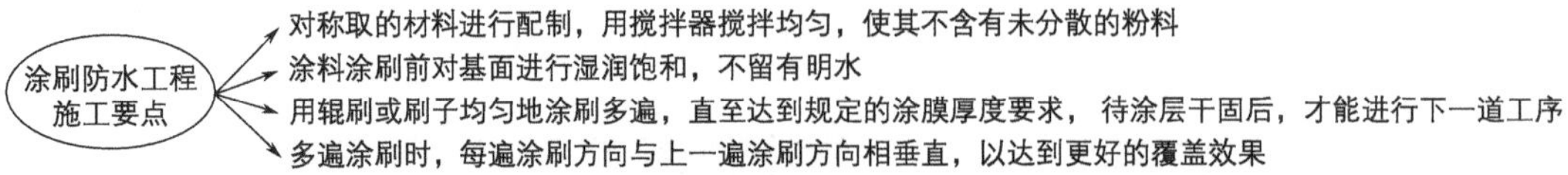

涂刷防水工程施工要点
对称取的材料进行配制，用搅拌器搅拌均匀，使其不含有未分散的粉料
涂料涂刷前对基面进行湿润饱和，不留有明水
用辊刷或刷子均匀地涂刷多遍，直至达到规定的涂膜厚度要求， 待涂层干固后，才能进行下一道工序
多遍涂刷时，每遍涂刷方向与上一遍涂刷方向相垂直，以达到更好的覆盖效果

图5-11 涂膜防水工程施工要点

小提示

家装防水涂料施工要点如下。

① 防水涂料施工时，需要采用与涂料配套的基层处理剂。基层处理剂涂刷要均匀，且不流淌、不堆积。

② 防水涂层最后一遍施工时，可以在涂层表面上撒砂。

③ 前后两遍的涂刷方向一般要相互垂直。前一遍涂层干固后，才能再涂刷下一遍涂料。

④ 防水涂料施工时一般先涂刷立面，后涂刷平面。

⑤ 防水涂料要薄涂并且施工多遍，涂层厚度要均匀，无堆积、无漏刷。

⑥ 防水涂料在大面积施工前，需要先在管根、地漏、阴阳角、排水口、设备基础根等地方施做附加层，以及夹铺胎体增强材料。施做附加层的宽度、厚度，均要符合要求。夹铺胎体增强材料时，要使防水涂料充分浸透胎体层，不得出现褶皱、翘边等现象。

⑦ 双组分防水涂料，需要根据配比要求在现场配制，以及使用机械搅拌均匀，不得出现颗粒悬浮物。

5.2.4 检测与质量

涂膜防水工程参考厚度见表5-3。

表5-3 涂膜防水工程参考厚度

类别	特别重要或对防水有特殊要求的建筑	重要建筑和高层建筑	一般的建筑
防水层合理使用年限/年	25	15	10
设防要求	三道或三道以上防水	两道防水	一道防水
涂膜厚度/mm	≥1.5	≥1.5	≥2

涂膜防水工程一些项目的质量参考要求见表5-4。

表5-4 涂膜防水工程一些项目的质量参考要求

项目	项目类型	要求	检验法
涂膜防水层表面	一般项目	要平整，涂刷要均匀，不得出现流坠、露底、气泡、皱褶等缺陷	可以采用观察法

续表

项目	项目类型	要求	检验法
涂膜防水层厚度	一般项目	要符合设计、标准等有关规定、要求	可以采用针测法或割取20mm×20mm实样再用卡尺来检测
涂膜防水层渗漏情况	主控项目	不得有渗漏现象	检查雨后或现场淋水检验记录
涂膜防水层所用防水涂料、配套材料的品种、性能	主控项目	要符合设计、标准等有关规定、要求	检查合格证书、性能检验报告、进场验收记录、复验报告
涂膜防水层与基层之间的黏结情况	主控项目	黏结要牢固	可以采用观察法
涂膜防水层在变形缝、门窗洞口、穿外墙管道、预埋件等地方的做法	主控项目	要符合设计、标准等有关规定、要求	（1）可以采用观察法 （2）检查隐蔽工程验收记录

 小提示

　　家装防水工程完成后，楼面、地面、独立水容器的防水性能要通过蓄水试验进行检验。家装防水工程采用防水涂料时，防水涂料涂膜防水层厚度要求见表5-5。

表5-5　防水涂料涂膜防水层厚度要求

防水涂料类型	防水涂料涂膜防水层厚度/mm	
	垂直面	水平面
聚氨酯防水涂料	≥1.2	≥1.5
水乳型沥青防水涂料	≥1.5	≥2
聚合物水泥防水涂料	≥1.2	≥1.5
聚合物乳液防水涂料	≥1.2	≥1.5

5.3　透气膜防水工程与外墙防水工程

5.3.1　透气膜防水工程施工工艺

（1）透气膜防水工程工艺要点

　　防水透气膜是一种新型的高分子防水材料。防水透气膜材料如图5-12所示。透气膜防水工程工艺要点如下。

图5-12　防水透气膜材料

① 施工前，清理角码上的灰尘、油污，确保其清洁。角码穿过防水透气膜的地方，需要尽量保证防水透气膜完整。

② 防水透气膜采用岩棉钉固定（松铺法）时，固定地方的岩棉钉需要用丁基胶带密封，并且密封地方面积大小要用丁基胶带完全覆盖钉头。

③ 防水透气膜没有明显的阻燃效果，因此，严禁在防水透气膜附近进行明火、焊接、高温（>90℃）等作业。

④ 防水透气膜与窗框、门框搭接时，需要防水密封，尤其是转角地方更需要防水密封。转角地方黏结宽度，一般不小于10cm。密封地方与窗框、门框粘接宽度，一般不小于2cm。

⑤ 施工中，尽量避免在防水透气膜上穿透、开口，也就是要尽量保证防水透气膜的完整性。如果必须穿透、开口时，则穿透、开口的地方必须用丁基胶带密封。

⑥ 屋面施工时，防水透气膜的铺设一般沿着屋面的顺水方向，并且搭接长度大约为10cm。

⑦ 屋面施工时，如果屋面高强度铝合金支架穿过防水透气膜时，则铝合金支架与防水透气膜交接的地方，一般可以用丁基胶条环绕一圈进行密封。

⑧ 防水透气膜不宜长期暴露在紫外线下。因此，防水透气膜外饰面工程需要尽快完成。

（2）透气膜防水工程质量要求

透气膜防水工程一些项目的质量参考要求见表5-6。

表5-6　透气膜防水工程一些项目的质量参考要求

项目	项目类型	要求	检验法
防水透气膜的铺贴方向、接缝要求	一般项目	（1）铺贴方向要正确 （2）纵向搭接缝要错开，并且搭接宽度要符合设计、标准等有关规定、要求 （3）接缝黏结要牢固、密封要严密 （4）收头要与基层黏结固定牢固，缝口要严密，不翘边	（1）可以采用观察法来检查 （2）尺量来检查
防水透气膜与基层黏结情况	主控项目	黏结固定牢固	可以采用观察法来检查
防水透气膜防水层表面	一般项目	要平整，不得有皱褶、伤痕、破裂等缺陷	可以采用观察法来检查
防水透气膜防水层的渗漏情况	主控项目	不得有渗漏现象	检查雨后或现场淋水检验记录
防水透气膜防水层所用透气膜、配套材料的品种、性能	主控项目	要符合设计、标准等有关规定、要求	检查合格证书、性能检验报告、进场验收记录、复验报告
防水透气膜防水层在变形缝、门窗洞口、穿外墙管道、预埋件等地方的做法	主控项目	要符合设计、标准等有关规定、要求	（1）可以采用观察法来检查 （2）检查隐蔽工程验收记录

5.3.2　外墙防水工程施工工艺

（1）外墙防水工程工艺要点

① 干挂石材外墙门窗洞口地方所有接缝，都需要做防水密封处理，并且预留泄水孔。

② 混凝土空心砌块外墙防水层主要采用聚合物水泥砂浆。根据砌体平整度，可分层找

平或者一次找平。外墙饰面砖采用3mm厚聚合物水泥砂浆薄层满贴以及满浆勾缝填实压光等施工工艺。

③ 加气混凝土外墙砌体，其门窗洞口四周，可以用聚合物水泥砂浆加耐碱玻璃纤维网格布增强。

④ 外墙防水，需要注意基层清理、新旧面层的清理、阴阳角处理、施工缝处理、伸缩缝处理、泄水孔处理等要求。

⑤ 外墙防水漆使用前，需要核对标签。搅拌时要均匀，用完后要盖好盖子。

⑥ 外墙构造不同、建筑类型不同、不同时期等，具体外墙防水有差异。

⑦ 一般而言，外墙防水涂料是防止外墙渗水的主要材料。外墙防水，有的项目需要涂刷2~3遍防水底层涂料。

⑧ 憎水性防水材料只能用在最终饰面层，其表面一般不宜再做其他粘贴性饰面材料。

（2）外墙防水工程质量记录

外墙防水工程（外墙砂浆防水、外墙涂膜防水、外墙透气膜防水）部分质量记录如图5-13所示。

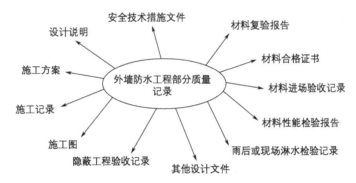

图5-13 外墙防水工程部分质量记录

外墙防水工程要进行复验的材料、性能指标如图5-14所示。

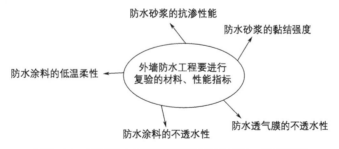

图5-14 外墙防水工程要进行复验的材料、性能指标

6.1 木门窗安装工程

扫码看视频

定制木门的安装
工艺

6.1.1 工艺准备

木门窗是以木材、木质复合材料为主要材料制作框、扇的门窗。木门窗包括实木门窗、实木复合门窗、木质复合门窗等类型。

木门窗安装工程施工工艺包括材料准备、主要机具准备、作业条件准备等。其中，主要机具包括电锯、电锤、圆锯机、木工压刨、木工平刨、开榫机、榫槽机、手电钻、电刨、水平尺、木工三角尺、吊线坠、墨斗、钢卷尺、羊角锤、木工斧、钳子等。木工工具箱如图6-1所示。

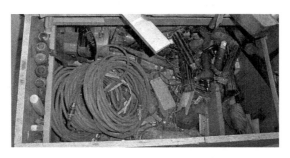

图6-1 木工工具箱

木门窗安装工程施工材料准备如图6-2所示。各等级门窗使用的人造板的等级要求见表6-1。各类门窗的零部件使用的木材的材质要求见表6-2。板材如图6-3所示。

图6-2 木门窗安装工程施工材料准备

表6-1 各等级门窗使用的人造板的等级要求

材料	Ⅲ（普）级	Ⅱ（中）级	Ⅰ（高）级
中密度纤维板	合格	1级、合格	优、1级
刨花板	A类2级及B类	A类1级、2级	A类优、1级
胶合板	3级	2级、3级	特、1级
硬质纤维板	3级	1级、2级	特、1级

表6-2　各类门窗的零部件使用的木材的材质要求

缺陷		允许限度	门窗框 上框、边框（立边及槛）			木板门扇（纱门扇）上框、中框、下框、边框（立边、冒头）			门芯板			窗扇（纱窗扇、亮窗扇）上框、中框、下框、边框			夹板门及模压门内部零件			横芯、竖芯、斜撑等小零件		
			I（高级）	II（中级）	III（普级）	I（高级）	II（中级）	III（普级）	I（高级）	II（中级）	III（普级）	I（高级）	II（中级）	III（普级）	I（高级）	II（中级）	III（普级）	I（高级）	II（中级）	III（普级）
节子	活节	不计算的节子尺寸不超过材宽的	1/4	1/3	2/5	1/5	1/4	1/3	10 mm	15 mm	30mm	1/4	1/4	1/3	—			1/4	1/4	1/3
		计算的节子尺寸不超过材宽的	2/5	1/2	1/2	1/3	1/3	1/2	—			1/3	1/3	1/2	1/2	1/2	不限	1/3	1/3	2/5
		计算的节子的最大直径不超过/mm	40	—	—	35	—	—	25	30	45	—								
		小面表面贯通的条状节子在大面的直径不超过	1/4	1/3	2/5	不许有	1/5	1/4	不许有			不许有	1/4	1/4	1/3	1/3	1/3	不许有		
	死节	不计算的节子尺寸不超过材宽的	1/4	1/4	1/3	1/5	1/4	1/3	5mm	15mm	30mm	1/5	1/4	1/3				1/5	1/4	1/4
		计算的节子尺寸不超过材宽的	1/3（2/5）	2/5（2/5）	2/5（1/2）	1/4（1/4）	1/3（2/5）	2/5（1/2）	—			1/4（1/4）	1/3（2/5）	2/5（1/2）	1/3（1/3）	1/3（1/2）	1/2（1/2）	1/4	1/3	1/3
		计算的节子的最大直径不超过/mm	35（40）	—	—	30（35）	—	—	20（25）	25（30）	40（45）	—								
		小面表面贯通的条状节子在大面的直径不超过	1/5	1/4	1/3	不许有	1/5	1/4	不许有			不许有	1/5	1/5	1/4	1/4	1/4	不许有		
	贯通节	小面贯通至小面不超过小面的或不超过	1/3	2/5	2/5	1/4	1/3	2/5	不许有			不许有	1/4	1/4	1/3	1/3	1/3	不许有	5mm	7mm
	允许数量	每米长的数量（门芯板为每平方米数量）/个	6	7	8	4	6	7	5	6	7	4	6	7	不影响强度者不限			4	5	6
夹皮		长度不超过/mm	50	不限		50	不限		不许有			30	不限		不限			同死节		
		每米长的数量不超过/条	1			1			同死节			1								
腐朽		正面不许有，背面允许有面积不大于20%，其深度不得超过材厚的	1/10	1/5	1/4	不许有			不许有			不许有			不许有			不许有		
树脂囊（油眼）			同死节			同死节			同死节			同死节			胶接面不许有，其余不限			同死节		

续表

缺陷	允许限度	门窗框 上框、边框（立边及槛）			木板门扇（纱门扇）上框、中框、下框、边框（立边、冒头）			门芯板			窗扇（纱窗扇、亮窗扇）上框、中框、下框、边框			夹板门及模压门内部零件			横芯、竖芯、斜撑等小零件		
		I（高）级	II（中）级	III（普）级	I（高）级	II（中）级	III（普）级	I（高）级	II（中）级	III（普）级	I（高）级	II（中）级	III（普）级	I（高）级	II（中）级	III（普）级	I（高）级	II（中）级	III（普）级
髓心		不露出表面的允许			不露出表面的允许			不露出表面的允许			不露出表面的允许			允许			不许有		
裂纹	贯通的长度不超过/mm	60	80	100	不许有			不许有			不许有			不许有			不许有		
	未贯通的长度不超过材长的	1/5	1/3	1/2	1/6	1/5	1/4	不许有			1/7	1/5	1/5	1/3	1/3	不限	1/8	1/6	1/4
	未贯通的深度不超过材厚的	1/4	1/3	1/2	1/4	1/3	2/5	不许有			1/4	1/3	2/5	1/2	1/2	不限	1/4	1/3	1/3
斜纹	不超过/%	20	25	25	15	20	20	20	25	25	15	15	20	20	20	20	10	15	15
变色	不超过材面的/%	25	不限		25	不限		20	不限		25	不限		不限			25	不限	

注：1.计算的节子间距不得小于50mm。

2.门窗框的上框及边框，如不裁灰口，其小面允许有不超过10mm的钝棱。

3.表内括号中数字为修补后补块尺寸的允许值。

4.表内列入的全部允许缺陷均按外露面计算，未列入的缺陷不限。

5.在开榫、打眼和装五金件部位计算的节子与虫眼不许有。

图6-3　板材

门窗用材的含水率要求见表6-3。

表6-3　门窗用材的含水率要求　　　　　　　　　　单位：%

零部件名称		I（高）级	II（中）级	III（普）级
拼接零件		≤10	≤10	≤10
门扇及其余零部件		≤10	≤12	≤12
门窗框	针叶材	≤14	≤14	≤14
	阔叶材	≤12	≤14	≤14

注：南方高湿地区含水率的允许值可比表内规定加大1%。

木门窗安装工程施工作业条件准备如图6-4所示。

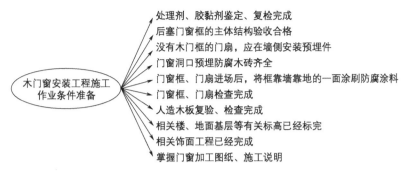

图6-4 木门窗安装工程施工作业条件准备

家居木门的结构如图6-5所示。

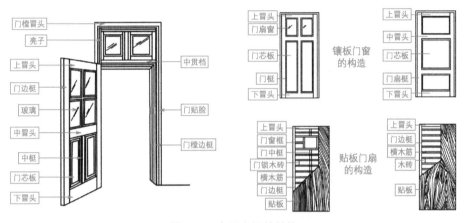

图6-5 家居木门的结构

💡 小提示

　　家装不宜大面积采用人造木板、人造木饰面板。门框、窗框的厚度分为70mm、90 mm、105mm、125 mm等。门扇、窗扇的厚度分为35mm、40mm、50mm等。

6.1.2 工艺流程

木门窗安装工程工艺流程如图6-6所示。

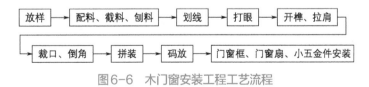

图6-6 木门窗安装工程工艺流程

6.1.3 施工要点

木门窗安装工程施工要点见表6-4。

表6-4　木门窗安装工程施工要点

名称	解释
放样	根据施工图，做样板、放样
配料、截料	（1）根据放样情况，计算部件尺寸与数量，列出配料单 （2）根据配料单配料、截料
刨料	（1）刨料时，要把纹理清晰的里材作为正面 （2）门、窗框的冒头、梃，可以只刨表面，不刨靠墙的一面 （3）门、窗扇的冒头、梃，可以先刨三面，靠樘子那面等安装时根据缝大小修刨即可 （4）樘扇堆放时，应每个正面相合
划线	（1）划线就是根据门窗构造要求，在刨好的木料上划出榫头线、打眼线等操作 （2）成批划线一般是在划线架上进行的 （3）划线前，要确定有关尺寸、形式、规格、要求 （4）划线要准确、清楚、齐全
打眼	（1）打眼前，选择好凿刀 （2）凿的眼，顺木纹两侧要直，不错槎 （3）打全眼时，要先打背面，等凿到一半时，翻转过来打正面到贯穿
开榫、拉肩	（1）半榫的长度一般比半眼的深度少2～3mm （2）开榫就是根据榫头线纵向锯开 （3）拉肩就是锯掉榫头两旁的肩头 （4）榫头是通过开榫、拉肩实现的 （5）榫头应方正、平直 （6）榫眼要完整无损 （7）楔头要倒棱，以防装楔头时将眼背面顶裂
裁口、倒角	（1）裁口就是刨去框的一个方形角部分，以供装玻璃等使用 （2）裁好的口要平直方正，不起毛 （3）根据实际需要进行倒角
拼装	（1）安装前，门窗框靠墙的一面，要刷一道防腐剂，以增强防腐能力 （2）门窗框、门窗扇组装后，要在眼中加木楔，并且榫在眼中要挤紧，以便使其成为结实的整体。并且，注意木楔长度大约为榫头的2/3，宽度大约比眼宽窄1/2 （3）门窗框的组装，就是先装好一边的梃，再装好另一边的梃。然后用锤轻敲打拼合，注意敲打时要垫木块，以防打坏榫头或留下敲打痕迹。整个拼好归方后，再把所有榫头敲实，并锯断露出的榫头 （4）门窗框拼装时，要先将榫头抹上胶，然后用锤轻敲打拼合 （5）拼装前，检查部件，要求平直方正 （6）拼装前，检查线脚，要求整齐、表面光滑、符合要求 （7）一般每个榫头内必须加两个楔子 （8）组装好的门窗、门扇，要用细刨刨平、刨光
码放	（1）加工好的门窗框、门窗扇要码放好 （2）门窗框靠砌体的一面要刷防腐剂和防潮剂
门窗框的安装	（1）主体结构完工 （2）洞口标高、洞口尺寸、木砖位置等要复查 （3）高档硬木门框要采用钻打孔，用木螺钉拧固 （4）临时用木楔将门窗框固定在门窗洞口内相应位置 （5）门窗固定牢固后，框与墙体的缝隙根据要求嵌缝 （6）门框锯口线，一般调整到与地面建筑标高相一致 （7）用吊线坠校正框的正面、侧面垂直度 （8）用水平尺校正框冒头的水平度 （9）用砸扁钉帽的钉子钉牢在木砖上。注意每块木砖要钉两处，并且钉帽要冲入木框内1～2mm
门窗扇的安装	（1）量出棱口净尺寸，并且考虑留缝宽度 （2）确定门窗扇高、宽，先划出中间缝的中线，然后划边线，并保证框宽一致 （3）如果门窗扇高、宽尺寸过大，则要刨去多余部分 （4）如果为双扇门窗扇，则要先做叠高低缝 （5）如果门窗扇高、宽尺寸过小，则可以在下边或装合页一边用胶、钉子固定刨光的木条，然后钉入钉帽砸扁的钉，再锯掉余头并刨平 （6）中悬扇的上下边、平开扇的底边、上悬扇的下边、下悬扇的上边等与框接触且易发生摩擦的边，一般要刨成1mm斜面 （7）试装门窗扇时，先用木楔塞在门窗扇的下边，再检查缝隙，并观察窗棱与玻璃芯子是否对齐平直。合格后，就可以划出合页位置线，然后剔槽装合页即可

续表

名称	解释
门窗小五金件的安装	（1）铰链安好后要灵活。铰链距门窗扇上下两端的距离为扇高的1/10，并避开上下冒头 （2）窗风钩要装在窗框下冒头与窗扇下冒头夹角的地方，并且使窗开启后成90°角 （3）门插销一般位于门拉手下边 （4）门扇开启后易碰墙的门，则一般要安装门吸 （5）门锁距地面高为0.9～1.05m，并且要错开中冒头与边框的掉头 （6）小五金件必须用木螺钉固定安装。使用木螺钉时，先用手锤钉入1/3的全长，然后用螺丝刀拧入 （7）安装硬木木门窗时，先钻木螺钉直径0.9倍的孔，孔深大约为木螺钉全长的2/3，然后拧入木螺钉

刨料如图6-7所示。门窗小五金件如图6-8所示。

图6-7 刨料

图6-8 门窗小五金件

☼ 小提示

某项目木门窗框安装要点如图6-9所示。

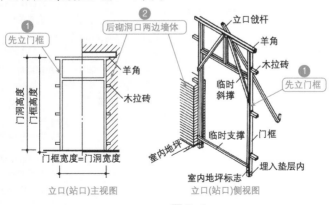

图6-9

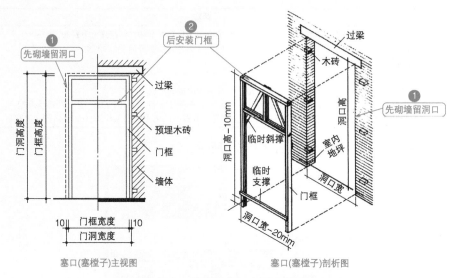

图6-9　某项目木门窗框安装要点

6.1.4　检测与质量

木门窗安装工程一些项目的质量参考要求见表6-5。

表6-5　木门窗安装工程一些项目的质量参考要求

项目	项目类型	要求	检验法
木门窗表面要求	一般项目	木门窗表面要洁净,不得出现锤印、刨痕等异常现象	可以采用观察法来检查
木门窗的防腐、防火、防虫要求	主控项目	要符合有关设计、标准、规定等要求	(1)可以采用观察法来检查 (2)检查材料进场验收记录
木门窗的品种、类型、规格、尺寸、开启方向、安装位置、连接方式、性能	主控项目	要符合有关设计、标准、规定等要求	(1)可以采用观察法来检查 (2)尺量来检查 (3)检查合格证书、性能检验报告、进场验收记录、复验报告 (4)检查隐蔽工程验收记录
木门窗割角拼缝要求、裁口要求、刨面要求	一般项目	(1)木门窗割角拼缝要严密平整 (2)刨面要平整 (3)门窗框、扇裁口要顺直	可以采用观察法来检查
木门窗框安装要求、预埋木砖处理要求、木门窗框的要求	主控项目	(1)安装要牢固 (2)预埋木砖要做防腐处理 (3)木门窗框固定点数量、固定点位置、固定点固定方法要符合有关设计、标准、规定等要求	(1)可以采用观察法来检查 (2)检查隐蔽工程验收记录、施工记录 (3)手扳来检查
木门窗木材要求	主控项目	木门窗要采用烘干的木材,并且含水率、饰面质量等要符合有关设计、标准、规定等要求	检查材料进场验收记录、性能检验报告、复验报告
木门窗配件的要求	主控项目	(1)木门窗配件的型号、规格、数量要符合有关设计、标准、规定等要求 (2)安装要牢固 (3)安装位置要正确	(1)可以采用观察法来检查 (2)开启和关闭来检查 (3)手扳来检查
木门窗批水、盖口条、压缝条、密封条要求	一般项目	(1)安装要顺直 (2)与门窗结合要严密、牢固	(1)可以采用观察法来检查 (2)手扳来检查
木门窗扇安装要求	主控项目	木门窗扇要安装牢固、灵活,关闭严密,无倒翘等异常现象	(1)可以采用观察法来检查 (2)手扳来检查 (3)开启和关闭来检查

项目	项目类型	要求	检验法
木门窗上槽孔要求	一般项目	木门窗上槽孔要边缘整齐，无毛刺现象	可以采用观察法来检查
木门窗与墙体间的缝隙要求	一般项目	（1）木门窗与墙体间的缝隙要填嵌饱满 （2）严寒、寒冷地区的外门窗或门窗框，与砌体间的空隙要填充保温材料	（1）轻敲门窗框来检查 （2）检查隐蔽工程验收记录、施工记录

平开木门窗安装的留缝限值、允许偏差、检验法见表6-6。

表6-6　平开木门窗安装的留缝限值、允许偏差、检验法

项目	留缝限值/mm	允许偏差/mm	检验法
窗扇与门下框间留缝	1～3	—	可以用塞尺来检查
工业厂房双扇大门对口缝	2～7	—	可以用塞尺来检查
门窗槽口对角线长度差	—	2	可以用钢尺来检查
门窗框的正、侧面垂直度	—	2	可以用1m垂直检测尺来检查
门窗扇对口缝	1～4	—	可以用塞尺来检查
门窗扇与门合页侧框间留缝	1～3	—	可以用塞尺来检查
门窗扇与门上框间留缝	1～3	—	可以用塞尺来检查
门框与扇、扇与扇接缝高低差	—	1	可以用钢直尺、塞尺来检查
门框与扇搭接宽度——窗	—	1	可以用钢直尺来检查
门框与扇搭接宽度——门	—	2	可以用钢直尺来检查
门扇与门下框间留缝	3～5	—	可以用塞尺来检查
室外门扇与门锁侧框间留缝	1～3	—	可以用塞尺来检查
双层门窗内外框间距	—	4	可以用钢尺来检查
无下框时门扇与地面间留缝——厂房大门	10～20	—	可以用钢直尺、塞尺来检查
无下框时门扇与地面间留缝——内门	4～8	—	可以用钢直尺、塞尺来检查
无下框时门扇与地面间留缝——外门	4～7	—	可以用钢直尺、塞尺来检查
无下框时门扇与地面间留缝——围墙大门	10～20	—	可以用钢直尺、塞尺来检查
无下框时门扇与地面间留缝——卫生间门	4～8	—	可以用钢直尺、塞尺来检查

6.2　金属门窗安装工程

扫码看视频

定制金属门的安装工艺

6.2.1　工艺准备

金属门窗安装工程施工工艺准备包括材料准备、主要机具准备、作业条件准备等。其中，主要机具包括钢卷尺、电钻、螺丝刀、活扳手、电焊机、手锤、水平尺、吊线坠等。

金属门窗安装工程施工工艺材料准备如图6-10所示。门窗主型材就是组成门窗框、扇杆

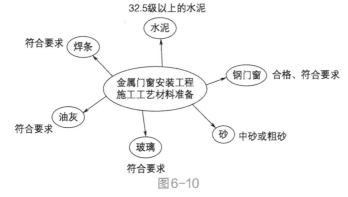

图6-10

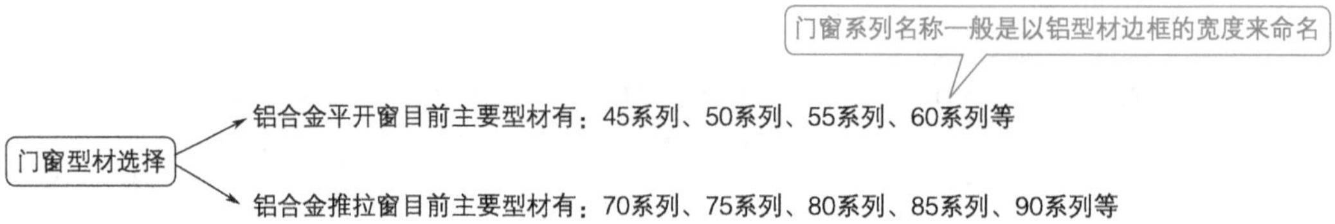

门窗系列名称一般是以铝型材边框的宽度来命名

门窗型材选择 ──→ 铝合金平开窗目前主要型材有：45系列、50系列、55系列、60系列等

──→ 铝合金推拉窗目前主要型材有：70系列、75系列、80系列、85系列、90系列等

图6-10　金属门窗安装工程施工工艺材料准备

件系统的基本构架，在其上装配开启扇或玻璃、辅型材、附件的门窗框、扇梃型材，以及组合门窗拼樘框的型材。门窗辅型材就是门窗框、扇杆件系统中，镶嵌、固定在主型材杆件上，起到传力或某种功能作用的一种附加型材。门窗附件就是门窗组装用的零件、配件。

门窗常用密封胶条种类与选择见表6-7。测量门窗洞口与下单参考计算尺寸见表6-8。

表6-7　门窗常用密封胶条种类与选择

类别		框扇室内、外密封胶条	框扇中间密封胶条	玻璃镶嵌密封胶条	可供选择的颜色
复合材质胶条	夹线胶条	不适用	不适用	适用	黑色
	表面喷涂胶条	不适用	不适用	适用	黑色
	软硬复合胶条	适用	不适用	适用	黑色
	海绵复合胶条	适用	适用	适用	黑色
	遇水膨胀胶条	不适用	适用	适用	黑色
	包覆胶条	适用	适用	不适用	黑色、彩色
单一材质胶条	三元乙丙密封胶条	适用	适用	适用	黑色
	硅橡胶类密封胶条	适用	适用	适用	黑色、彩色、透明
	热塑性硫化胶条	适用	适用	适用	黑色、彩色
	增塑聚氯乙烯胶条	适用	适用	适用	黑色、彩色
	遇火膨胀胶条[1]	不适用	不适用	不适用	黑色
	阻燃密封胶条	适用	适用	适用	黑色、彩色

[1] 增塑聚氯乙烯胶条不宜在型材表面为聚甲基丙烯酸甲酯、丙烯腈、苯乙烯、丙烯酸酯的材质上使用。包覆胶条不适用于室外侧。

表6-8　测量门窗洞口与下单参考计算尺寸

装饰面材料	贴面金属材料	抹水泥砂浆	贴面砖	大理石或花岗岩	清水墙
门窗扣减尺寸/mm	≤ 5	15～20	20～25	40～50	10～15

金属门窗安装工程施工工艺作业条件如图6-11所示。

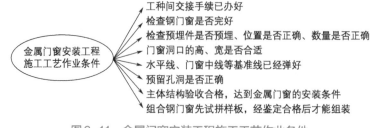

金属门窗安装工程施工工艺作业条件 ──→ 工种间交接手续已办好
检查钢门窗是否完好
检查预埋件是否预埋、位置是否正确、数量是否正确
门窗洞口的高、宽是否合适
水平线、门窗中线等基准线已经弹好
预留孔洞是否正确
主体结构验收合格，达到金属门窗的安装条件
组合钢门窗先试拼样板，经鉴定合格后才能组装

图6-11　金属门窗安装工程施工工艺作业条件

💡 **小提示**

　　铝合金门窗所用主型材基材壁厚（附件功能槽口地方的翅壁壁厚除外）公称尺寸，除了满足外门窗主要受力杆件所用主型材基材壁厚公称尺寸需要经设计计算、试验来确定外，还需要符合外门不得小于2.2mm，内门不得小于2mm；外窗不得小于1.8mm，内窗不得小于1.4mm的要求。

6.2.2 工艺流程

金属门窗安装工程施工工艺流程如图6-12所示。

划线定位 ➡ 金属门窗的就位 ➡ 金属门窗的固定 ➡ 金属门窗五金配件的安装

图6-12 金属门窗安装工程施工工艺流程

💡 **小提示**

　　铝合金门窗安装时，顶部限位槽宽度一般而言要大于玻璃厚度2～4mm，槽深为10～20mm。
　　铝合金门窗安装时，铁脚到窗角的距离一般不得大于180mm，铁脚间距一般不小于600mm。
　　铝合金门窗窗框、墙体的缝隙安装填塞时，一般根据设计要求来处理。如果没有设计等要求，则可以采用发泡材料分层填塞，缝隙外表留深5～8mm的槽口，以便填嵌密封材料。
　　铝合金门窗横向、竖向组合时，需要采取套插方式，并且搭接形成曲面组合，搭接长度一般宜为10mm，且用密封膏来密封。
　　铝合金门窗密封条安装时，需要留有伸缩余量，一般比窗装配边长20～30mm。转角的地方需要斜面断开，并用胶黏剂粘贴牢固，以免产生收缩缝。

6.2.3 施工要点

金属门窗安装工程施工要点见表6-9。

表6-9 金属门窗安装工程施工要点

名称	解释
划线定位	（1）根据图纸确定门窗安装位置、门窗安装尺寸、有关标高 （2）门窗边线，一般是以门窗中线为准向两边量出 （3）门窗的安装标记，一般是以门窗边线、水平安装线来确定的 （4）门窗的水平安装线，可以根据各楼层室内+50cm水平线来量出
金属门窗的就位	（1）就位前，确定金属门窗规格、型号、开启方向等是否正确 （2）金属门窗放在安装位置，并且用木楔临时固定，将铁脚插入预留孔中，然后根据门窗边线、门窗水平线、距外墙皮尺寸等进行支垫，并且用托线板靠吊垂直 （3）金属门窗就位时，金属门窗框左右缝宽要一致 （4）金属门窗就位时，金属门窗上框距过梁一般有20mm的缝隙
金属门窗的固定	（1）金属门窗固定前，要校正水平度、正面垂直度、侧面垂直度。然后把上框铁脚与过梁预埋件焊接好，把框两侧铁脚插入预留孔内，并且湿润预留孔，再用C20细石混凝土填实后抹平 （2）等三天后取出四周木楔，并用1：2水泥砂浆填实框与墙间的缝隙，然后抹平

续表

名称	解释
金属门窗五金配件的安装	（1）窗扇开启要灵活、关闭要严密 （2）螺孔的螺钉要拧紧 （3）锁安好后要开关灵活

小提示

　　家装安装推拉门、折叠门，一般需要采用吊挂式门轨、吊挂式门轨与地埋式门轨组合的形式，以及需要采取安装牢固的构造措施。家装门的地面限位器不得安装在通行位置上。家装推拉门一般要采取防脱轨的构造措施。

6.2.4　检测与质量

（1）金属门窗安装工程项目检测与质量

　　金属门窗安装工程检测与质量项目包括金属门窗的品种、类型、规格、尺寸、开启方向、安装位置、连接方式、性能；金属门窗框安装要求、预埋件处理要求、门窗框要求；金属门窗配件的型号、规格、数量；金属门窗型材的表面处理要求；金属门窗排水孔的畅通、位置、数量等要符合有关设计、标准、规定等要求。

　　金属门窗安装工程一些项目的质量参考要求见表6-10。

表6-10　金属门窗安装工程一些项目的质量参考要求

项目	项目类型	要求	检验法
金属门窗表面的要求	一般项目	（1）金属门窗表面要洁净平整、色泽一致 （2）金属门窗表面要无锈蚀、无擦伤、无划痕、无碰伤 （3）金属门窗表面漆膜或保护层要连续	可以采用观察法来检查
金属门窗框与墙体间的缝隙要求	一般项目	金属门窗框与墙体间的缝隙要采用密封胶填嵌饱满。密封胶表面要光滑顺直并且无裂纹	（1）可以采用观察法来检查 （2）轻敲门窗框来检查 （3）检查隐蔽工程验收记录
金属门窗配件要求	主控项目	（1）安装要牢固 （2）位置要正确 （3）功能要满足使用要求	（1）可以采用观察法来检查 （2）开启、关闭检查 （3）手扳来检查
金属门窗扇安装要求	主控项目	（1）安装要牢固 （2）开关要灵活 （3）关闭要严密、无倒翘 （4）推拉门窗扇要安装防止扇脱落的装置	（1）可以采用观察法来检查 （2）开启、关闭来检查 （3）手扳来检查
金属门窗扇密封胶条或密封毛条装配要求	一般项目	要平整完好、交角处要平顺	（1）可以采用观察法来检查 （2）开启、关闭来检查
金属门窗推拉门窗扇开关力要求	一般项目	金属门窗推拉门窗扇开关力一般不大于50N	可以采用测力计来检查

　　（2）钢门窗安装的留缝限值、允许偏差、检验法

　　钢门窗安装的留缝限值、允许偏差、检验法见表6-11。

表6-11 钢门窗安装的留缝限值、允许偏差、检验法

项目	留缝限值/mm	允许偏差/mm	检验法
门窗槽口对角线长度差（>2000mm）	—	4	可以用钢卷尺来检查
门窗槽口对角线长度差（≤2000mm）	—	3	可以用钢卷尺来检查
门窗槽口宽度、高度（>1500mm）	—	3	可以用钢卷尺来检查
门窗槽口宽度、高度（≤1500mm）	—	2	可以用钢卷尺来检查
门窗横框标高	—	5	可以用钢卷尺来检查
门窗横框的水平度	—	3	可以用1m垂直检测尺来检查
门窗框、扇配合间距	≤2	—	可以用塞尺来检查
门窗框的正、侧面垂直度	—	3	可以用1m垂直检测尺来检查
门窗竖向偏离中心	—	4	可以用钢卷尺来检查
平开门窗框与扇搭接宽度（窗）	≥4		可以用钢直尺来检查
平开门窗框与扇搭接宽度（门）	≥6		可以用钢直尺来检查
双层门窗内外框间距		5	可以用钢卷尺来检查
推拉门窗框与扇搭接宽度（窗）	≥6		可以用钢直尺来检查
无下框时门扇与地面间留缝	4~8	—	可以用塞尺来检查

（3）铝合金门窗安装允许偏差、检验法

铝合金门窗就是采用铝合金建筑型材制作框、扇杆件结构的门、窗总称。铝合金门窗安装允许偏差、检验法见表6-12。

表6-12 铝合金门窗安装允许偏差、检验法

项目	允许偏差/mm	检验法
门窗槽口对角线长度差（>2500mm）	5	可以用钢卷尺来检查
门窗槽口对角线长度差（≤2500mm）	4	可以用钢卷尺来检查
门窗槽口宽度、高度（>2000mm）	3	可以用钢卷尺来检查
门窗槽口宽度、高度（≤2000mm）	2	可以用钢卷尺来检查
门窗横框标高	5	可以用钢卷尺来检查
门窗横框的水平度	2	可以用1m水平尺和塞尺来检查
门窗框的正、侧面垂直度	2	可以用1m垂直检测尺来检查
门窗竖向偏离中心	5	可以用钢卷尺来检查
双层门窗内外框间距	4	可以用钢卷尺来检查
推拉门窗扇与框搭接宽度（窗）	1	可以用钢直尺来检查
推拉门窗扇与框搭接宽度（门）	2	可以用钢直尺来检查

（4）涂色镀锌钢板门窗安装允许偏差、检验法

涂色镀锌钢板门窗安装允许偏差、检验法见表6-13。

表6-13 涂色镀锌钢板门窗安装允许偏差、检验法

项目	允许偏差/mm	检验法
门窗槽口对角线长度差（>2000mm）	5	可以用钢卷尺来检查
门窗槽口对角线长度差（≤2000mm）	4	可以用钢卷尺来检查
门窗槽口宽度、高度（>1500mm）	3	可以用钢卷尺来检查
门窗槽口宽度、高度（≤1500mm）	2	可以用钢卷尺来检查
门窗横框标高	5	可以用钢卷尺来检查
门窗横框水平度	3	可以用1m水平尺和塞尺来检查

项目	允许偏差/mm	检验法
门窗框正、侧面垂直度	3	可以用1m垂直检测尺来检查
门窗竖向偏离中心	5	可以用钢卷尺来检查
双层门窗内外框间距	4	可以用钢卷尺来检查
推拉门窗扇与框搭接宽度	2	可以用钢直尺来检查

6.3　塑料门窗安装工程

扫码看视频

定制金属、塑料
窗户的安装工艺

6.3.1　工艺准备

塑料门窗安装工程施工工艺准备包括材料准备、主要机具准备、作业条件准备等。其中，主要机具包括电锤、锯、扳手、水准仪、锉刀、螺丝刀、水平尺、吊线坠、手枪钻、射钉枪、钢卷尺、靠尺、手锤等，如图6-13所示。

图6-13　机具准备

塑料门窗安装工程工艺材料准备如图6-14所示。

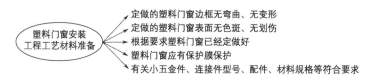

塑料门窗安装
工程工艺材料准备
- 定做的塑料门窗边框无弯曲、无变形
- 定做的塑料门窗表面无色斑、无划伤
- 根据要求塑料门窗已经定做好
- 塑料门窗应有保护膜保护
- 有关小五金件、连接件型号、配件、材料规格等符合要求

图6-14　塑料门窗安装工程工艺材料准备

塑料门窗安装工程工艺作业条件准备如图6-15所示。

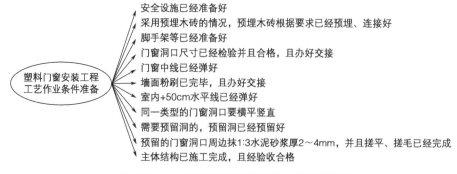

塑料门窗安装工程
工艺作业条件准备
- 安全设施已经准备好
- 采用预埋木砖的情况，预埋木砖根据要求已经预埋、连接好
- 脚手架等已经准备好
- 门窗洞口尺寸已经检验并且合格，且办好交接
- 门窗中线已经弹好
- 墙面粉刷已完毕，且办好交接
- 室内+50cm水平线已经弹好
- 同一类型的门窗洞口要横平竖直
- 需要预留洞的，预留洞已经预留好
- 预留的门窗洞口周边抹1:3水泥砂浆厚2～4mm，并且搓平、搓毛已经完成
- 主体结构已施工完成，且经验收合格

图6-15　塑料门窗安装工程工艺作业条件准备

家装餐厅、厨房、阳台的推拉门，一般宜采用透明的安全玻璃门。

6.3.2 工艺流程

塑料门窗安装工程工艺流程如图6-16所示。

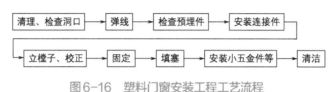

图6-16 塑料门窗安装工程工艺流程

6.3.3 施工要点

塑料门窗安装工程施工要点见表6-14。

表6-14 塑料门窗安装工程施工要点

名称	解释
清理、检查洞口	清理洞口、检查洞口内预埋件位置与数量是否符合要求、洞口尺寸是否符合要求
弹线	弹好门窗位置线、安装连接件位置线、安装膨胀螺栓钻孔位置
检查预埋件	检查预埋件的位置、数据、类型是否符合要求，做好需要进行的相关操作工作
安装连接件	首先把连接件放入框子背面燕尾槽口内，然后按顺时针方向把连接件扳成直角，再在孔内旋进螺钉固定 框子连接件的第一个连接件固定安装节点，可以从门窗框宽、框高两端向内150mm为固定安装节点，中间固定安装节点间距≤600mm即可 说明：有的连接件已经采用螺钉固定在框子上，安装时需要转动连接件，利用射钉或者固定螺栓等方式安装即可
立樘子、校正、固定	首先根据安装线把门窗放进洞口就位，然后采用对拔木楔临时固定，再校正垂直度、对角线、水平度。安装合格后，就可以固定牢靠
填塞	门窗周围缝隙可以塞轻质材料，以适应热胀冷缩
安装小五金件等	小五金件的安装，一般采用先钻孔再拧入螺钉的方式进行
清洁	对安装留下的污物等进行清洁

塑钢门是塑料门中的一种，其安装如图6-17所示。塑钢门窗是以聚氯乙烯树脂为主要原料，加上一定比例的稳定剂、着色剂、填充剂等，经挤出成型材，再通过切割、焊接、螺接等方式制成的门窗框扇。塑钢门窗往往需要配装上密封胶条、毛条、五金件等。

6.3.4 检测与质量

塑料门窗的品种、类型、规格、尺寸、性能、开启方向、安装位置、连接方式、填嵌密封处理、内衬增强型钢的壁厚、内衬增强型钢的设置、塑料组合门窗使用的拼樘料截面尺寸，塑料组合门窗使用的拼樘料内衬增强型钢形状和壁厚，塑料门窗配件的型号规格、

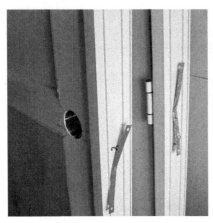

图6-17　塑钢门安装

数量与功能，排水孔畅通性，排水孔位置和数量等均要符合有关设计、标准、规定的要求。

塑料门窗安装工程一些项目的质量参考要求见表6-15。

表6-15　塑料门窗安装工程一些项目的质量参考要求

项目	项目类型	要求	检验法
窗框与洞口间伸缩缝的填充要求	主控项目	（1）窗框与洞口间的伸缩缝内可以采用聚氨酯发泡胶填充，并且要均匀密实填充 （2）发泡胶成型后不宜切割 （3）填充发泡胶表面可以采用密封胶密封 （4）密封胶要牢固黏结，表面光滑顺直	（1）可以采用观察法来检查 （2）检查隐蔽工程验收记录
滑撑铰链安装要求、螺钉与框扇连接要求	主控项目	（1）滑撑铰链要牢固安装 （2）紧固螺钉应采用不锈钢材质 （3）螺钉与框扇连接的位置需要做防水密封处理	（1）可以采用观察法来检查 （2）手扳来检查 （3）检查隐蔽工程验收记录
门窗表面要求	一般项目	（1）门窗表面要平整、洁净、光滑，颜色均匀一致 （2）门窗表面可视面要没有划痕碰伤等异常情况 （3）门窗不得有焊角开裂、型材断裂等异常现象	可以采用观察法来检查
门窗扇关闭要求	主控项目	门窗扇关闭要严密，开关要灵活	（1）可以采用观察法来检查 （2）尺量检查 （3）开启、关闭检查
密封要求	一般项目	（1）安装后的门窗关闭时，密封面上的密封条要处于压缩状态 （2）密封条要连续完整 （3）密封条装配后要均匀牢固，无脱槽虚压等现象 （4）密封条接口一般位于窗的上方，并且要严密	可以采用观察法来检查
塑料门窗框、附框、扇的安装要求；固定片、膨胀螺栓的要求	主控项目	（1）塑料门窗框、附框、扇要牢固安装 （2）固定片、膨胀螺栓的数量、位置均要正确 （3）固定片、膨胀螺栓连接方式需要符合有关设计、标准等要求 （4）固定点一般需要距离墙角、中横框、中竖框150～200mm，固定点间距一般不得大于600mm	（1）可以采用观察法来检查 （2）手扳来检查 （3）尺量来检查 （4）检查隐蔽工程验收记录

续表

项目	项目类型	要求	检验法
塑料门窗配件要求	主控项目	（1）塑料门窗配件要牢固安装 （2）塑料门窗配件安装位置要正确，使用灵活，功能满足要求 （3）平开窗扇高度大于900mm时，窗扇锁闭点一般要求不少于2个	（1）可以采用观察法来检查 （2）手扳来检查 （3）尺量来检查
塑料门窗扇的开关力要求	一般项目	（1）平开门窗扇平铰链的开关力一般不大于80N，滑撑铰链的开关力一般不大于80N，并且一般不小于30N （2）推拉门窗的开关力一般不大于100N	（1）可以采用观察法来检查 （2）用测力计来检查
塑料组合门窗使用拼樘料的要求	主控项目	（1）塑料组合门窗使用承受风荷载的拼樘料要采用与其内腔紧密吻合的增强型钢作为内衬 （2）塑料组合门窗使用承受风荷载的拼樘料两端要与洞口牢固固定 （3）窗框要与拼樘料紧密连接，并且固定点间距一般不大于600mm	（1）可以采用观察法来检查 （2）手扳来检查 （3）尺量来检查 （4）吸铁石来检查 （5）检查进场验收记录
推拉门窗扇防脱落要求	主控项目	推拉门窗扇要安装防止扇脱落的装置	可以采用观察法来检查
旋转窗间隙要求	一般项目	旋转窗间隙要均匀	可以采用观察法来检查

同一类型的门窗与其相邻的上、下、左、右洞口宽度和高度尺寸允许偏差见表6-16。

表6-16 同一类型的门窗与其相邻的上、下、左、右洞口宽度和高度尺寸的允许偏差

单位：mm

墙体表面	洞口宽度或高度		
	<2400	2400~4800	>4800
已粉刷墙面	±5	±10	±15
未粉刷墙面	±10	±15	±20

塑料门窗安装的允许偏差、检验法见表6-17。

表6-17 塑料门窗安装的允许偏差、检验法

项目	允许偏差/mm	检验法
门窗框（含拼樘料）的水平度	3	可以用1m水平尺和塞尺来检查
门窗框（含拼樘料）的正面、侧面垂直度	3	可以用1m垂直检测尺来检查
门窗框对角线长度差（＞2000mm）	5	可以用钢卷尺来检查
门窗框对角线长度差（≤2000mm）	3	可以用钢卷尺来检查
门窗框外形（高度、宽度）尺寸长度差（＞1500mm）	3	可以用钢卷尺来检查
门窗框外形（高度、宽度）尺寸长度差（≤1500mm）	2	可以用钢卷尺来检查
门窗竖向偏离中心	5	可以用钢卷尺来检查
门窗下横框标高	5	可以用钢卷尺来检查
平开门窗以及上悬、中悬、下悬——门窗框与扇四周的配合间隙	1	可以用塞尺来检查
平开门窗以及上悬、中悬、下悬——门窗扇与框搭接宽度	2	可以用深度尺或者钢直尺来检查
平开门窗以及上悬、中悬、下悬——同樘门窗相邻扇的水平高度差	2	可以用靠尺或者钢直尺来检查
双层门窗内外框间距	4	可以用钢卷尺来检查
推拉门窗——门窗扇与框搭接宽度	2	可以用深度尺或者钢直尺来检查
推拉门窗——门窗扇与框立边平行度	2	可以用钢直尺来检查
组合门窗——缝直线度	3	可以用2m靠尺或者钢直尺来检查
组合门窗——平整度	3	可以用2m靠尺或者钢直尺来检查

6.4 石材电梯门套工程

6.4.1 工艺流程

大理石电梯门套施工流程如图6-18所示。

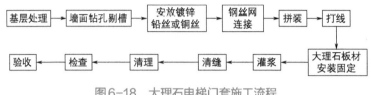

图6-18 大理石电梯门套施工流程

6.4.2 施工要点

大理石电梯门套施工要点如下。

① 检查石材——检查到场的石材是否是需要的，例如颜色、规格、编号、质量等均应符合要求。

② 基层处理——包括基层清理、基层找平、基层找规矩，装基层托架、结构套方、弹控制线、弹位置线、弹分块线。

③ 打线——根据尺寸，打好施工线。

④ 安装底层托架——把预先安排好的支托按上平线支在将要安装的底层石板上面。注意石材上下面处在同一水平面上。

⑤ 安装连接构件——可以用不锈钢螺栓固定角钢、平钢板，并且调整好平钢板位置，便于固定平钢板与拧紧需要。

⑥ 安装大理石装饰板材——根据沟槽、构件找好位置，安装大理石装饰板材，然后调整水平度和垂直度。

⑦ 清理大理石表面——可以用棉丝把石板擦干净。

6.4.3 注意事项

① 安装时，应保证同一门套上石材色泽一致，纹理相同。

② 安装时，应注意门套的垂直度和平整度。

③ 靠电梯门框边预留5~8mm，框边四周预留要一致。

④ 安装电梯口门槛石时，电梯框边与地砖大约有3mm高度差的坡度。

⑤ 电梯口顶面石材外口应与门框边大约有2mm高度差的坡度。

⑥ 整套安装完成后，应采取成品保护措施，特别注意石材阳角要采用泡沫护角包裹。

6.4.4 检测与质量

① 所用石材的种类、大小、性能、等级、色泽、立面分格、花色、花纹、图案，需要符合有关等级和要求。

②石材孔、槽的数量、深度、位置、尺寸，需要符合设计要求。

③墙面大理石干挂部件工艺，应符合有关规定。

④石材表面与板缝的处理，应符合有关要求。

⑤石材表面应做防碱化，以及防水处理。

6.5 圆弧形石材门套工程

6.5.1 工艺准备

圆弧形石材门套工程施工工艺准备见表6-18。

表6-18 圆弧形石材门套工程施工工艺准备

项目	解释
材料的准备、要求	（1）圆弧形石材门套订货加工——一般情况下圆弧形石材门套均为根据设计要求订货加工的 （2）圆弧形石材门套进场检查——检查其规格、品种、颜色、花纹、质量、合格证、检验报告、排布图、编号等 （3）钢骨架——如果采用干挂方式，则可以使用规格为50mm的热镀锌角钢的钢骨架。钢骨架的规格、合格证、检验报告、材质等均应符合要求 （4）其他材料——包括挂件、挂件与骨架的固定螺栓、填缝胶等，其中挂件应具有受力试验报告等
施工机具、工具的准备	施工机具、工具主要包括云石机、磨光机、冲击钻、手枪钻、白线、钢卷尺、铁锤、活动扳手、水平尺、凿子、胶枪、壁纸刀、铝合金靠尺、铁锹、灰盆、笤帚、棉纱、小桶、钳子等
施工作业条件的准备	（1）结构经验收合格 （2）水电、通风、设备安装等应完成 （3）准备好水、电源，加工石材的场地等条件 （4）准备好室内施工脚手架等作业条件 （5）相关运输设备已经准备好 （6）石材保存好，避免日晒雨淋 （7）石材堆放处的下面往往垫木方 （8）石材数量、规格等已经核对正确 （9）石材预铺、配花、编号等已经完成 （10）对现场石材的挑选、检查已经完成

6.5.2 工艺流程

圆弧形石材门套工程施工工艺流程如图6-19所示。

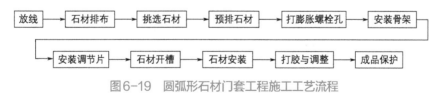

图6-19 圆弧形石材门套工程施工工艺流程

6.5.3 施工要点

圆弧形石材门套工程施工工艺要点如下。

①基层处理——门洞基层表面清理干净。如果存在局部影响骨架安装的凸出部分应剔

凿干净。饰面基层、构造层的强度、密实度应符合要求。检查墙体是否达到后续石材门套的施工安装要求。

② 放线——在门洞上弹好1m水平控制线,在门洞石上做好控制桩,而且要弹好石材分隔线。

③ 挑选石材——对到现场的石材进行材质、加工质量、花纹、尺寸等检查,将存在缺棱掉角、色差较大、崩边等缺陷的石材挑出来,进行更换等处理。

④ 预排石材——对选中的弧形石材进行编号、预排,并且进行拼接效果、满足现场尺寸要求等评估。

⑤ 打膨胀螺栓孔——根据排布、设计等要求确定膨胀螺栓的间距,划打孔点并打好孔洞。孔洞的大小应根据膨胀螺栓规格来确定。孔洞的间距一般情况大约为500mm。

⑥ 安装骨架——根据设计要求焊制骨架网,局部可以直接采用挂件与墙体连接。骨架安装前,尺寸下料要正确,并且刷防锈漆处理。骨架安装孔也应刷防锈漆处理。骨架与墙体的焊接质量符合规定要求,一般要求满焊、除焊渣、补刷防锈漆等。安装骨架,其平整度、垂直度、弧度需要达到要求。

⑦ 安装调节片——根据石材规格确定调节片,调节挂件一定要安装牢固。

⑧ 石材开槽——石材安装前,可以采用云石机在石材的侧面开槽,开槽的深度根据挂件的尺寸来确定。一般情况要求不小于1cm,且在板材后侧边中心。开槽距边缘距离大约为1/4边长,且不小于50mm。开槽后,应及时把槽内的石灰清干净。

⑨ 石材安装——安装石材时,一般从底层开始,利用垂直线,依次向上安装。安装时,随时检查、核对石材的材质、颜色、纹路、尺寸、编号、挂件、就位、交接接口等是否正确。安装时,要清孔,槽内注入耐候胶,并且注意锚固胶保证应有4~8h的凝固时间。

⑩ 打胶——如果是要求密缝的石材拼接,则可以不用打胶。如果是留缝的墙面,则应在缝内填入泡沫条后用颜色石胶打入缝隙内。泡沫条塞入石材缝隙时,应预留好打胶尺寸。打胶深度为6~10mm。

⑪ 清理——打胶或勾缝完成后,可以用棉纱对石材表面进行清理。如果需打蜡,则一般是烫硬蜡、擦软蜡,要求打蜡均匀、不露底色、色泽一致。

6.5.4 检测与质量

圆弧形石材门套的施工验收要求见表6-19。

表6-19 圆弧形石材门套的施工验收要求

项目	解释
保证项目	(1)大理石等材料的品种、颜色、规格、图案符合要求及施工规范规定 (2)饰面板安装牢固,不得缺棱掉角,不得歪斜、有裂缝等现象 (3)安装骨架符合设计要求、符合施工规范规定
基本项目	(1)圆弧形石材门套表面应弧度圆润、洁净平整、颜色协调一致 (2)圆弧形石材门套坡向正确 (3)圆弧形石材门套滴水线顺直 (4)圆弧形石材门套接缝填嵌密实平直、颜色一致、宽窄一致、阴阳角处板压向正确、非整板的使用部位适宜

续表

项目	解释
成品保护	（1）石材打胶应控制在打蜡前进行 （2）石材的成品保护应设专职保护人员 （3）打胶时应避免在房间有灰尘时进行 （4）堆放石材要整齐牢固，堆放位置要正确 （5）石材的成品保护应制定成品保护制度并且严格执行 （6）石材堆放应避免来回搬运、雨淋 （7）石材要75°立着堆放，下面用木方固定 （8）石材堆放时应光面对光面放置 （9）施工过程中垃圾应随时清理 （10）施工完后，应做好警示牌，设置防护栏杆 （11）运输石材时应小心，以免磕碰边角，必要时用地毯、软物等包住边角

6.6 石材窗台板工程

扫码看视频

窗台板工艺

6.6.1 工艺准备

石材窗台板的安装准备见表6-20。

表6-20 石材窗台板的安装准备

项目	解释
主要材料、构配件的准备	（1）准备好石材窗台板 （2）石材窗台板制作材料的品种、材质、颜色应达到设计的要求 （3）相关木制品的含水率应控制在12%以内，并做好防腐处理 （4）安装固定时可以选择用角钢、扁钢做托架或挂架 （5）有的窗台板是直接装在窗下墙顶面上，然后用砂浆或细石混凝土稳固
主要机具、工具的准备	电焊机、电动锯石机、手电钻、大刨子、小刨子、小锯、锤子、割角尺、橡胶槌、靠尺板、铅丝、水平尺、盒尺、螺丝刀等
作业条件的准备	（1）安装石材窗台板的窗下墙，在结构施工时应根据石材窗台板的品种与要求，预埋木砖或铁件等相关件 （2）石材窗台板长超过1500mm时，除靠窗口两端下木砖或铁件外，中间应每500mm间距增加铁件等 （3）跨空石材窗台板需要根据设计要求的构造设固定支架 （4）安装石材窗台板应在窗框安装后进行 （5）石材窗台板与暖气罩连体的，一般在墙、地面装修层完成后进行

6.6.2 工艺流程

石材窗台板的安装工艺流程如图6-20所示。

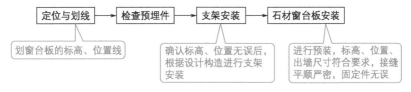

图6-20 石材窗台板的安装工艺流程

6.7 特种门窗安装工程允许偏差和检验方法

6.7.1 推拉自动门的感应时间限值和检验法

推拉自动门的感应时间限值和检验法见表6-21。

表6-21　推拉自动门的感应时间限值和检验法

项目	感应时间限值/s	检验法
堵门保护延时	16～20	可以用秒表来检查
开门响应时间	≤0.5	可以用秒表来检查
门扇全开启后保持时间	13～17	可以用秒表来检查

6.7.2　自动门安装允许偏差和检验法

自动门安装允许偏差和检验法见表6-22。

表6-22　自动门安装允许偏差和检验法

项目	允许偏差/mm				检验法
	折叠自动门	旋转自动门	推拉自动门	平开自动门	
导轨和平梁平行度	2	2	2	—	可以用钢直尺来检查
门框固定扇内侧对角线尺寸	2	2	2	2	可以用钢卷尺来检查
板材对接接缝平整度	0.3	0.3	0.3	0.3	可以用2m靠尺和塞尺来检查
上框、平梁水平度	1	—	1	1	可以用1m水平尺和塞尺来检查
上框、平梁直线度	2	—	2	2	可以用钢直尺和塞尺来检查
立框垂直度	1	1	1	1	可以用1m垂直检测尺来检查
活动扇与框、横梁、固定扇间隙差	1	1	1	1	可以用钢直尺来检查

6.7.3　自动门开启力与检验法

自动门切断电源后，要能手动开启，开启力与检验法见表6-23。

表6-23　自动门开启力与检验法

门的启闭方式	手动开启力/N	检验法
折叠自动门	≤100（垂直于门扇折叠处铰链推拉）	用测力计检查
旋转自动门	150～300（门扇边框着力点）	
推拉自动门	≤100	
平开自动门	≤100（门扇边框着力点）	

6.8　门窗工程工艺注意事项与质量记录

6.8.1　门窗工程注意事项

门窗工程的一些注意事项如下。

①特种门安装需要符合设计、标准、规定等有关要求。

②安装建筑外门窗必须牢固。

③安装门窗前，要对门窗洞口尺寸、相邻洞口的位置偏差进行检查。

④安装塑料门窗、金属门窗，可以采用预留洞口的方法施工。一般不得采用边安装边砌口、先安装后砌口等方法施工。

⑤ 建筑外窗口的防水、排水构造需要符合设计、标准、规定等有关要求。

⑥ 金属窗、塑料窗为组合窗时，则它们的拼樘料尺寸、规格、壁厚需要符合有关要求。

⑦ 埋入混凝土、砌体中的木砖，需要进行防腐处理。

⑧ 门窗安全玻璃的使用需要符合设计、标准、规定等有关要求。

⑨ 木门窗与砖石砌体、混凝土、抹灰层接触的地方需要进行防腐处理。

⑩ 同一类型、同一规格的外门窗洞口垂直方向、水平方向的位置要对齐，位置允许偏差符合要求：水平方向的相邻洞口位置允许偏差大约为10mm，垂直方向相邻洞口位置允许偏差大约为10mm。

⑪ 推拉门窗扇必须安装牢固，并且有必要的防脱落装置。

⑫ 在砌体上安装外门窗时严禁采用射钉固定。

💡 **小提示**

① 家装厨房门窗位置、尺寸、开启方式不得妨碍厨房设施、设备、家具的安装与使用。

② 当室外噪声对室内有较大影响时，朝向噪声源的门窗宜采取隔声构造措施。

③ 家装封闭式厨房一般宜设计成推拉门，并采取安装牢固的构造措施。

④ 家装过道内设置两扇及以上的门时，门、门套的高度、颜色、材质一般需要一致。

⑤ 家装老年人使用的卫生间一般宜采用可内外双向开启的门。

⑥ 家装老年人卧室宜采用内外均可开启的平开门，不得设弹簧门。如果采用推拉门，地埋轨不得高出装修地面面层。如果采用玻璃门，则要选用安全玻璃。

⑦ 家装卫生间门的位置、尺寸、开启方式要便于设施、设备、家具的布置与使用。

⑧ 家装卧室的平面布置要具有私密性，避免视线干扰，床不宜紧靠外窗或正对卫生间门，无法避免时需要采取装饰遮挡措施。

⑨ 家装无前室的卫生间门不得直接开向厨房、起居室，也不宜开向卧室。

⑩ 家装装饰装修设计时，不宜增加直接开向起居室的门。

6.8.2 门窗工程质量记录

金属门窗、塑料门窗、木门窗、特种门验收时相关文件与记录、复验项目、隐蔽工程项目等，如图6-21所示。

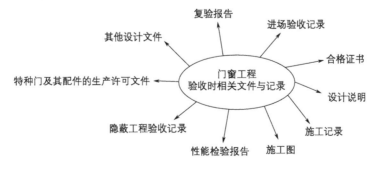

图6-21

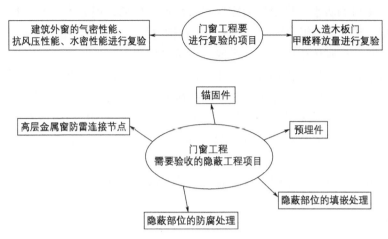

图6-21　门窗工程验收时的相关文件与记录、复验项目、隐蔽工程项目

 小提示

　　家装门把手中心距楼地面的高度，一般宜为0.95～1.1m。家装窗扇的开启把手距装修地面高度，一般不宜低于1.1m或高于1.5m。

第**7**章 涂料、裱糊、软包工程施工工艺

7.1 混凝土、抹灰面乳液涂料工程

7.1.1 工艺准备

常见的内墙墙面漆,即为常说的乳胶漆,是家装中用于墙面的主要饰材之一。根据基材不同,乳胶漆分为聚乙酸乙烯乳液、丙烯酸乳液等类型。乳胶漆一般是以水为稀释剂,其也叫作合成树脂乳液涂料、乳涂料。乳胶漆,可以根据不同的配色方案调配不同的色泽。

混凝土、抹灰面乳液涂料施工工艺准备包括材料准备、主要机具准备、作业条件准备等。其中,主要机具包括气泵、吊线坠、刷子、砂纸、橡胶刮板、涂料搅拌器、喷枪、钢片刮板、腻子托板、靠尺等。

混凝土、抹灰面乳液涂料施工材料准备如图7-1所示。乳胶漆如图7-2所示。

图7-1 混凝土、抹灰面乳液涂料施工材料准备

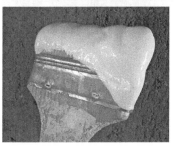

打开乳胶漆盖后,真正环保的乳胶漆是水性的,无毒无味。开盖一段时间后,正品乳胶漆表面会形成有弹性的氧化膜,不易裂。次品只会形成一层很薄的膜,易裂,并且可能有辛辣气味。用木棍将乳胶漆拌匀,再用木棍挑起来,正品乳胶漆往下流时会成扇面形。用手指摸,正品乳胶漆手感光滑、细腻

图7-2 乳胶漆

混凝土、抹灰面乳液涂料施工作业条件准备如图7-3所示。

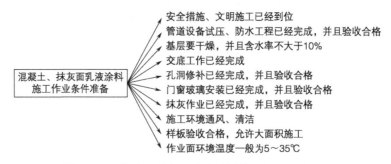

图7-3　混凝土、抹灰面乳液涂料施工作业条件准备

7.1.2　工艺流程

混凝土、抹灰面乳液涂料施工工艺流程如图7-4所示。

图7-4　混凝土、抹灰面乳液涂料施工工艺流程

7.1.3　施工要点

混凝土、抹灰面乳液涂料施工工艺要点见表7-1。

表7-1　混凝土、抹灰面乳液涂料施工工艺要点

名称	解释
基层处理	松动的基层和起皮的基层均要铲除，补抹水泥砂浆
刷底漆	（1）改造工程在涂饰涂料前，要首先铲掉旧装饰层，然后涂刷界面剂 （2）抹灰基层在涂饰前，要涂刷抗碱封闭底漆 （3）新建筑物的混凝土面涂饰前，要涂刷抗碱封闭底漆
刮腻子	（1）刮腻子要刮几遍，可以根据墙面平整度来确定 （2）一般情况刮三遍腻子，第一遍可以用橡胶刮板横向满刮，并且接头不留槎。干燥后再用砂纸把浮腻斑迹磨光、打磨，然后清扫干净。第二遍可以用橡胶刮板纵向满刮，并且接头不留槎，再用砂纸打磨，然后清扫。第三遍可以补腻子并满刮，墙面要刮光、刮平。干燥后，再用细砂纸磨平、磨光
刷涂料三遍	（1）刷第一遍涂料：先刷顶棚后刷墙面，刷墙面时先刷墙上后刷墙下，先刷墙左后刷墙右 （2）刷第二遍涂料：刷的方法同第一遍。漆膜干燥后，再用细砂纸磨光，然后清扫 （3）刷第三遍涂料：刷的方法同第二遍。涂料要上下顺刷，互相衔接，后一排笔紧接前一排笔。大面积施工时，则需要多人配合一次性完成，以免干燥后出现接槎

💡 小提示

　　墙体中凹进去的角为阴角，凸出来的角是阳角。刮腻子时，需要放上阴阳角条，如图7-5所示。

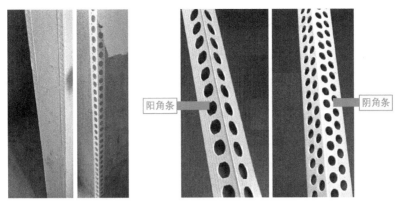

图7-5 阴阳角条

7.2 内墙涂料工程

7.2.1 工艺准备

内墙涂料工程工艺准备如图7-6所示。

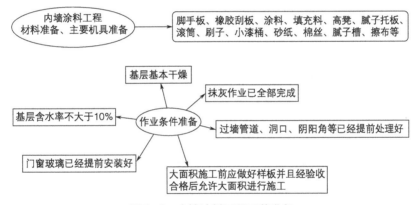

图7-6 内墙涂料工程工艺准备

滚涂涂料工具如图7-7所示。

图7-7 滚涂涂料工具

7.2.2 工艺流程与施工要点

内墙涂料工程工艺流程与施工要点如图7-8所示。

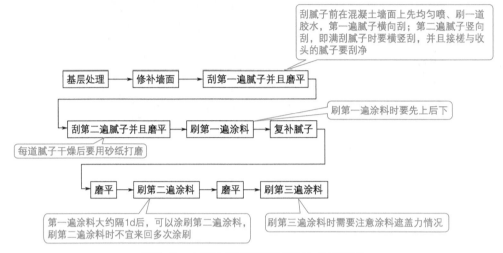

刮腻子前在混凝土墙面上先均匀喷、刷一道胶水，第一遍腻子横向刮；第二遍腻子竖向刮，即满刮腻子时要横竖刮，并且接槎与收头的腻子要刮净

基层处理 → 修补墙面 → 刮第一遍腻子并且磨平

刷第一遍涂料时要先上后下

刮第二遍腻子并且磨平 → 刷第一遍涂料 → 复补腻子

每道腻子干燥后要用砂纸打磨

磨平 → 刷第二遍涂料 → 磨平 → 刷第三遍涂料

第一遍涂料大约隔1d后，可以涂刷第二遍涂料，刷第二遍涂料时不宜来回多次涂刷

刷第三遍涂料时需要注意涂料遮盖力情况

图7-8 内墙涂料工程工艺流程与施工要点

刮腻子如图7-9所示。砂纸与砂纸打磨如图7-10所示。

图7-9 刮腻子

图7-10 砂纸与砂纸打磨

7.2.3 注意事项

内墙涂料工程工艺一些注意事项如下。

① 墙面刮腻子完成后，必须等其干燥一段时间，才能够在其上涂乳胶漆。

② 在煮熟的灰渣中加入一些胶水，可以改善腻子的性能。

③ 刮腻子时，阴阳角要求为清晰的直角。

7.2.4　检测与质量

内墙涂料工程质量允许情况见表7-2。

表7-2　内墙涂料工程质量允许情况

类型	项目	种类	质量允许情况
薄涂料的涂饰质量	颜色	普通涂饰	要均匀一致
		高级涂饰	要均匀一致
	装饰线、分色线直线度	普通涂饰	2mm
		高级涂饰	1mm
	流坠、疙瘩	普通涂饰	允许少量轻微
		高级涂饰	不允许
	泛碱、咬色	普通涂饰	允许少量轻微
		高级涂饰	不允许
	砂眼、刷纹	普通涂饰	允许少量轻微砂眼、刷纹要通顺
		高级涂饰	要求无砂眼、无刷纹
复层涂饰质量	颜色		要均匀一致
	点状分布	普通涂饰	—
		高级涂饰	要疏密均匀，不允许连片
	泛碱、咬色	普通涂饰	允许少量轻微
		高级涂饰	不允许

7.3　外墙涂料工程

7.3.1　工艺准备

外墙涂料工程工艺准备如图7-11所示。

图7-11　外墙涂料工程工艺准备

7.3.2　工艺流程

外墙涂料工程工艺流程如图7-12所示。

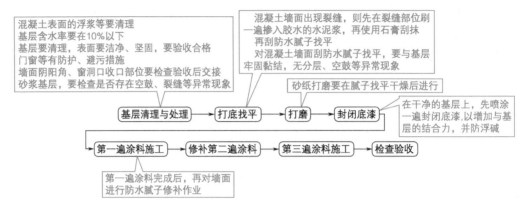

图7-12   外墙涂料工程工艺流程

7.3.3   检测与质量

外墙涂料工程质量允许情况见表7-3。

表7-3   外墙涂料工程质量允许情况

类型	项 目	种类	质量允许情况
色漆涂饰质量	颜色	普通涂饰	要均匀一致
		高级涂饰	要均匀一致
	装饰线、分色线直线度	普通涂饰	允许偏差＜2mm
		高级涂饰	允许偏差＜1mm
	刷纹	普通涂饰	刷纹要通顺
		高级涂饰	无刷纹
	光泽、光滑	普通涂饰	光泽要基本均匀，光滑且无挡手感
		高级涂饰	光泽基本均匀，光滑
	裹棱、流坠、皱皮	普通涂饰	明显处不允许
		高级涂饰	不允许
清漆涂饰质量	裹棱、流坠、皱皮	普通涂饰	明显处不允许
		高级涂饰	不允许
	颜色	普通涂饰	要基本一致
		高级涂饰	要均匀一致
	刷纹	普通涂饰	要无刷纹
		高级涂饰	要无刷纹
	光泽、光滑	普通涂饰	光泽要基本均匀，光滑且无挡手感
		高级涂饰	光泽基本均匀，光滑
	木纹	普通涂饰	棕眼要刮平、木纹要清楚
		高级涂饰	棕眼要刮平、木纹要清楚

7.4   涂饰工程的一般要求

扫码看视频

涂刷墙漆工艺

7.4.1   注意事项

涂料是涂于物体表面能形成具有保护、装饰、特殊性能的固态涂膜的一类液体或固体材料的总称。涂料分为油（性）涂料、水性涂料、粉末涂料等。根据建筑涂料用途不同，墙面涂料主要分为外墙涂料、内墙涂料等。内墙涂料分为液态涂料、粉末涂料。常见的乳胶漆、墙面漆是液态涂料。

漆是一种可流动的液态涂料，其包括油（性）漆、水性漆。木器漆主要有硝基漆、聚氨酯漆、UV漆等。金属漆主要有磁漆等。

涂饰工程是指将溶剂型涂料、水性涂料涂覆在基层表面，在一定条件下可形成与基层牢固结合的、连续完整的固体膜层材料的过程与装饰方法。涂饰工程施工操作法有刷涂、弹涂、喷涂、刮涂、滚涂、抹涂等。

涂饰工程的一些注意事项如下。

① 厨房、卫生间墙面的找平层，需要使用耐水腻子。找平层需要坚实平整、无裂缝、无粉化、无起皮等异常现象。

② 混凝土基层、抹灰基层在用溶剂型腻子找平、直接涂刷溶剂型涂料时，含水率不得大于8%。

③ 混凝土基层、抹灰基层在用乳液型腻子找平、直接涂刷乳液型涂料时，含水率不得大于10%。

④ 既有建筑墙面，用腻子找平、直接涂饰涂料前，需要清除疏松的旧装修层，以及需要涂刷界面剂。

⑤ 木材基层的含水率不得大于12%。

⑥ 施涂上架操作，要注意检查脚手架，合格后才可以使用。在脚手架上施工，工具与建材不得随意放置。

⑦ 施涂时，要防止污染已完成的分项工程。

⑧ 施涂时，要防止周围环境粉尘影响涂饰质量。

⑨ 施涂时，注意个人安全、健康、操作规范等要求。

⑩ 水性涂料涂饰工程施工的环境温度一般为5～35℃。

⑪ 涂饰工程施工时，要对与涂层衔接的其他装修材料、邻近的设备等采取相关的保护措施，以免发生沾污现象。

⑫ 涂饰墙面完工后，要妥善保护好完工工程。

⑬ 新建筑物的混凝土基层、抹灰基层，用腻子找平、直接涂饰涂料前，需要涂刷抗碱封闭底漆。

7.4.2 检测与质量

（1）涂饰工程一般性检测与质量要求

涂饰工程施工常见的一些质量记录、文件如图7-13所示。

常见的涂饰（工程）有溶剂型涂料（涂饰工程）、水性涂料（涂饰工程）、美术涂饰（涂饰工程）等。其中，水性涂料包括无机涂料、乳液型涂料、水溶性涂料等；溶剂型涂料包括聚氨酯丙烯酸涂料、丙烯酸酯涂料、有机硅丙烯酸涂料、交联型氟树脂涂料等；美术涂饰包括滚花涂、套色涂饰等。

涂饰工程所用涂料的品种、型号、性能，涂料涂饰工程的颜色、光泽、图案等需要符合有关设计、标准、规范等要求。

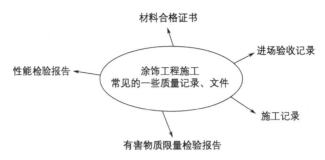

图7-13　涂饰工程施工常见的一些质量记录、文件

（2）水性涂料涂饰工程检测与质量要求

水性涂料涂饰工程一些项目的质量参考要求见表7-4。

表7-4　水性涂料涂饰工程一些项目的质量参考要求

项目	项目类型	要求	检验法
水性涂料涂饰工程要求	主控项目	（1）水性涂料涂饰工程要均匀涂饰、黏结牢固 （2）不得有透底、开裂、漏涂、起皮、掉粉等现象	（1）可以采用观察法来检查 （2）手摸来检查
涂层与其他装修材料、设备衔接要求	一般项目	涂层与其他装修材料、设备衔接位置要吻合好	可以采用观察法来检查

墙面水性涂料涂饰工程的允许偏差、检验法见表7-5。

表7-5　墙面水性涂料涂饰工程的允许偏差、检验法

项目	允许偏差/mm					检验法
	薄涂料		复层涂料	厚涂料		
	普通涂饰	高级涂饰		普通涂饰	高级涂饰	
阴阳角方正	3	2	4	4	3	可以用200mm直角检测尺来检查
装饰线、分色线直线度	2	1	3	2	1	可以拉5m线，不足5m拉通线，用钢直尺来检查
墙裙、勒脚上口直线度	2	1	3	2	1	可以拉5m线，不足5m拉通线，用钢直尺来检查
立面垂直度	3	2	5	4	3	可以用2m垂直检测尺来检查
表面平整度	3	2	5	4	3	可以用2m靠尺和塞尺来检查

（3）墙面溶剂型涂料涂饰工程允许偏差和检验法

墙面溶剂型涂料涂饰工程的允许偏差、检验法见表7-6。

表7-6　墙面溶剂型涂料涂饰工程的允许偏差、检验法

项目	允许偏差/mm				检验法
	清漆		色漆		
	普通涂饰	高级涂饰	普通涂饰	高级涂饰	
立面垂直度	3	2	4	3	可以用2m垂直检测尺来检查
装饰线、分色线直线度	2	1	2	1	可以拉5m线，不足5m拉通线，用钢直尺来检查
墙裙、勒脚上口直线度	2	1	2	1	可以拉5m线，不足5m拉通线，用钢直尺来检查

续表

项目	允许偏差/mm				检验法
	清漆		色漆		
	普通涂饰	高级涂饰	普通涂饰	高级涂饰	
表面平整度	3	2	4	3	可以用2m靠尺和塞尺来检查
阴阳角方正	3	2	4	3	可以用200mm直角检测尺来检查

（4）墙面美术涂饰工程的允许偏差和检验法

墙面美术涂饰工程的允许偏差、检验法见表7-7。

表7-7　墙面美术涂饰工程的允许偏差、检验法

项目	允许偏差/mm	检验法
装饰线、分色线直线度	2	可以拉5m线，不足5m拉通线，用钢直尺来检查
墙裙、勒脚上口直线度	2	可以拉5m线，不足5m拉通线，用钢直尺来检查
立面垂直度	4	可以用2m垂直检测尺来检查
表面平整度	4	可以用2m靠尺和塞尺来检查
阴阳角方正	4	可以用200mm直角检测尺来检查

7.5　裱糊工程

7.5.1　工艺准备

裱糊工程是指在建筑物内墙、顶棚表面粘贴纸张、塑料墙纸、玻璃纤维墙布、锦缎等制品的一种施工工艺。也就是说，平常的壁纸、墙布施工工艺都属于裱糊工程。

裱糊工程施工工艺准备包括材料准备、主要机具准备、作业条件准备等。其中，主要机具包括活动裁纸刀、直尺、剪刀、裁纸案台、板刷、粉线包、毛刷、钢板尺、钢板刮板、塑料刮板、排笔、干净毛巾、塑料桶等。

裱糊工程主要材料有壁纸（或墙布）、胶黏剂等。裱糊工程施工工艺材料准备如图7-14所示。

壁纸可以分为普通壁纸、塑料壁纸等。墙布可以分为玻璃纤维墙布、石英纤维壁布、无纺墙布等。裱糊工程中的胶黏剂，需要根据壁纸、墙纸的类型来选配。

图7-14　裱糊工程施工工艺材料准备

裱糊工程施工作业条件准备如图7-15所示。

裱糊工程施工
作业条件准备
{
裱糊样板间，鉴定合格后允许大面积装修
顶棚喷浆已经完成
房间地面工程已经完成，并且面层已经采取保护措施，经验收合格
房间细木装修底板、木护墙已经完成，并且经验收合格
基层有关木砖、木筋已经埋设好
旧墙面裱糊前，已经清除疏松的旧装修层，并且已经涂刷界面剂
门窗油漆已经完成
木材基层含水率不大于12%
腻子、胶黏剂等材料已经准备好
设备、水电、顶墙上预埋件已经完成
湿度较大的房间、表面，防水性塑料壁纸与胶黏剂等材料已经准备好
水泥砂浆找平层已经抹完，并且含水率不大于8%
凸出基层表面的设备、附件已经临时拆卸，并且存放恰当
新建筑物的混凝土、抹灰基层墙面刮腻子前已经涂刷抗碱封闭底漆
需要上架操作的脚手架、梯子、木马凳等已经准备好
有关交底已经完成
}

图7-15　裱糊工程施工作业条件准备

7.5.2　工艺流程

裱糊工程施工工艺流程如图7-16所示。

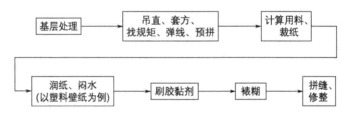

图7-16　裱糊工程施工工艺流程

7.5.3　施工要点

裱糊工程施工工艺要点见表7-8。

表7-8　裱糊工程施工工艺要点

名称	解释
基层处理	（1）总体要求——基体、基层表面的尘土污垢清除；旧墙面要打毛且涂表面处理剂或基层上涂刷抗碱底漆；刮腻子前，先在基层刷涂料进行封闭且使其颜色与周围墙面颜色一致，起到防止后期腻子脱落等作用 （2）不同基层对接处的处理——不同基层材料的相接处，一般采用穿孔纸带、棉纸带粘贴封口，以防裱糊后的壁纸面层被撕开 （3）混凝土、抹灰基层处理——混凝土面、抹灰面的裱糊壁纸基层，首先满刮腻子且用砂纸打磨。如果原基层凹凸不平、麻点严重，则可能需要满刮腻子且用砂纸打磨几遍。满刮腻子时，要一板排一板，然后两板中间顺一板的规律进行严刮，且无明显接槎与无凸痕地进行操作。混凝土、抹灰基层处理总体要求阴阳角线通畅顺直、无崩角、无砂眼，底层要求光滑平整 （4）木质基层处理——首先满刮第一遍油性腻子且用砂纸打磨，做到大面找平，尤其注意木板接缝、钉接处的处理。第二遍石膏腻子找平，用塑料刮板压光，擦净灰粒。金属壁纸对于基面要求更严，因此，批腻子的遍数一般要求三遍以上 （5）石膏板基层处理——比较平整的纸面石膏板基层，重点注意螺钉孔位、对缝等地方的处理。第一遍满刮腻子大面找平，第二遍刮油性石膏腻子局部修整找平
吊直、套方、找规矩、弹线、预拼	（1）裱糊顶棚时，先弹好基准直线、对称中心线。墙顶交接处有挂镜线的，则根据挂镜线弹线；墙顶交接处没有挂镜线的，则根据有关要求弹线 （2）裱糊前预拼试贴，以便确定裁纸尺寸与观察效果要求

名称	解释
吊直、套方、找规矩、弹线、预拼	（3）裱糊墙面时，先把房间四角的阴阳角吊垂直、套方、找规矩，并确定阴角分块弹线与铺贴起点。有门窗口的墙面，则门窗两边要弹好垂直线 （4）弹好垂直线，作为裱糊时的基准线，以保证满足裱糊后壁纸横平竖直、图案端正等要求 （5）弹线时从墙面阴角处开始，并且把窄条纸裁切后留在阴角位置 （6）门窗部位，一般以立边来分划，以便褶角贴立边 （7）阳角位置，一般不得有壁纸接缝
计算用料、裁纸	（1）裁纸量应根据基层实际尺寸、材料规格综合规划，外加每边3～5cm修剪量 （2）裁剪纸可以在工作台上进行，并且边裁纸编顺序号，以便粘贴时不会混乱。裁纸时，尺子压紧壁纸后不再移动，然后刀刃紧贴尺边连续裁割 （3）裱糊有图案的，粘贴第一张时就要开始对花，并且墙面裱糊是从上部开始对花 （4）壁纸裁好后一般卷起平放，不得立放
润纸、闷水（以塑料壁纸为例）	（1）塑料壁纸遇水或胶水会自由膨胀，为此，刷胶前要把塑料壁纸浸水2～3min后抖掉余水，再静置大约20min。如果还有明水，则可以用毛巾揩掉。润纸后，才能够涂胶 （2）有的壁纸，无须润水，具体看壁纸产品要求
刷胶黏剂	（1）塑料纸基背面、墙面，均要涂刷厚薄均匀的胶黏剂 （2）从刷胶黏剂到最后上墙的时间，一般控制为5～7min （3）刷胶黏剂时，基层表面刷胶宽度要比壁纸宽大约3cm （4）金属壁纸的胶液，一般采用的是专用壁纸粉胶。刷胶黏剂时，可以一边裁剪好，一边刷胶黏剂，以及采用圆筒卷起 （5）刷胶黏剂的总体要求：均匀全面、不起堆 （6）为避免胶黏剂干得太快，可以在壁纸背面刷胶黏剂后采用胶面与胶面反复对叠
裱糊	（1）裱糊总体要求 ①裱糊壁纸时，先裱垂直面，后裱水平面；先裱细部，后裱大面。垂直面先裱上，后裱下；水平面先裱高处，后裱低处 ②第一张壁纸裱糊的方法：首先对折壁纸，再把壁纸上半截的边缘靠着垂线且成一条直线，然后轻轻压平，且从中间向外用刷子把壁纸上半截纸敷平，再依次贴下半截纸 （2）顶棚（吊顶）上裱糊壁纸 ①一般沿房间的长边方向裱糊 ②吊顶面上裱贴壁纸，一般第一段贴近主窗，平行墙壁。小于2m长度时，则可以与窗户成直角进行裱贴。裱贴第一段前，注意要弹好线 ③裱糊后，可以沿着墙顶线、墙角修剪壁纸，以便整齐 （3）墙面上裱糊壁纸 ①壁纸搭缝的地方，需要保持垂直且无毛边 ②裱糊前，不易拆下的配件，不得采用在壁纸上剪口后再裱贴上去的方式 ③裱糊前，不易拆下的配件，可以先把壁纸轻轻裱糊于配件上，找到中心点，再从中心点开始切割十字，十字边直到配件边。然后用手按出配件轮廓位置，慢慢拉起多余的壁纸，并且剪掉不需要的部分，再刮平，擦去多余的胶液。不易拆下的配件四周不得留有缝隙 ④裱糊前，尽可能卸下墙上电灯等开关，并且可以在切断电源的情况下用细木棒插入螺钉孔内，以便裱糊时识别与裱糊后切割留位 ⑤墙面上裱糊壁纸，一般先要垂直，后对花纹拼缝，再压平整 ⑥如果采用斜式裱贴，裱贴前要确定斜贴基准线 ⑦阳角处不能够拼缝，要包角压实，并且壁纸包过阳角一般不小于20mm ⑧阴角边壁纸搭缝时，先裱糊压在里面的转角壁纸，然后粘贴非转角的正常壁纸。搭接面宽度一般不小于2～3cm，具体根据阴角垂直度来确定。阴角边壁纸搭缝时，采用顺光搭接，以便使拼缝不显眼 ⑨自裱贴施工开始40～60min后，要用滚轮从第一张墙纸开始滚压或抹压，直到已完成的墙纸面，以增强裱贴黏性
拼缝、修整	（1）壁纸与顶棚、挂镜线、踢脚线交接的地方要顺直严密。裱糊后，要把上下两端多余的壁纸切齐，然后撕去余纸并且贴实端头 （2）赶压气泡时，发泡壁纸、复合壁纸严禁使用钢板刮刀刮平，可以使用海绵、毛巾、毛刷等赶平 （3）壁纸裱糊后，如果存在局部气泡、翘边等现象要及时修整 （4）赶压气泡时，压延壁纸可以采用钢板刮刀来刮平 （5）要重叠对花的壁纸，先裱糊对花，再一次裁切掉余边 （6）直接对花的壁纸，一般不需要裁切

7.5.4　注意事项

一些壁纸内墙面工艺特点如图7-17所示。施工时，注意不同施工特点的结构层与具体施工情况的差异。

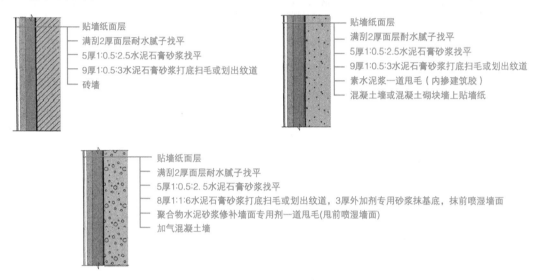

（左上图标注）
贴墙纸面层
满刮2厚面层耐水腻子找平
5厚1:0.5:2.5水泥石膏砂浆找平
9厚1:0.5:3水泥石膏砂浆打底扫毛或划出纹道
砖墙

（右上图标注）
贴墙纸面层
满刮2厚面层耐水腻子找平
5厚1:0.5:2.5水泥石膏砂浆找平
9厚1:0.5:3水泥石膏砂浆打底扫毛或划出纹道
素水泥浆一道甩毛（内掺建筑胶）
混凝土墙或混凝土砌块墙上贴墙纸

（下图标注）
贴墙纸面层
满刮2厚面层耐水腻子找平
5厚1:0.5:2.5水泥石膏砂浆找平
8厚1:1:6水泥石膏砂浆打底扫毛或划出纹道，3厚外加剂专用砂浆抹基底，抹前喷湿墙面
聚合物水泥砂浆修补墙面专用剂一道甩毛(甩前喷湿墙面)
加气混凝土墙

图7-17　一些壁纸内墙面工艺特点

7.6　软包工程

7.6.1　工艺准备

软包是指在室内墙表面用柔性材料加以包装的一种装饰方法。软包一般使用质地柔软、色彩柔和的材料，能够柔化整体空间氛围，纵深立体感强。软包常见的类型为常规传统软包、型条软包、皮雕软包等。软包如图7-18所示。

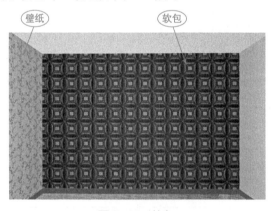

壁纸　　软包

图7-18　软包

木作软包墙面工艺准备包括材料准备、主要机具准备、作业条件准备等。其中，主要机具包括电焊机、手电钻、锤子、电锯、电动机、冲击电钻、专用夹具、刮刀、钢板尺、裁刀、刮板、毛刷、排笔、长卷尺、气钉枪、剪刀、手工刨等。

木作软包墙面工艺材料准备如下。

① 不同部位选择不同的胶黏剂。

② 龙骨、衬板、边框要安装牢固，拼缝平直。

③ 有的项目龙骨选择白松烘干料，要求含水率不大于12%，无腐朽、无节疤、无劈裂、无扭曲，且应经防腐处理等。

④ 普通布料要进行两次防火处理，并且检测要合格。

⑤ 软包底板一般选择5mm厚胶合板，并且要求无脱胶、无空鼓、平整干燥，甲醛释放量不大于1.5mg/L。

⑥ 软包面料、内衬材料、边框等的材质、图案、颜色、燃烧性能等级要符合要求。

⑦ 软包面料、内衬材料、边框等要具有防火检测报告。

⑧ 软包墙面龙骨、木框、底板、面板等木材的树种、等级、规格、含水率、防腐处理要符合要求。

⑨ 外饰面用的压条分格框料、木贴脸等面料，可以选择工厂经烘干加工的半成品料，要求含水率不大于12%，一般选择五夹板。

⑩ 粘贴材料一般选择水溶性酚醛树脂胶。

木作软包墙面工艺作业条件准备如图7-19所示。

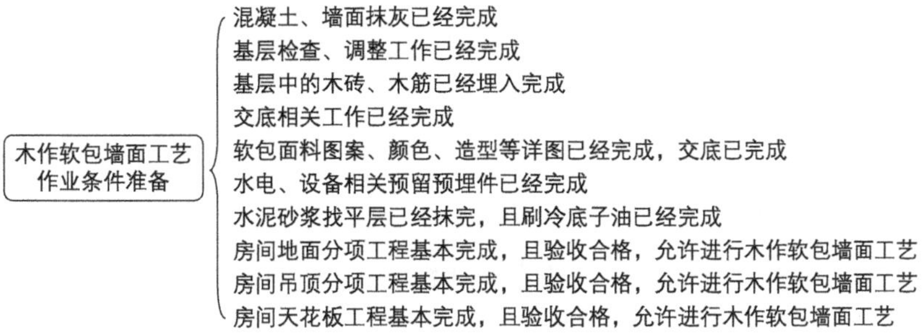

木作软包墙面工艺作业条件准备
混凝土、墙面抹灰已经完成
基层检查、调整工作已经完成
基层中的木砖、木筋已经埋入完成
交底相关工作已经完成
软包面料图案、颜色、造型等详图已经完成，交底已完成
水电、设备相关预留预埋件已经完成
水泥砂浆找平层已经抹完，且刷冷底子油已经完成
房间地面分项工程基本完成，且验收合格，允许进行木作软包墙面工艺
房间吊顶分项工程基本完成，且验收合格，允许进行木作软包墙面工艺
房间天花板工程基本完成，且验收合格，允许进行木作软包墙面工艺

图7-19　木作软包墙面工艺作业条件准备

7.6.2　工艺流程

木作软包墙面工艺流程如图7-20所示。

基层处理、底板处理
吊直、套方、弹线、找规矩
计算用料、套裁填充料、套裁面料
制作与安装（木龙骨安装、墙板安装、面层固定、粘贴面料、安装装饰边线）
修整

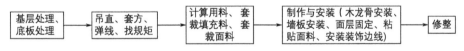

图7-20　木作软包墙面工艺流程

7.6.3　施工要点

木作软包墙面工艺施工要点见表7-9。

表7-9　木作软包墙面工艺施工要点

名称	解释
基层处理、底板处理	（1）木作软包墙面要求基层构造合理、牢固可靠 （2）木作软包墙面直接装设在建筑墙体、柱体表面时，基层采用1：3水泥砂浆20mm厚的抹灰，以及刷涂一道冷底子油，以便防潮、防翘曲变形

续表

名称	解释
基层处理、底板处理	（3）直接铺贴在结构墙的预埋木砖水泥砂浆找平层上时，可以先用油腻子嵌平密实底板拼缝，满刮1～2遍腻子，等腻子干燥后用砂纸磨平。粘贴前，基层表面满刷一道清油
吊直、套方、弹线、找规矩	吊直、套方、弹线、找规矩等，以便软包墙面达到要求
木龙骨、墙板安装	（1）墙柱面软包皮革、人造革装饰时，可以使用墙筋木龙骨分块固定 （2）墙筋木龙骨可以采用（20～50）mm×（40～50）mm截面的木方条制成 （3）墙筋木龙骨钉在墙体、柱体的预埋木砖或预埋的木楔上。木砖间距、墙筋排布间距一般均为400～600mm （4）具体分格、平面造型形式根据设计要求进行划分 （5）墙筋木龙骨固定后，可以铺设夹板基面板，然后把革包填塞材料覆在基面板上并且用钉将其固定在墙筋上。采用帽头钉根据分格、划分形式钉固或者采用压条压固 （6）有的工艺，直接采用内衬材料粘胶满贴在墙面上，然后胶黏面料贴在衬底上。粘时要注意分格、钉平等要求，这样就无须安装木龙骨和墙板 （7）有的工艺，直接采用胶合板作底材，然后粘衬材，粘面料，也就是不采用龙骨工艺了
面层固定、粘贴面料	（1）直接粘贴面料时，则墙面细木装修完成、边框油漆已经交活后即可施工 （2）皮革、人造革饰面安装方法有压条法、钉压角法等，形式有成卷铺装法、分块法等。成卷铺装法应注意饰面幅面宽度要大于横向木筋中距50～80mm，以保证基面五夹板接缝在墙筋上
修整、清理	（1）软包安装完成后要检查，发现面料有皱褶、图案不符等异常情况，要及时修整 （2）软包安装完成后，应进行处理胶痕、钉粘保护膜、清理灰尘等工作

7.7 裱糊与软包工程检测与质量

7.7.1 裱糊与软包工程质量记录

聚氯乙烯塑料壁纸、纸质壁纸、墙布等裱糊工程，皮革、人造革等软包工程的质量记录与资料，如图7-21所示。

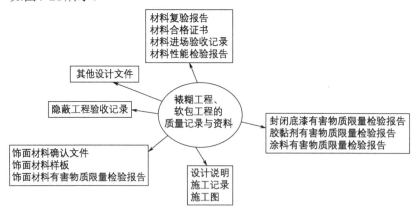

图7-21 裱糊工程、软包工程的质量记录与资料

小提示

　　家装不规则的墙面，一般需要采用涂料或无花纹的墙纸（布）饰面，并且要淡化墙面的不规整感。

7.7.2 裱糊工程检测与质量

裱糊工程一些项目的质量参考要求见表7-10。

表7-10 裱糊工程一些项目的质量参考要求

项目	项目类型	要求	检验法
壁纸、墙布边缘要求	一般项目	平直、整齐、无纸毛、无飞刺	可以采用观察法来检查
壁纸、墙布的种类、规格、图案、颜色、燃烧性能要求	主控项目	要符合设计、标准、规定等有关要求	(1)可以采用观察法来检查 (2)检查合格证书、进场验收记录、性能检验报告
壁纸、墙布阳角处要求	一般项目	要无接缝	可以采用观察法来检查
壁纸、墙布阴角处要求	一般项目	要顺光搭接	可以采用观察法来检查
壁纸、墙布与装饰线、踢脚板、门窗框交接处要求	一般项目	要吻合、严密、顺直	可以采用观察法来检查
壁纸、墙布粘贴要求	主控项目	牢固粘贴、不补贴不漏贴、不空鼓不脱层、不翘边	(1)可以采用观察法来检查 (2)手摸来检查
裱糊工程基层处理要求	主控项目	裱糊工程基层处理质量要符合高级抹灰的要求	检查隐蔽工程验收记录、施工记录
裱糊后的壁纸、墙布表面要求	一般项目	(1)裱糊后的壁纸、墙布表面要平整,不得波纹起伏,不得有气泡、裂缝、皱褶 (2)表面色泽要一致,不得出现斑污,斜视时要无胶痕	(1)可以采用观察法来检查 (2)手摸来检查
裱糊后各幅拼接要求	主控项目	要横平竖直、拼接处花纹图案要吻合、不显拼缝、不离缝、不搭接	可以距离墙面大约1.5m的地方观察
复合压花壁纸、发泡壁纸的压痕或发泡层的要求	一般项目	要无损坏	可以采用观察法来检查
与墙面上电气槽、盒的交接处要求	一般项目	要吻合无缝隙	可以采用观察法来检查

裱糊工程的允许偏差、检验法见表7-11。

表7-11 裱糊工程的允许偏差、检验法

项目	允许偏差/mm	检验法
阴阳角方正	3	可以用200mm直角检测尺来检查
表面平整度	3	可以用2m靠尺和塞尺来检查
立面垂直度	3	可以用2m垂直检测尺来检查

7.7.3 软包工程检测与质量

包括软包工程安装位置、构造做法;软包边框所选木材材质、花纹、颜色、燃烧性能等级;软包衬板材质、规格、品种、含水率;面料与内衬材料品种、规格、图案、颜色、燃烧性能等均要符合设计、标准、规定等有关要求。软包工程一些项目的质量参考要求见表7-12。

表7-12　软包工程一些项目的质量参考要求

项目	项目类型	要求	检验法
单块软包面料、软包饰面上电气槽盒的开口位置尺寸要求	一般项目	单块软包面料不应有接缝,四周要绷压严密。需要拼花的情况,拼接处花纹、图案要吻合。软包饰面上电气槽盒的开口位置要正确、尺寸要正确、套割要吻合、槽盒四周要镶硬边	(1)可以采用观察法来检查 (2)手摸来检查
软包衬板与基层的要求	主控项目	要牢固连接、连接无翘曲无变形、拼缝平直、相邻板面接缝符合要求、横向无错位、拼接分格要保持通缝	(1)可以采用观察法来检查 (2)检查施工记录
软包工程边框表面要求	一般项目	要平整光滑,无色差、无钉眼;对缝、拼角要对称均匀、接缝吻合。清漆制品木纹、色泽要协调一致	(1)可以采用观察法来检查 (2)手摸来检查
软包工程的表面要求、图案要求	一般项目	软包工程表面要平整洁净,无凹凸、无皱褶;图案要清晰,无色差,美观协调	可以采用观察法来检查
软包工程龙骨、边框安装要求	主控项目	软包工程的龙骨、边框要安装牢固	手扳来检查
软包内衬要求	一般项目	软包内衬要饱满、边缘要平齐	(1)可以采用观察法来检查 (2)手摸来检查
软包墙面与装饰线、踢脚板、门窗框的交接要求	一般项目	交接处要吻合严密、顺直,符合要求	可以采用观察法来检查

软包工程安装的允许偏差、检验法见表7-13。

表7-13　软包工程安装的允许偏差、检验法

项目	允许偏差/mm	检验法
单块软包边框水平度	3	可以用1m水平尺和塞尺来检查
单块软包边框垂直度	3	可以用1m垂直检测尺来检查
分格条(缝)直线度	3	可以拉5m线,不足5m拉通线,用钢直尺来检查
裁口线条结合处高度差	1	可以用直尺和塞尺来检查
单块软包对角线长度差	3	可以从框的裁口里角用钢尺来检查
单块软包宽度、高度	0,-2	可以从框的裁口里角用钢尺来检查

第8章 吊顶施工工艺

8.1 石膏板吊顶工程

扫码看视频

石膏板吊顶工艺

8.1.1 工艺准备

石膏板是以建筑石膏为主要原料制成的一种材料。石膏板具有质量轻、强度较高、厚度较薄、隔声绝热、防火性能较好等特点。石膏板属于新型轻质板材之一。

石膏板有无纸面石膏板、纸面石膏板、装饰石膏板、纤维石膏板、石膏吸声板、定位点石膏板、石膏空心条板等种类。石膏板常见规格如下。

长度：1500mm、2000mm、2400mm、2700mm、3000mm、3300mm、3600mm等。

宽度：900mm、1200mm等。

厚度：9.5mm、12mm、15mm、18mm、21mm、25mm等。

石膏板吊顶工程工艺准备如图8-1所示。

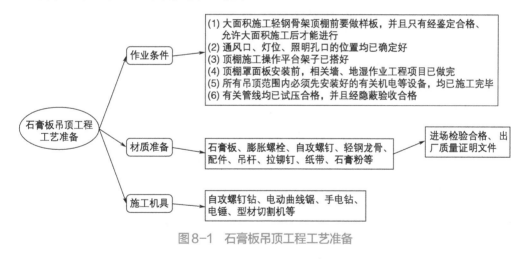

图8-1 石膏板吊顶工程工艺准备

 小提示

家装厨房顶棚要选择具有防火、防潮、防霉等性能的材料。家装顶棚要采用防腐、耐久、不易变形、易清洁、便于施工的材料。

8.1.2   工艺流程

石膏板吊顶工程工艺流程如图8-2所示。

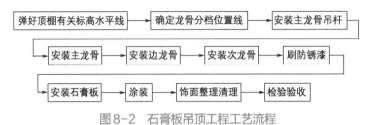

图8-2   石膏板吊顶工程工艺流程

8.1.3   施工要点

石膏板吊顶工程施工要点见表8-1。

表8-1   石膏板吊顶工程施工要点

名称	施工要点
弹好顶棚有关标高水平线	（1）一般是根据设计来标高，也就是看图施工 （2）一般是沿墙壁四周弹好顶棚标高水平线
确定龙骨分档位置线	龙骨分档位置线一般是沿顶棚标高水平线划在墙壁上
安装主龙骨吊杆	（1）确定吊杆下端头的标高 （2）安装主龙骨吊杆 （3）吊杆安装时选用膨胀螺栓固定到结构顶棚上 （4）吊杆规格需要符合要求
安装主龙骨	（1）主龙骨间距需要符合要求 （2）用主龙骨配套的龙骨吊件与吊杆相连
安装次龙骨	（1）次龙骨间距需要符合要求 （2）可以采用次挂件与主龙骨连接
刷防锈漆	轻钢骨架罩面板顶棚吊杆、固定吊杆铁件需要在封罩面板前刷防锈漆
安装石膏板	（1）石膏板与轻钢骨架可以采用自攻螺钉固定 （2）自攻螺钉固定间距：板边大约为200mm，板中大约为300mm （3）自攻螺钉固定后需要点刷防锈漆
接缝处理	板接缝间可以采用粘贴纸带嵌缝膏进行嵌缝处理

木龙骨如图8-3所示。

图8-3   木龙骨

8.1.4　注意事项

石膏板吊顶工程一些注意事项如下。

① 现场临水临电应由专人管理。

② 工序交接一般要采用书面形式并且双方签字认可。

③ 罩面板、轻钢骨架、其他吊顶材料，入场存放中、使用过程中需要注意保管，不得出现生锈、受潮、变形、损坏等情况。

④ 吊顶龙骨上不得铺设线路、机电管道等。

⑤ 装修吊顶用吊杆不得挪作线路、机电管道吊挂用。

⑥ 轻钢骨架的吊杆、龙骨不得固定在通风管道、其他设备件上。

⑦ 安装轻钢骨架及罩面板时，需要注意对顶棚内各种管线的保护。

⑧ 罩面板安装需要在棚内管道、试水、保温等工序验收合格、允许施工后进行。

⑨ 使用人字梯攀高作业时，只准一人使用，不得两人同时攀高作业。

⑩ 顶棚上悬挂自重3kg以上或有震动荷载的设施，要采取与建筑主体连接牢固的构造措施。

⑪ 石膏板吊顶工程完成后，需要注意成品保护。

某项目纸面石膏板工程吊顶工艺施工特点如图8-4所示。

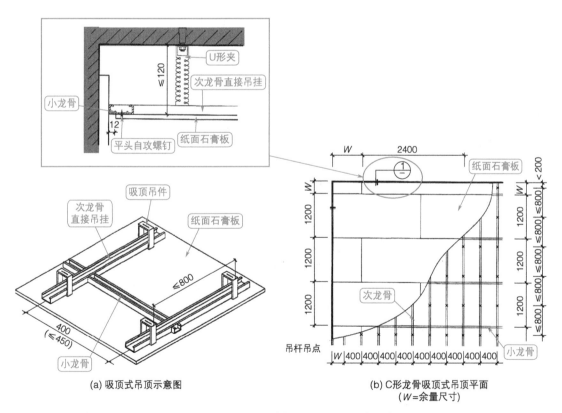

(a) 吸顶式吊顶示意图

(b) C形龙骨吸顶式吊顶平面
(W=余量尺寸)

图8-4　某项目纸面石膏板工程吊顶工艺施工特点

⌐💡 小提示

　　家装顶棚中设有透光片后置灯光的情况，要采取隔热、散热等措施，以及采取安装牢固、便于维修的构造措施。起居室（厅）装饰装修后室内净高不得低于2.4m。局部顶棚净高不要低于2.1m，并且净高低于2.4m的局部面积不应大于室内使用面积的1/3。家装餐厅装饰装修后，地面到顶棚的净高一般不得低于2.2m。

8.1.5　检测与质量

石膏板吊顶工程验收检查相关文件与记录如图8-5所示。

图8-5　石膏板吊顶工程验收检查相关文件与记录

8.2　铝扣板吊顶工程

8.2.1　工艺准备

　　铝扣板是以铝合金板材为基底，通过开料、剪角、模压成型得到的材料。铝扣板主要分为家装集成铝扣板和工程铝扣板。家装铝扣板最开始主要是以滚涂和磨砂系列为主。

　　吊顶板，第一代产品主要是石膏板、矿棉板；第二代产品主要是PVC板；第三代产品主要是金属天花板。金属天花板包括铝扣板、铝镁合金板、铝锰合金板、铝合金板等。

　　家装铝扣板常规规格为300mm×300mm、300mm×450mm、300mm×600mm等。工程铝扣板常规规格为600mm×600mm、800mm×800mm、300mm×1200mm、600mm×1200mm等。

　　铝扣板吊顶工程施工工艺准备包括材料准备、主要机具准备、作业条件准备等。其中，主要机具如图8-6所示。

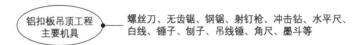

图8-6　铝扣板吊顶工程主要机具

铝扣板吊顶工程材料准备如图8-7所示。

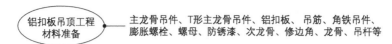

图8-7 铝扣板吊顶工程材料准备

铝扣板吊顶工程作业条件准备如图8-8所示。

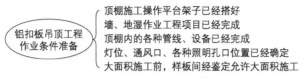

图8-8 铝扣板吊顶工程作业条件准备

小提示

家装吊顶常见部品如图8-9所示。

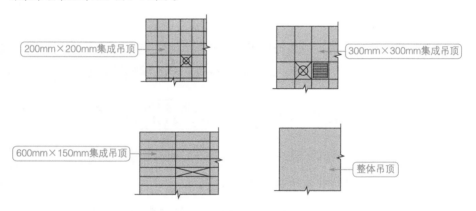

图8-9 家装吊顶常见部品

8.2.2 工艺流程

铝扣板吊顶工程工艺流程如图8-10所示。

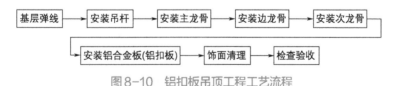

图8-10 铝扣板吊顶工程工艺流程

8.2.3 施工要点

铝扣板吊顶工程施工中,可以首先在装配面积的中间地方垂直次龙骨方向拉一条基准线,然后对齐基准线向两边安装。安装铝扣板时,需要轻拿轻放,并且顺着翻边部位顺序将铝扣板两边轻压,等卡进龙骨后再推紧。铝扣板安装完后,需要用布把铝扣板板面全部擦拭

图8-11 铝扣板吊顶

干净,不得出现手印等异常现象。

铝扣板吊顶如图8-11所示。

> 💡 **小提示**
>
> 顶棚上部的空间要满足设备、灯具安装高度的需要。有灯带的顶棚,侧边开口部位的高度要满足检修的需要,有出风口的开口部位要满足出风的要求。家装厨房装饰装修后,地面面层到顶棚的净高一般不应低于2.2m。

8.3 矿棉板吊顶工程

8.3.1 工艺准备

矿棉板就是用矿棉做成的一种装饰用板。矿棉板吊顶工程施工准备包括材料准备、主要机具准备、作业条件准备等。其中,主要机具准备如图8-12所示。

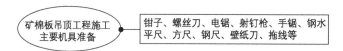

矿棉板吊顶工程施工主要机具准备 —— 钳子、螺丝刀、电锯、射钉枪、手锯、钢水平尺、方尺、钢尺、壁纸刀、拖线等

图8-12 矿棉板吊顶工程施工主要机具准备

矿棉板吊顶工程施工材料准备如图8-13所示。

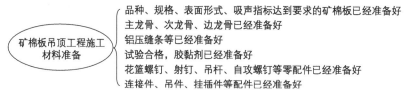

矿棉板吊顶工程施工材料准备
- 品种、规格、表面形式、吸声指标达到要求的矿棉板已经准备好
- 主龙骨、次龙骨、边龙骨已经准备好
- 铝压缝条等已经准备好
- 试验合格,胶黏剂已经准备好
- 花篮螺钉、射钉、吊杆、自攻螺钉等零配件已经准备好
- 连接件、吊件、挂插件等配件已经准备好

图8-13 矿棉板吊顶工程施工材料准备

矿棉板吊顶工程施工作业条件准备如图8-14所示。

矿棉板吊顶工程施工作业条件准备
- 吊顶所需的龙骨、配件、面板已经准备好
- 风洞口、检查口、各种明露孔位置已经确定
- 顶棚内设备安装工程已经完成
- 通风管道的标高与吊顶标高无矛盾
- 安装矿棉板或安装边龙骨前墙面已经刮两遍腻子找平

图8-14 矿棉板吊顶工程施工作业条件准备

8.3.2 工艺流程

矿棉板吊顶工程工艺流程如图8-15所示。

图8-15 矿棉板吊顶工程工艺流程

8.3.3 施工要点

矿棉板吊顶工程中安装吊杆时需要确定吊杆位置、预埋件、吊杆直径、吊点间距、吊杆端头外露长度等参数。某项目矿棉板吊顶工程安装吊杆有关参数如图8-16所示。

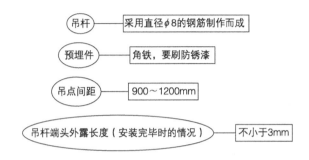

图8-16 某项目矿棉板吊顶工程安装吊杆有关参数

矿棉板吊顶工程中安装主龙骨时，需要确定其规格、间距、吊挂件、与吊挂件的连接方式、排布等。有的项目，主龙骨与吊挂件采用螺钉拧紧。走廊内可以沿走廊的短方向排布主龙骨。房间内沿灯具的长方向排布主龙骨，并且避开灯具位置。

矿棉板吊顶工程中安装次龙骨时，需要确定其规格、材质、间距等。次龙骨可以通过挂件吊挂在主龙骨上，其间距可以与板横向规格相同。

矿棉板吊顶工程中安装边龙骨时，需要确定其规格、材质、间距、安装方式等。有的项目，采用塑料胀管与自攻螺钉来固定边龙骨。有的项目，边龙骨固定间距大约为200mm。

矿棉板吊顶工程安装饰面板，需要确定其规格形式、安装方式等。有的项目，采用明龙骨矿棉板直接搭在T形烤漆龙骨上的安装方式。安装饰面板时，需要注意边安面板边安配套的小龙骨。安装饰面板时，还需要注意戴白手套，以防污染面板。白手套如图8-17所示。

图8-17 白手套

💡 小提示

家装顶棚不宜采用玻璃饰面，当局部采用时，要选用安全玻璃，以及采取安装牢固的构造措施。

8.4　轻钢骨架活动罩面板顶棚工程

8.4.1　工艺准备

轻钢材料是钢材的一种，其是以热轧轻型H型钢、高频焊接型钢、薄钢板等高效能结构钢材、高效功能材料为主，以各种高效装饰连接材料为辅结合而成的。

轻钢龙骨是以连续热镀锌板带为原材料，经冷弯工艺轧制而成的建筑金属骨架。根据用途不同，轻钢龙骨有吊顶龙骨、隔断龙骨等种类。根据断面形式，轻钢龙骨有V形、C形、T形、L形、U形等。

罩面板一般是指装修装饰结构外部安装的底板部分，饰面板就是装饰贴面板。饰面板可以张贴在罩面板的上面。罩面板常见材料如图8-18所示。

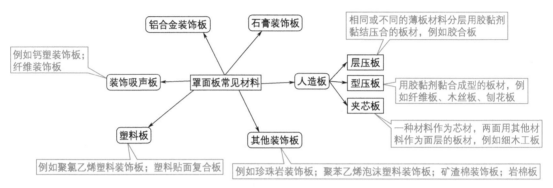

图8-18　罩面板常见材料

罩面板常见规格见表8-2。

表8-2　罩面板常见规格

名称	常见规格
格栅	常见规格有100mm×100mm、150mm×150mm、200mm×200mm等
硅钙板、塑料板	常见规格有600mm×600mm等
扣板	常见规格有100mm×100mm、150mm×150mm、200mm×200mm、600mm×600mm等
矿棉装饰吸声板	常见规格有300mm×600mm、600mm×600mm、600mm×1200mm等

图8-19　轻钢骨架

轻钢骨架如图8-19所示。

轻钢骨架活动罩面板顶棚施工工艺准备包括材料准备、主要机具准备、作业条件准备等，其材料准备如图8-20所示。

轻钢骨架活动罩面板顶棚施工一些主要机具包括扳手、电锤、电动自动螺丝钻、电焊机、电圆锯、方尺、胶钳、角磨机、卷尺、开刀、拉铆枪、铝合金靠尺、墨斗、砂轮切割机、射钉枪、手电钻、水平尺、线锤、白线等。

轻钢骨架活动罩面板顶棚施工作业条件准备如图8-21所示。

图8-20 轻钢骨架活动罩面板顶棚施工材料准备

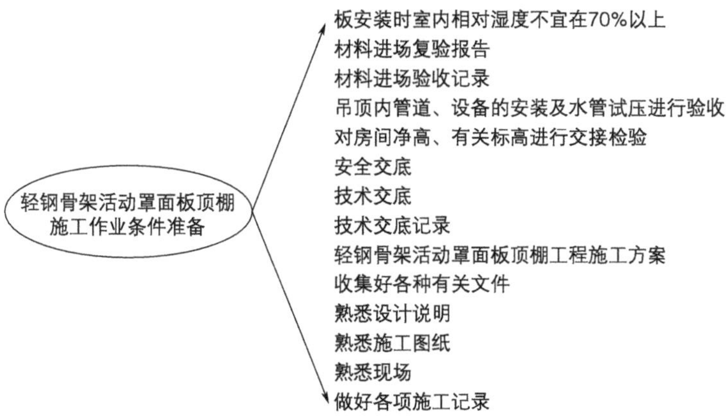

图8-21 轻钢骨架活动罩面板顶棚施工作业条件准备

8.4.2 工艺流程

轻钢骨架活动罩面板顶棚施工工艺流程如图8-22所示。

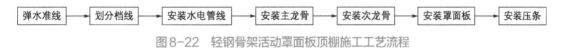

图8-22 轻钢骨架活动罩面板顶棚施工工艺流程

8.4.3 施工要点

轻钢骨架活动罩面板顶棚施工要点见表8-3。

表8-3 轻钢骨架活动罩面板顶棚施工要点

名称	解释
弹水准线	（1）可以首先采用水准仪在房间的每个墙角上、每根柱上标出水平点，然后利用水平点弹出水准线 （2）水准线距地面一般大约500mm （3）然后从水准线量到吊顶高度加上石膏板厚度，再沿墙、沿柱弹好水准线。该水准线可以作为吊顶次龙骨的下皮线 （4）标出吊杆的固定点，并且吊杆固定点间距符合设计要求 （5）根据吊顶平面图，在混凝土顶板上弹好主龙骨位置水准线 （6）有的一层石膏板厚度大约为12mm，具体以设计选择的材料为依据 （7）主龙骨水准线一般是从吊顶中心向两边分，间距应符合设计要求
固定吊挂杆件	（1）固定吊挂件，一般采用膨胀螺栓来固定，用冲击电锤打孔 （2）吊杆长度、规格需要符合设计要求 （3）不上人的吊顶，常见的吊杆长度小于1000mm的，则规格为$\phi6$。吊杆长度大于1000mm的，则规格为$\phi10$，并且有反向支撑

续表

名称	解释
固定吊挂杆件	（4）上人的吊顶，常见的吊杆长度小于1000mm的，则规格为φ8。吊杆长度大于1000mm的，则规格为φ10，并且有反向支撑 （5）常见的吊杆材料有盘圆钢筋、冷拔钢筋等 （6）吊杆一端要与角码焊接好，另一端可以攻螺纹套出丝杆或者焊接成品丝杆 （7）吊顶灯具、风口、检修口等位置要设附加吊杆 （8）梁上吊挂杆，要有足够的承载力 （9）若梁上吊挂杆有接长的情况，则要采用搭接焊好 （10）制作的吊杆要进行防锈处理
安装主龙骨	（1）主龙骨可以采用吊挂的方式在吊杆上安装。主龙骨间距需要符合设计要求 （2）主龙骨一般要平行房间长方向安装 （3）主龙骨一般要起拱，起拱高度有的项目规定为房间跨度的1/300～1/200 （4）主龙骨一般采取对接接长方式，并且相邻龙骨的对接接头要错开 （5）跨度大于15m以上的吊顶，则要在主龙骨上每隔一定距离加一道大龙骨 （6）大型顶棚，则有的需要用角钢或扁钢焊成框架，并且要与楼板牢固连接
安装边龙骨	（1）首先根据设计要求弹好线 （2）沿墙、沿柱上的水平龙骨线，用自攻螺钉在预埋木砖上固定L形镀锌轻钢条 （3）混凝土墙柱安装边龙骨，可以采用射钉固定
安装次龙骨	（1）次龙骨，需要根据是明龙骨吊顶还是暗龙骨吊顶进行安装 （2）暗龙骨吊顶，次龙骨是封闭在格栅内的 （3）次龙骨间距需要符合设计要求 （4）明龙骨吊顶，次龙骨是明露在罩面板下的
安装罩面板	（1）根据不同的面板类型来安装 （2）安装矿棉装饰吸声罩面板，要注意板背面的箭头方向，注意图案的完美性，与烟感器、灯具、喷淋头等位置布局要合理，饰面交接位置要严密 （3）格栅罩面板的安装，一般用卡具把饰面板卡在龙骨上 （4）扣板罩面板的安装，一般用卡具把饰面板卡在龙骨上 （5）明装硅钙板、塑料板罩面板，一般是面板直接搁于龙骨上。安装时注意板背面的箭头方向，注意图案的完美性，与烟感器、灯具、喷淋头等位置布局要合理，饰面交接位置要严密

8.4.4 注意事项

轻钢骨架活动罩面板顶棚施工的注意事项如下。

① 弹线要准确，并且要经复验合格后才能够进行下道工序。

② 电扇、大于3kg重型灯不得安装在吊顶工程的龙骨上。

③ 吊顶工程所采用的预埋件、钢筋吊杆、型钢吊杆等要做防锈处理。

④ 吊顶龙骨的安装要平整牢固。

⑤ 吊顶龙骨纵横拱度要均匀。

⑥ 吊顶面层要平整。

⑦ 龙骨、配件、罩面板、材料、胶黏剂的甲醛和苯含量等需要符合有关设计、规定等要求。

⑧ 施工注意职业安全、健康环境要求。

 小提示

家装前厅、起居室（厅）、卧室顶棚上灯具底面距楼面、地面面层的净高不得低于2.1m。

8.4.5 检测与质量

轻钢骨架活动罩面板顶棚施工质量记录常包括隐蔽工程记录、工程验收质量验评资料、技术交底记录、材料进场验收记录、材料进场复验报告等。

轻钢骨架活动罩面板顶棚允许偏差见表8-4。

表8-4 轻钢骨架活动罩面板顶棚允许偏差

龙骨						
项目	允许偏差/mm					检验法
	矿棉板	塑料板	玻璃板	硅钙板	格栅	
龙骨间距	2	2	2	2	2	可以尺量来检查
龙骨平直度	3	3	3	3	3	可以尺量来检查
起拱高度	±10	±10	±10	±10	±10	可以拉线尺来量
龙骨四周水平度	±5	±5	±5	±5	±5	可以尺量或水准仪来检查
面板						
项目	允许偏差/mm					检验法
	矿棉板	塑料板	玻璃板	硅钙板	格栅	
表面平整度	2	2	1	2	2	可以用2m靠尺来检查
接缝平直度	1.5	1.5	1	1.5	1.5	可以拉5m线来检查
接缝高低	0.5	0.5	0.5	1	1	可以用直尺或塞尺来检查
顶棚四周水平度	±5	±5	±5	±5	±5	可以拉线或用水准仪来检查
压条						
项目	允许偏差/mm					检验法
	矿棉板	塑料板	玻璃板	硅钙板	格栅	
压条平直度	2	2	2	2	2	可以拉5m线来检查
压条间距	2	2	2	2	2	可以尺量来检查

8.5 明龙骨吊顶工程

8.5.1 工艺准备

明龙骨吊顶如图8-23所示。

图8-23 明龙骨吊顶

明龙骨吊顶工程施工工艺准备包括材料准备、主要机具准备、作业条件准备等。其中，主要机具包括冲击钻、空压机、电焊机、方尺、直尺、卷尺、刮刀、铆钉枪、锤子、水平尺、靠尺、锯、电钻、曲线锯、电动圆盘锯等。

明龙骨吊顶工程施工材料准备如图8-24所示。

明龙骨吊顶工程施工材料准备
- 穿孔板孔距要排列整齐
- 防火涂料要符合要求
- 搁置式轻质饰面板根据要求已经设置压卡装置
- 龙骨的品种、规格、颜色等符合要求
- 木材、人造板甲醛含量检查合格
- 木饰面板、造型木板的防腐、防火、防蛀处理已经完成
- 木质纤维板、胶合板、大芯板无变色、无脱胶现象
- 饰面板表面要平整、颜色要一致、边缘要整齐
- 饰面板品种、规格、颜色等符合要求
- 优选绿色环保材料、通过ISO 14001认证的材料
- 具备材料合格证、出厂日期、使用说明书、性能检测报告、进场验收记录、复验报告等材料

图8-24　明龙骨吊顶工程施工材料准备

明龙骨吊顶工程作业条件准备如图8-25所示。

明龙骨吊顶工程作业条件准备
- 吊顶内管道、设备支架的标高进行了交接检验
- 吊顶内各种管线、通风管道已经安装完成且试压成功
- 吊顶用的电源已经接通且符合施工现场的要求
- 顶棚内其他作业项目已经完成
- 房间净高、洞口标高进行了交接检验
- 供吊顶用的脚手架已经搭设完成且检查符合要求
- 楼面防水层施工已经完成且验收合格
- 门窗已经安装完成且验收合格
- 墙面抹灰已经完成且验收合格
- 墙面体吊筋的数量、质量已经验收合格
- 墙面体预埋木砖数量、质量已经验收合格
- 施工人员熟悉施工图纸、设计说明书、施工现场

图8-25　明龙骨吊顶工程作业条件准备

8.5.2　工艺流程

用轻钢龙骨、铝合金龙骨等作为骨架，用石膏板、金属板、矿棉板、格栅等作为装饰材料的明龙骨吊顶，其安装工程的工艺流程如图8-26所示。

弹线定位 → 固定龙骨骨架吊点、安装吊杆 → 固定吊顶边部骨架支撑材料 → 安装主龙骨 → 安装次龙骨 → 安装罩面板

图8-26　明龙骨吊顶安装工程的工艺流程

装饰面板的安装要点见表8-5。

表8-5　装饰面板的安装要点

名称	解释
矿棉装饰吸声板的安装	搁置安装法——搁置安装要吊平吊牢。矿棉板是搁置在龙骨框格内的，并且采用金属压板压稳。板块就位时要使板背面的箭头方向与白线方向一致
	企口板嵌装法——带企口边的矿棉板，可以参考其他各种企口边装饰板材的安装方法。企口边的矿棉板可以嵌装在T形金属龙骨上，形成暗装式吊顶
金属吊顶板的安装	垂帘式金属条板——垂帘式金属条板的安装，可以直接将其卡入配套的龙骨上，也可采用十字连接件拼装等方式进行安装，具体根据材料特点、设计来进行

名称	解释
金属吊顶板的安装	金属吊顶格栅——金属吊顶格栅可以采用装配固定式安装，或者现场安装
	方形金属吊顶板——方形金属吊顶板有搁置式安装、嵌入式安装等类型。搁置式安装，也就是明装式安装。嵌入式安装，也就是金属吊顶板嵌入带有夹簧等特制的金属龙骨上
	条形金属吊顶板——有的条形金属吊顶板采用嵌卡明龙骨安装方式
平板、穿孔石膏装饰板的安装	搁置安装法——搁置安装法也就是平放搭放法。可以先把吊顶骨架安装就位，再把石膏装饰板平放搁置在T形轻钢龙骨吊顶的框格上，并且石膏板落入框格后周边大约有1mm的伸缩间隙（安装缝）

明龙骨吊顶工程施工安装的允许偏差、检验法见表8-6。

表8-6　明龙骨吊顶工程施工安装的允许偏差、检验法

项目	石膏板允许偏差/mm	金属板允许偏差/mm	矿棉板允许偏差/mm	检验法
表面平整度	3	2	3	可以用2m靠尺和塞尺来检查
接缝直线度	3	2	3	可以拉5m线，不足5m拉通线，用钢直尺来检查
接缝高低差	1	1	2	可以用钢直尺和塞尺来检查

 小提示

　　家装不规则的顶面，一般需要在边部采用非等宽的材料做收边调整，并要使中部顶面取得规整形状。

8.6　暗龙骨吊顶工程

8.6.1　工艺准备

　　暗龙骨吊顶工程施工工艺准备包括材料准备、主要机具准备、作业条件准备等。其中，主要机具准备包括锤子、刮刀、冲击钻、卷尺、直尺、铆钉枪、曲线锯、方尺、水平尺、靠尺、锯、射钉枪、电钻、电动圆盘锯、电焊机等。

　　暗龙骨吊顶工程施工材料准备与明龙骨吊顶工程施工材料准备基本相同，具体可以参考明龙骨吊顶工程施工材料准备。

　　暗龙骨吊顶工程施工作业条件准备与明龙骨吊顶工程施工作业条件准备基本相同，具体可以参考明龙骨吊顶工程施工作业条件准备。

8.6.2　工艺流程与安装要点

　　暗龙骨吊顶安装工程的工艺流程如图8-27所示。

　　暗龙骨吊顶安装工程根据不同情况安装装饰面板。装饰面板的常见安装方法如图8-28所示。

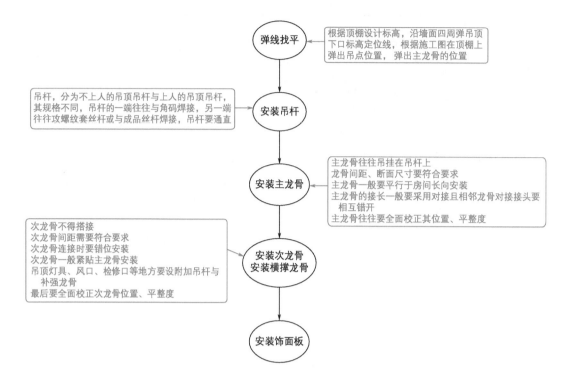

图8-27　暗龙骨吊顶安装工程的工艺流程

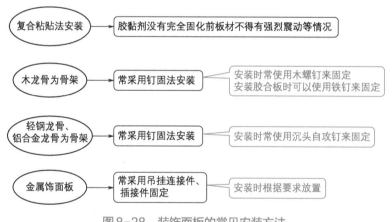

图8-28　装饰面板的常见安装方法

 小提示

　　卧室装饰装修后，室内净高不得低于2.4m，局部净高不得低于2.1m，且净高低于2.4m的局部面积不得大于使用面积的1/3。

某项目金属板暗龙骨吊顶工程工艺施工特点如图8-29所示。

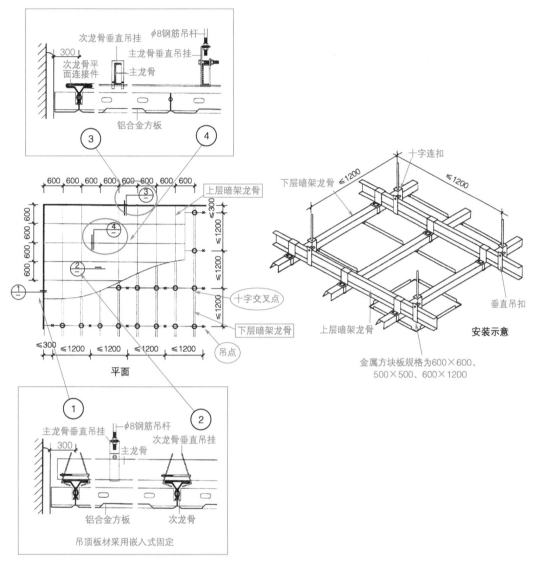

图8-29　某项目金属板暗龙骨吊顶工程工艺施工特点

8.7　格栅吊顶工程

8.7.1　格栅吊顶工程概述

格栅吊顶是指主要采用格栅板进行安装的一种吊顶。格栅吊顶可以分为塑料质栅格吊顶、木质格栅吊顶、金属质格栅吊顶等。常见的格栅吊顶为铝格栅、铁格栅、塑料格栅。

铝格栅、铁格栅常规尺寸为50mm×50mm、100mm×100mm、150mm×150mm、200mm×200mm等。片状格栅常见规格尺寸为10mm×10mm、15mm×15mm、25mm×25mm、30mm×30mm、40mm×40mm、50mm×50mm、60mm×60mm等。

某项目方形格栅吊顶工程如图8-30所示。

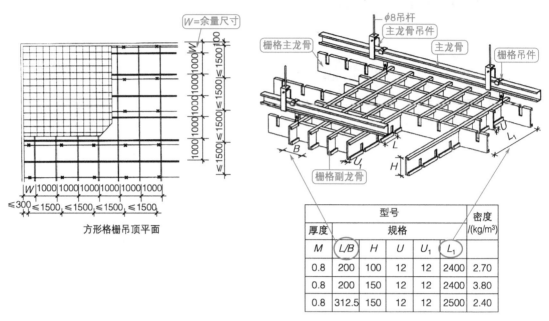

图8-30　某项目方形格栅吊顶工程

型号						密度 /(kg/m³)
厚度	规格					
M	L/B	H	U	U₁	L₁	
0.8	200	100	12	12	2400	2.70
0.8	200	150	12	12	2400	3.80
0.8	312.5	150	12	12	2500	2.40

8.7.2　格栅吊顶工程质量要求

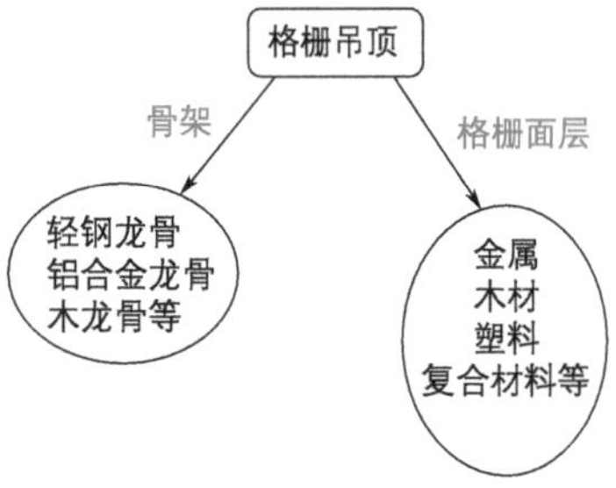

格栅吊顶就是由条状或点状等材料不连续安装的吊顶。格栅吊顶包括以轻钢龙骨、铝合金龙骨、木龙骨等为骨架,以金属、木材、塑料、复合材料等为格栅面层的吊顶,如图8-31所示。

格栅吊顶工程一些项目的质量要求,可以参考其他吊顶工程项目的质量要求。格栅吊顶工程安装的允许偏差和检验法见表8-7。

图8-31　格栅吊顶

表8-7　格栅吊顶工程安装的允许偏差和检验法

项目	木格栅、塑料格栅、复合材料格栅允许偏差/mm	金属格栅允许偏差/mm	检验法
表面平整度	3	2	可以用2m靠尺和塞尺来检查
格栅直线度	3	2	可以拉5m线,不足5m拉通线,用钢直尺来检查

8.8　石材铝蜂窝复合板吊顶工程

8.8.1　石材铝蜂窝复合板吊顶概述

石材铝蜂窝复合板一般采用厚3～5mm的石材、厚10～25mm的铝蜂窝板,经过专用胶黏剂粘接复合而成。

石材铝蜂窝复合板吊顶的施工涉及基准线的定位、龙骨的定位安装、复合板的吊挂等工作。

石材铝蜂窝复合板吊顶高度定位，可以以室内标高基准线为基准，并且四周墙上均应标出基准线。另外，吊杆固定点基准、龙骨中心线、设备定位点基准等也根据实际需要标出。

龙骨的定位安装，主要掌握定位的尺寸位置、安装的要求与连接方法等技能。

小提示

> 内装吊顶，一般选择石材铝蜂窝复合板的石材厚度为3～4mm，铝蜂窝板厚度一般为15～20mm。
> 地面板，一般选择石材铝蜂窝复合板的石材厚度为5～8mm，铝蜂窝板厚度一般为10～15mm。
> 外装幕墙，一般选择石材铝蜂窝复合板的石材厚度为4～5mm，铝蜂窝板厚度一般不低于25mm。
> 内装墙面，一般选择石材铝蜂窝复合板的石材厚度为3～4mm，铝蜂窝板厚度一般为15mm。

8.8.2　施工安装要点

石材铝蜂窝复合板吊顶连接、安装的一些要求如下。

① 有的连接件需要采用专用件，例如龙骨与龙骨间的连接、吊杆与龙骨的连接、吊杆与主体结构的连接等。

② 安装的龙骨间距要符合固定等要求。

③ 安装龙骨接头要平顺牢固。

④ 吊顶面积大于50m²时，中间根据房间短向跨度的3‰～5‰起拱。

⑤ 吊顶面积小于50m²时，主龙骨中间根据房间短向跨度的1‰～3‰起拱。

⑥ 吊顶石材铝蜂窝复合板安装要通线，根据顺序进行安装。另外，注意一边安装一边调整好缝隙。

⑦ 吊杆一般是与结构中的预埋件焊接，或者后置紧固件连接。

⑧ 吊杆需要接长时，可以采用搭接焊。但是，需要注意焊缝要饱满，双面焊时搭接长度大约为5d，单面焊时搭接长度大约为10d，d为钢筋直径。

⑨ 吊杆要通直，并且满足承载力的要求。

⑩ 吊杆与吊件的连接应可靠、牢固。

⑪ 吊杆与室内顶部结构的连接应可靠、牢固。

⑫ 吊装形式、吊杆类型根据设计、图纸等要求来确定。

⑬ 挂件与挂件座间的连接，需要考虑锁紧、限位等装置，以防板块窜动。

⑭ 连接件的连接，应可靠、牢固，达到要求。

⑮ 龙骨配套的配件、吊挂件的选择，可以根据主龙骨的规格、型号来考虑。

⑯ 全牙吊杆需要接长时，可以采用专用连接件、焊接等方法连接。

⑰ 若石材铝蜂窝复合板安装中出现接触金属，则在接触部位要加上绝缘垫片隔离。

⑱ 石材铝蜂窝复合板的吊挂点间距不得大于1200mm。

⑲ 石材铝蜂窝复合板的挂件座、挂件注意要选择配套的。

⑳ 石材铝蜂窝复合板的每块板不少于4个挂件。

㉑ 石材铝蜂窝复合板上的挂件座与挂件的接触面，一般要求加橡胶垫。橡胶垫的受力面要严密吻合。

㉒ 石材铝蜂窝复合板一般要采用预埋件与挂件锁紧连接，准确定位。

㉓ 相邻两个吊件的安装方向一般是相反的。

㉔ 相邻两根龙骨接头不得位于同一吊杆档距内。

㉕ 遇有灯具、设备、管道时，则可以通过调整龙骨位置、增加吊点等方法处理。

㉖ 主龙骨端头吊点距龙骨端、端排吊点与墙距离均不得大于300mm。

8.9　整体面层与板块面层吊顶工程检测与质量

图8-32　整体面层吊顶工程

8.9.1　整体面层吊顶工程检测与质量

整体面层，就是装饰完成后看不到板块的面层，也就是面层材料接缝不外露的吊顶。整体面层吊顶包括以轻钢龙骨、铝合金龙骨、木龙骨等为骨架，以石膏板、水泥纤维板、木板等为整体面层的吊顶，如图8-32所示。整体面层吊顶工程一些项目的质量参考要求见表8-8。

表8-8　整体面层吊顶工程一些项目的质量参考要求

项目	项目类型	要求	检验法
吊顶内填充吸声材料的品种、铺设厚度	一般项目	要符合设计、标准、规定等有关要求与具有防散落措施	检查隐蔽工程验收记录、施工记录
吊杆与龙骨的材质、规格、安装间距、连接方式、其他要求	主控项目	（1）要符合设计、标准、规定等有关要求 （2）金属吊杆、龙骨要经过表面防腐处理 （3）木龙骨要进行防腐、防火处理	（1）可以采用观察检验法来检查 （2）尺量来检查 （3）检查合格证书、性能检验报告、进场验收记录、隐蔽工程验收记录
顶标高、尺寸、起拱、造型	主控项目	要符合设计、标准、规定等有关要求	（1）可以采用观察检验法来检查 （2）尺量来检查
金属龙骨的接缝	一般项目	（1）接缝要均匀一致，角缝要吻合 （2）表面要平整，无翘曲、无锤印	检查隐蔽工程验收记录、施工记录
面板上的灯具、烟感器、喷淋头、风口算子、检修口等设备设施的位置与交接要求	一般项目	位置要合理美观，与面板交接要吻合严密	可以采用观察检验法来检查
面层材料表面要求	一般项目	（1）要洁净、色泽一致 （2）不得出现翘曲、裂缝及缺损 （3）压条要宽窄一致与平直	（1）可以采用观察检验法来检查 （2）尺量来检查
面层材料的材质、品种、规格、图案、颜色、性能	主控项目	要符合设计、标准、规定等有关要求	（1）可以采用观察检验法来检查 （2）检查合格证书、性能检验报告、进场验收记录、复验报告
木质龙骨的要求	一般项目	要顺直，无劈裂、无变形	检查隐蔽工程验收记录、施工记录

项目	项目类型	要求	检验法
石膏板、水泥纤维板的接缝	主控项目	要根据施工工艺标准进行板缝防裂等处理	可以采用观察检验法来检查
双层板安装时，面层板与基层板的接缝要求	主控项目	接缝要错开，不得在同一根龙骨上接缝	可以采用观察检验法来检查
整体面层吊顶工程的吊杆、龙骨、面板的安装	主控项目	要安装牢固	（1）可以采用观察检验法来检查 （2）手扳来检查 （3）检查隐蔽工程验收记录、施工记录

整体面层吊顶工程质量的允许偏差与检验法见表8-9。

表8-9　整体面层吊顶工程质量的允许偏差与检验法

项目	允许偏差/mm	检验法
表面平整度	3	可以用2m靠尺和塞尺来检查
缝格、凹槽直线度	3	可以拉5m线，不足5m拉通线，用钢直尺来检查

8.9.2　板块面层吊顶工程检测与质量

板块面层吊顶工程就是装饰完成后看得见板块的面层，也就是面层材料接缝外露的吊顶。板块面层吊顶包括以轻钢龙骨、铝合金龙骨、木龙骨等为骨架，以石膏板、金属板、矿棉板、木板、塑料板、玻璃板、复合板等为板块面层的吊顶，如图8-33所示。

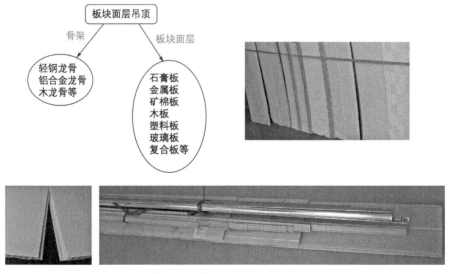

图8-33　板块面层吊顶工程

吊顶标高、尺寸、起拱、造型的要求；面层材料材质、图案、品种、规格、颜色、性能要求；吊杆与龙骨的材质、规格、安装间距、连接方式要求；金属吊杆与龙骨表面防腐处理要求；木龙骨防腐、防火处理要求；面层材料表面处理要求；面板上灯具、烟感器、喷淋头、风口算子、检修口等设备设施位置要求；与面板交接要求；金属龙骨接缝要求；吊顶内填充吸声材料品种与铺设厚度要求等可以参考整体面层吊顶工程一些项目的质量要求。

板块面层吊顶工程一些项目的质量要求见表8-10。

表8-10　板块面层吊顶工程一些项目的质量要求

项目	项目类型	要求	检验法
板块面层吊顶工程的吊杆与龙骨安装情况	主控项目	安装要牢固	（1）手扳来检查 （2）检查隐蔽工程验收记录、施工记录
玻璃板面层材料	主控项目	要使用安全玻璃，以及采取可靠的安全措施	（1）可以采用观察检验法来检查 （2）检查产品合格证书、性能检验报告、进场验收记录、复验报告

板块面层吊顶工程安装的允许偏差和检验法见表8-11。

表8-11　板块面层吊顶工程安装的允许偏差和检验法

项目	石膏板允许偏差/mm	金属板允许偏差/mm	矿棉板允许偏差/mm	木板、塑料板、玻璃板、复合板允许偏差/mm	检验法
表面平整度	3	2	3	2	可以用2m靠尺和塞尺来检查
接缝高低差	1	1	2	1	可以用钢直尺和塞尺来检查
接缝直线度	3	2	3	3	可以拉5m线，不足5m拉通线，用钢直尺来检查

第9章 油漆施工工艺

9.1 金属面油漆工程

9.1.1 工艺准备

油漆是一种能够牢固覆盖在物体表面，起到保护、装饰、标志、其他特殊用途的一种化学混合物涂料。油漆是黏稠油性颜料，一般由成膜物质、次要成膜物质、辅助成膜物质等组成。

油漆的分类方法如下。

① 根据使用层次，分为底漆、中层漆、面漆等。

② 根据涂膜外观，分为清漆、色漆、无光、平光、亚光、高光、浮雕漆等。

③ 根据功能特点，分为磁漆、色漆、清漆、调和漆、底漆、面漆、中间漆等。

④ 根据建筑油漆涂料，分为天然漆（生漆、熟漆）、油类油漆涂料（油性厚漆、油性调和漆等）、树脂类油漆涂料（清漆、光漆、调和漆等）。

金属面油漆的施工工艺准备包括作业条件准备、材料准备、主要施工机具准备等，主要施工机具包括安全带、除锈机、锉、单斗喷枪、电动砂轮机、钢皮刮板、钢丝钳子、钢丝刷、高凳、脚手板、开刀、空气压缩机、腻子板、牛角板、喷枪、砂布、砂纸、砂纸打磨机、水桶、橡胶刮板、小锤子、小油桶、油画笔、油漆搅拌机、油勺、油刷等。小油桶与油刷如图9-1所示。

图9-1 小油桶与油刷

金属面油漆的施工材料准备如图9-2所示。

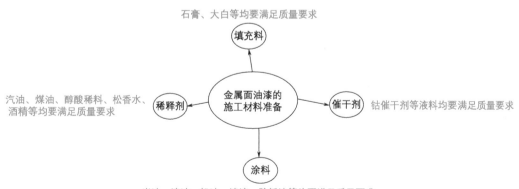

图9-2 金属面油漆的施工材料准备

金属面油漆的施工作业条件准备如图9-3所示。

金属面油漆的施工
作业条件准备
- 施工材料已经检查且确认
- 工序交接检验工作到位
- 施工环境要通风良好
- 施工环境比较干燥，相对湿度不大于60%
- 地面工程已经完成且检查合格
- 抹灰工程已经完成且检查合格
- 木装修工程已经完成且检查合格
- 水暖、电气工程等已经完成且检查合格

图9-3　金属面油漆的施工作业条件准备

9.1.2　工艺流程

高级金属面油漆的施工工艺流程如图9-4所示。中级金属面油漆的施工工艺流程比高级金属面油漆的施工工艺流程少刷一道油漆与不满刮腻子。

基层处理 → 涂防锈漆 → 刮腻子 → 磨砂纸 → 刷第一遍油漆 → 刷第二遍油漆 → 刷最后一遍油漆

图9-4　高级金属面油漆的施工工艺流程

9.1.3　施工要点

金属面油漆的施工要点见表9-1。

表9-1　金属面油漆的施工要点

名称	解释
基层处理	（1）对金属表面进行除锈蚀、除油脂、除污垢、除表面氧化皮等工作 （2）基层腻子要刮实磨平，无粉化、无裂缝。残缺地方补齐腻子 （3）满刷或喷防锈漆一般为1～2遍
涂防锈漆	安装中磨损了防锈漆的地方，需要修补防锈漆。修补防锈漆一般为1～2遍
刮腻子	（1）金属表面的凹坑、砂眼、缺棱拼缝等地方需要补腻子，并且补腻子要达到平整的效果 （2）刮腻子，应满刮一遍石膏或腻子，并且做到收得干净、刮得薄、平整、无飞刺
磨砂纸	（1）磨砂纸时，注意对棱角的保护 （2）磨砂纸时，注意线角平直、表面平整光滑 （3）砂纸轻轻打磨，将多余腻子打掉，并清理干净灰尘
刷第一遍油漆	（1）刷第一遍油漆厚薄要均匀 （2）刷油漆前，先清理完现场的垃圾、灰尘，以免影响油漆质量 （3）线角地方要薄一些，但是需要能够盖底，以及达到不流淌、不显痕等要求
刷第二遍油漆	（1）刷第二遍油漆的方法与刷第一遍油漆的方法基本一样，主要是增加刷油漆的总厚度 （2）注意刷后一遍油漆需要在前一遍油漆干燥后进行
刷最后一遍油漆	刷最后一遍油漆前，应首先用砂纸轻磨并用湿布擦干净。刷最后一遍油漆要达到刷油饱满、均匀光亮、不流不坠等要求

9.1.4　注意事项

金属面油漆的施工注意事项如下。

① 冬期室内油漆施工，要在采暖条件下进行，保持室内达到温度要求与均衡要求。

② 每刷一遍油漆后，能够活动的门扇要临时固定，以防油漆面相互黏结影响正常使用。

③ 施工区域严禁明火作业，施工现场贴有严禁烟火等安全标语。

④ 刷油漆后，需要马上把滴在地面、窗台上的油漆擦干净。

⑤ 刷油漆后未干时，严禁碰摸。

⑥ 刷油漆时，需要把五金件、玻璃等先用报纸等隔离材料进行保护，同时便于工程交工前拆除。

⑦ 涂刷作业人员要佩戴防毒面具、口罩、手套等相应保护设施。

⑧ 涂刷作业时，要保持施工场地通风良好，以防中毒与发生火灾。

⑨ 现场清扫一般要洒水，以免扬尘污染涂刷面。

⑩ 严禁在民用建筑工程室内用有机溶剂清洗施工用具。

⑪ 一般油漆施工的环境相对湿度不宜大于60%，环境温度不宜低于10℃。

⑫ 油漆、洗料等易燃材料一般注意安全存放、安全使用。

⑬ 油漆使用后，要及时封闭存放。油漆使用后的废料，要及时清出室内。

9.1.5　检测与质量

金属面油漆的施工质量记录如图9-5所示。

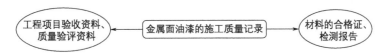

图9-5　金属面油漆的施工质量记录

金属表面施涂混色油漆施工工艺质量要求与检验法见表9-2。

表9-2　金属表面施涂混色油漆施工工艺质量要求与检验法

项目	普通涂饰	高级涂饰	检验法
光泽光亮、光滑	光泽光亮基本均匀，光滑，无挡手	光泽光亮均匀、一致光滑	可以用观察法、手摸来检查
裹棱、流坠、皱皮	明显处不允许	不允许	可以用观察法来检查
刷纹	刷纹通顺	无刷纹	可以用观察法来检查
颜色	均匀一致	均匀一致	可以用观察法来检查
装饰线、分色线直线度允许偏差	不大于2mm	不大于1mm	可以拉5m线（不足时拉通线），用尺量来检查

注：涂刷无光漆时不检查光亮。

9.2　木饰面施涂混色油漆工程

9.2.1　工艺准备

木饰面施涂混色油漆施工工艺准备包括作业条件准备、材料准备、主要施工机具准备等，主要施工机具包括单斗喷枪、钢皮刮板、钢丝钳子、钢丝刷、高凳、开刀、空气压缩机、腻子板、牛角板、砂纸、砂纸打磨机、桶子、小锤子、油漆搅拌机、油勺、油刷等。

木饰面施涂混色油漆施工工艺材料准备包括符合要求的涂料、填充料、催干剂、稀释剂等材料的准备。

木饰面施涂混色油漆施工工艺作业条件准备与金属面油漆的施工工艺相似，可以参考后者施工工艺。

9.2.2　工艺流程

木饰面施涂混色油漆施工工艺流程如图9-6所示。

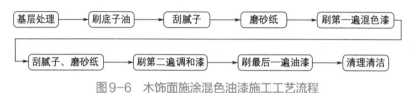

图9-6　木饰面施涂混色油漆施工工艺流程

9.2.3　施工要点

木饰面施涂混色油漆施工工艺要点见表9-3。

表9-3　木饰面施涂混色油漆施工工艺要点

名称	解释
基层处理	涂刷前，要除去木质表面上的毛刺、油污、灰尘等，且对缺陷部位进行填补、磨光、脱色等相关处理
刷底子油	刷底子油要均匀
刮腻子	刮腻子时，首先把钉孔、边棱残缺等地方刮平批平，不漏批。腻子参考质量配合比为石膏：熟桐油：松香水：水=16：5：1：6
磨砂纸	磨砂，要等腻子干透后进行。磨砂时，不磨穿涂膜，不磨坏棱角。磨砂完后，清理粉尘，清洁表面
刷第一遍混色漆	第一遍混色漆一般黏度较大，为此需要多理、多刷且无漏刷，要有一定的厚度
刮腻子、磨砂纸	第一遍油漆干透后，对底腻子收缩、残缺的地方进行补腻子、磨砂纸
刷第二遍调和漆	砂纸打磨后，可以刷第二遍调和漆
刷最后一遍油漆	刷最后一遍油漆，注意对相关设备的保护，以及达到涂刷面色泽、光亮、均匀、不流坠等要求

9.2.4　注意事项

木饰面施涂混色油漆施工工艺的注意事项，可以参考金属面油漆施工工艺的注意事项。

9.2.5　检测与质量

木饰面施涂混色油漆施工工艺的质量要求与检验法见表9-4。

表9-4　木饰面施涂混色油漆施工工艺的质量要求与检验法

项目	要求	检验法
基层腻子要求	不得起皮、粉化、裂缝，要平整、坚实、牢固	可以采用观察法、手摸来检查
溶剂型涂料工程颜色、光泽的要求	符合设计、规范等要求	可以采用观察法来检查
溶剂型涂料涂饰工程中涂料品种、型号、性能要求	符合设计、规范等要求	检查合格证，性能、环保检测报告，进场验收记录
溶剂型涂料涂饰工程涂刷要求	要黏结牢固、均匀，不得透底、起皮、漏涂、返锈	可以采用观察法、手摸来检查

10.1　室内墙面贴砖工程

10.1.1　工艺准备

室内墙面贴砖工程工艺准备包括作业条件准备、材料准备、主要施工机具准备等，具体如图10-1所示。室内墙面贴砖工程主要施工机具包括錾子、托线板、大桶、木抹子、手推车、水平尺、孔径为5mm的筛子、方尺、靠尺板、云石机等。

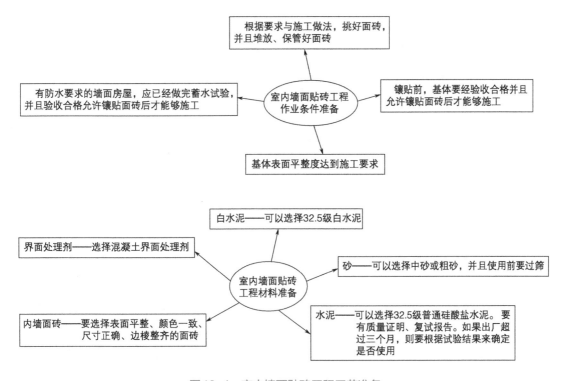

图10-1　室内墙面贴砖工程工艺准备

小提示

家装卫生间墙面常见部品如图10-2所示。

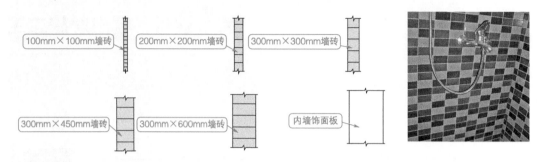

图10-2　家装卫生间墙面常见部品

10.1.2　工艺流程

室内墙面贴砖工程工艺流程如图10-3所示。

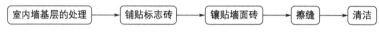

图10-3　室内墙面贴砖工程工艺流程

浸面砖如图10-4所示。

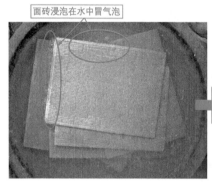

图10-4　浸面砖

10.1.3　施工要点

室内墙面贴砖工程工艺要点见表10-1。

扫码看视频

装修拉毛工艺

表10-1　室内墙面贴砖工程工艺要点

项目	解释
施工开始与准备	先抄平、弹线、套方、预排等
室内墙基层的处理	不同的基层结构有不同的处理方法与要求 （1）混凝土底面——首先把底面润湿，然后用水灰比为0.4~0.5的素水泥浆，并且掺有水泥的108胶满刷一遍，再抹体积比大约为1∶3的水泥砂浆，根据套方、弹线的标筋高度或标志，用木搓板压实搓毛、拉毛，搓毛、拉毛厚度为10~20mm （2）砖基层——首先把砖面润湿，再用体积比大约为1∶3的水泥砂浆根据套方、弹线的样筋高度或标志，用木抹子压实搓毛，并且搓毛厚度为10~20mm
铺贴标志砖	（1）铺贴标志可以采用废的室内墙面贴砖粘水泥砂浆铺贴在找平层上 （2）根据铺贴标志拉通线，作为铺贴室内墙面贴砖的控制点 （3）铺贴室内墙面贴砖到标志点时再敲掉标志

项目	解释
镶贴墙面砖	（1）镶贴墙面砖前大约前一天，润湿好砖墙面。混凝土墙可以提前3～4h润湿 （2）镶贴墙面砖前浸水时间一般不少于2h，再晾到手按砖背无水迹即可镶贴 （3）镶贴墙面砖时，可以采用体积比大约为1∶1的水泥砂浆来粘贴 （4）镶贴墙面砖时，水泥砂浆要满抹在背面上，并且厚度大约为5mm，四边刮斜面，边角也满浆。墙面砖就位后，再用木柄或者橡胶槌轻轻敲击砖面，以使之与邻面砖的面平整，并且观察缝要直。另外镶贴大概8块面砖后，要用靠尺板检查多块面砖组合的整体表面的平整度 （5）镶贴室内面砖，一般是由下向上镶贴，并且从最下两排砖的位置稳固好靠尺。对于竖缝，可以用水平尺吊垂直，上口要拉水平通线 （6）室内面砖镶贴高度，每天一般为1.2～1.5m，要检查面砖上口灰缝是否饱满。如果不饱满，则要先喂饱灰
擦缝	（1）镶贴墙面砖大约24h后，可以在缝隙中涂满白水泥浆 （2）涂满白水泥浆后，可以用棉纱蘸浆把缝隙擦平实，等有些强度后再用镏子勾缝 （3）镏子可以采用3mm不掉色的塑料圆线 （4）墙面砖的缝为1～2mm平滑凹缝，并且全墙面要一致 （5）勾缝完后，可以浇水养护
清洁	（1）墙面砖的嵌缝材料硬化后，可以进行表面清洁工作 （2）可以先用布（或者棉纱头蘸稀盐酸）擦洗一遍，再用清水冲洗一遍即可

砖基层水泥砂浆层如图10-5所示。镶贴墙面砖如图10-6所示。

图10-5　砖基层水泥砂浆层　　　　　　　图10-6　镶贴墙面砖

10.1.4　注意事项

室内墙面贴砖工程施工注意事项如下。

① 厕浴的墙面一般不使用柔性卷材进行防水。

② 电开关盒在开洞时，要注意与砖缝配合好。

③ 结构施工中使用脱模剂，则混凝面要用10%的火碱液清洗，以防基层空鼓。

④ 楼地面防水要往墙上卷300mm。

⑤ 镶贴完墙面砖时，要扫去表面灰浆，并且用卡子划缝，并用棉丝拭净。镶完一面墙后，还要将横竖缝内的灰浆清理干净。

⑥ 阳角处一般要采用整砖镶贴。

⑦ 阳角拼缝，可以采用云石机或磨砂机把面砖边沿切磨成45°斜角，镶贴时接缝要密实平直。

⑧ 厕浴墙面的缝隙可以采用塑料十字卡来控制。

⑨ 沉降较大、新砌梁下墙急于镶贴砖时，则要固定钢板网打底灰，以防沉降等原因拉

裂墙砖。

⑩ 大面积施工前，要先做样板，并且样板经检验合格后允许施工，才能够进行大面积施工。

⑪ 吊顶标高要与排砖配合好。

⑫ 灰层在凝结前，需要防水冲、防撞击。

⑬ 门窗洞口中间部位可以安排破砖。如果门窗洞口中间部位的破砖大于1/3面砖宽度，则可以镶贴。如果小于1/3面砖宽度，则要镶贴两块相等的大半砖。

⑭ 门窗洞口一般采用整砖镶贴。

⑮ 门窗两侧要排整砖，并且向两侧排。

⑯ 其他专业施工时，注意不得破坏镶贴的面砖与镶贴好的墙面。

⑰ 四周墙体防水高度要等于或者大于1.8m。

⑱ 为避免面砖套割尺寸不吻合、过大等现象，则应首先确定托架、管道的大概位置，然后镶贴到托架、管道附近位置时，就考虑预留左右或者上下两块面砖，然后再根据相关尺寸、参数确定套割尺寸。

⑲ 为了整体美观，以及防止顶部出现20～30mm的破砖，则可以考虑从顶板往下排砖。但是，如果顶部排整砖，下部又出现20～50mm的破砖时，可以把顶部整砖裁小，裁小的量以使上下两部位均为两个大半砖为准。

⑳ 卫生器具在墙面的固定需要与排砖相称、配合。

㉑ 镶贴面砖前，要选择好面砖，无缺角、无脱边、无裂缝、无翘曲、无撑角、无暗痕、不歪斜等是基本要求。

㉒ 镶贴面砖遇到凸出托架、管道等部位时，一般采用整砖来套割，并且要求镶贴吻合。

㉓ 镶贴前，铝合金门窗框、扇等设备应贴膜保护好，以防污染。

㉔ 阴角位置可以采用破砖。如果阴角处的破砖大于1/3面砖宽度时，则可以镶贴。如果小于1/3面砖宽度，则要镶贴两块相等的大半砖。

㉕ 阴角一般采用大面砖压小面砖，以及考虑整块面砖面向主视线。

㉖ 阴阳角处要确保缝的通顺美观。

㉗ 有防水要求的房间，需经检验合格后才能进行下一步的施工。

㉘ 遇到凸出的管线、灯具等时，一般不要用破砖拼凑镶贴，而要用整砖吻合套割。

㉙ 卫生间墙面的贴砖工程，因给水管常采用暗敷的形式，所以，首先要确定给水管的引水附件的高度、安装后装饰盖是否能够紧贴砖面等要求。如图10-7所示，就是给水管开槽太浅，附件暗藏深度不够，则安装淋浴阀后，装饰盖不能够紧贴砖面。

图10-7 卫生间墙面的贴砖工程注意水管附件高度

一些面砖内墙工程墙体构造做法如图10-8所示。

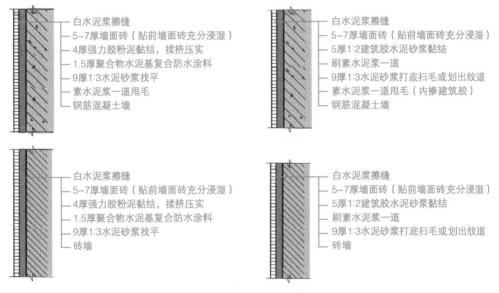

左上:
白水泥浆擦缝
5~7厚墙面砖（贴前墙面砖充分浸湿）
4厚强力胶粉泥黏结，揉挤压实
1.5厚聚合物水泥基复合防水涂料
9厚1:3水泥砂浆找平
素水泥浆一道甩毛
钢筋混凝土墙

右上:
白水泥浆擦缝
5~7厚墙面砖（贴前墙面砖充分浸湿）
5厚1:2建筑胶水泥砂浆黏结
刷素水泥浆一道
9厚1:3水泥砂浆打底扫毛或划出纹道
素水泥浆一道甩毛（内掺建筑胶）
钢筋混凝土墙

左下:
白水泥浆擦缝
5~7厚墙面砖（贴前墙面砖充分浸湿）
4厚强力胶粉泥黏结，揉挤压实
1.5厚聚合物水泥基复合防水涂料
9厚1:3水泥砂浆找平
砖墙

右下:
白水泥浆擦缝
5~7厚墙面砖（贴前墙面砖充分浸湿）
5厚1:2建筑胶水泥砂浆黏结
刷素水泥浆一道
9厚1:3水泥砂浆打底扫毛或划出纹道
砖墙

图10-8 一些面砖内墙工程墙体构造做法

小提示

家装底层墙面、贴近用水房间的墙面、家具需要采取防潮、防霉的构造措施。其中，家具可以采取涂刷防潮涂料、贴防潮纸等措施

10.1.5 检测与质量

室内墙面贴砖工程施工允许偏差见表10-2。

表10-2 室内墙面贴砖工程施工允许偏差

项目	允许偏差/mm
表面平整度	3
接缝高低差	0.5
接缝角线度	2
接缝宽度	1

项目	允许偏差/mm
立面垂直度	2
阴阳角方正	3

10.2 石材背景墙工程

10.2.1 施工工艺简述

背景墙采用石材，具有美观、大气等特点。常见的背景墙有电视背景墙、沙发背景墙等。电视石材背景墙属于高档背景墙，往往是居室的焦点。

石材背景墙往往要考虑电视、音响等设备的类型与布置要求。石材背景墙的装修，要配合整套居家风格。

电视背景墙有空墙安装法、活墙安装法、家具包围法、支架安装法、镂空安装法等。

石材背景墙往往需要预埋挂件、预埋PVC管、预埋暗盒等。因此，需要读懂有关图纸。

石材背景墙材质多种多样，大理石是常见的一种。大理石电视背景墙主要有三种固定方式：水泥固定、木板固定、石材固定。不同的固定方式，钻孔方法也不同，以及电线预留的管路位置、螺钉预留空洞的精确度也存在差异。

10.2.2 施工要点

大理石电视背景墙施工工艺见表10-3。

表10-3   大理石电视背景墙施工工艺

项目	解释
基层处理	石材背景墙的安装，先要对墙面基层进行处理。基层墙面清理干净，不得有浮土浮灰；找平且涂好防潮层
龙骨的安装固定	石材背景墙可以采用钢材龙骨，以便降低石板对墙面的影响与提高石材背景墙的整体抗震性。安装固定龙骨，一般应按图样进行。常见的工序有：在墙上钻孔埋入固定件、龙骨焊接墙体固定件、支撑架焊接龙骨等。龙骨安装的一般要求：牢固，与墙面相平整等
石材的安装	（1）背景墙的石材安装，应拉好整体水平控制线、垂直控制线 （2）背景墙的石板必须安装在支撑架上。有的工艺是先固定石材的下部并凿孔，然后插入支撑架挂件，再微调锁紧固定石材上部与侧边，然后连接定位锚固及加固板件
石板的嵌缝工艺	背景墙的石材装好后，板间的缝隙可以采用黏合处理。先清理干净夹缝内的灰尘杂质，然后在缝隙处填满泡沫条，再在石板边缘贴上胶带纸（以防粘胶污染大理石表面），然后打胶（要求胶缝光滑顺直）
施工的注意事项	（1）施工时，一定要拉控制线，以便确定石材的水平线、垂直线等控制要求 （2）石材开槽，一般应根据挂架位置来确定 （3）石材安装时，墙壁应干燥 （4）石材安装，应有施工组织计划 （5）大理石在裁切、搬运、施工等过程中，可能会产生一些碰撞或者存在天然瑕疵，因此，应对大理石背景墙进行养护，对大理石的瑕疵进行补整

10.3 室外面砖工程

10.3.1 工艺准备

室外面砖工程工艺准备包括作业条件准备、材料准备、主要施工机具准备等。其中，主要施工机具包括大桶、鱼线、线坠、盒尺、钢丝刷、开刀、灰铲、云石机、笤帚、錾子、铝合金靠尺、方尺、木抹子、砂子筛、手推车、铁抹子、灰槽、毛刷、锤、棉丝、勾缝镏子、托线板等。

图10-9 108建筑胶

室外面砖工程工艺材料准备包括砂子、水泥、面砖、混凝土界面剂、粉煤灰等。水泥、砂子、面砖的要求与室内墙面贴砖工程的水泥、砂子的要求差不多。其中，主要考虑的是室外的面砖。

混凝土界面剂包括108胶、处理剂等。粉煤灰要过0.08mm方孔筛，筛余量一般要求不大于5%。

许多室外面砖工程，往往是大面积施工。因此，需要搭架子、放大样、做样板墙等准备工作。

108建筑胶如图10-9所示。

10.3.2　工艺流程

室外面砖工程工艺流程如图10-10所示。

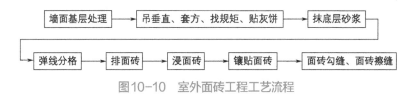

图10-10　室外面砖工程工艺流程

10.3.3　施工要点

室外面砖工程工艺要点（基层为混凝土的墙面）见表10-4。

表10-4　室外面砖工程工艺要点（基层为混凝土的墙面）

项目	解释
墙面基层处理	（1）大规模施工的混凝土墙面要凿毛，并用钢丝刷满刷一遍，然后浇水润湿 （2）凸出墙面的混凝土要剔平
吊垂直、套方、找规矩、贴灰饼	（1）多层建筑物，可以从顶层开始用大线坠绷钢丝吊垂直 （2）高层建筑物，在其门窗边、四大角使用经纬仪打垂直线 （3）根据面砖尺寸等特点，分层设点做灰饼 （4）每层打底时，可以以灰饼作为基准点进行冲筋 （5）建筑室外面砖的底层要横平竖直 （6）室外面砖，尽量全部采用整砖镶贴 （7）可以以楼层水平基准线控制横线 （8）窗台、腰线、雨篷、凸出檐口等饰面要有必要的流水坡度、滴水线（槽）等要求
抹底层砂浆	（1）首先刷一道掺108胶的水泥素浆，再分层分遍抹底层砂浆 （2）分层抹底层砂浆，可以使用配合比大约为1∶3的水泥砂浆 （3）第1遍抹后使用木抹子搓平，隔天浇水进行养护，其厚度大约为5mm （4）第2遍是等第1遍大约为六成干时进行操作。第2遍抹后使用木杠刮平、木抹子搓毛，隔天浇水进行养护，其厚度大约为10mm （5）是否需要第3遍或者3遍以上底层灰，则以底层砂浆是否抹平、设计是否有要求为依据

项目	解释
弹线分格	（1）弹线分格，一般等基层灰大约六成干时进行操作 （2）弹线分格，要根据设计等要求进行 （3）弹线分格时，可以进行贴标准点的操作 （4）贴标准点的目的，就是控制面砖出墙的垂直度、尺寸等要求
排面砖	（1）横竖向排砖，可以根据墙面尺寸、大样图、设计等要求进行 （2）排砖时往往需要注意整砖位置、缝隙均匀大小、套割吻合性等要求
浸面砖	外墙面砖镶贴前，一般要把面砖浸泡大约2h以上，然后等面砖表面晾干后镶贴
镶贴面砖	（1）外墙面砖镶贴，一般自下而上进行 （2）若有相关措施，外墙面砖可以分段进行镶贴 （3）镶贴面砖可以采用1∶1水泥砂浆，该水泥砂浆厚3～4mm
面砖勾缝、面砖擦缝	（1）外墙面砖勾缝时，一般是先勾水平缝再勾竖缝 （2）外墙面砖勾缝时，可以凹进面砖外表面大约3mm （3）外墙面砖拉缝时，可以用1∶1水泥砂浆勾缝 （4）勾缝完凝结后可以浇水进行养护

室外面砖工程，如果基层为砖墙面，则抹灰前要将墙面清扫干净，浇水润湿。然后弹线找规矩，抹底层砂浆，接着是弹线分格、排面砖、浸面砖、镶贴面砖、面砖勾缝、面砖擦缝。

室外面砖工程如果基层为加气混凝土墙面，则抹灰前，先要用水润湿加气混凝土表面，刷一遍聚合物水泥，钉金属网分层，抹1∶1∶6混合砂浆打底，然后是弹线分格、排面砖、浸面砖、镶贴面砖、面砖勾缝、面砖擦缝。

10.3.4　注意事项

室外面砖工程施工注意事项如下。

① 基层处理要得当，基层表面偏差不得过大，以防面砖脱落空鼓。

② 室外面砖工程施工尽量不在低温季节进行（气温低于5℃时，禁止外墙砖施工），以防面砖脱落空鼓。

③ 冻结法砌筑的墙，要等其解冻后再抹灰。

④ 各抹灰层在凝结前要防暴晒风干及水冲振动，以确保各抹灰层的强度。

⑤ 贯彻合理的施工顺序，及时擦净残留在门窗框上的砂浆。

⑥ 砂浆配合比要准，稠度要控制好，以防面砖空鼓脱落。

⑦ 夏季镶贴室外饰面砖，要有防暴晒的措施。

⑧ 镶贴面砖后拆架子，注意不要碰撞墙面。

10.3.5　检测与质量

外墙面砖允许偏差见表10-5。

表10-5　外墙面砖允许偏差

项目	外墙面砖允许偏差/mm
表面平整度	4
接缝高低差	1

续表

项目	外墙面砖允许偏差/mm
接缝角线度	3
接缝宽度	1
立面垂直度	3
阴阳角方正	3

10.4 石材干挂工程

10.4.1 工艺准备

室内干挂石材施工准备见表10-6。

表10-6 室内干挂石材施工准备

名称	解释
材料要求	（1）骨架——镀锌槽钢、镀锌角铁、镀锌埋件、不锈钢挂件。骨架均要有合格证、出厂日期、使用说明等，并且符合要求 （2）石板——有的工程采用人造大理石，则石材板应涂刷防护剂。石板应有合格证、出厂日期、使用说明等，并且符合要求 （3）其他材料——垫片、六角螺母、膨胀螺栓、焊条、环氧胶胶黏剂（AB胶）等
主要机具、工具	盒尺、锤子、水平尺、冲击钻、手枪钻、钢板尺、电焊机、切割机、角磨机、砂纸、红外水准仪、方尺、墨斗、白线、红铅笔、工具袋等
作业条件	（1）门窗根据要求安装好，且封堵四周的缝隙 （2）墙面1m线已弹好 （3）墙面基本干燥，基层含水率不大于10%，pH值<10 （4）人机作业面充足，配电配灯到位且安全 （5）通风空调设备洞口管道已安装 （6）水电管线暗盒已安装

10.4.2 工艺流程

室内干挂石材施工工艺流程如图10-11所示。

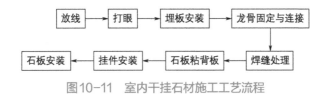

图10-11 室内干挂石材施工工艺流程

10.4.3 施工要点

室内干挂石材施工操作工艺见表10-7。

表10-7 室内干挂石材施工操作工艺

名称	解释
放线	根据图纸与现场情况，弹出轴线、控制线、标高线、埋点、完成线等
打眼	（1）不要在砌块上打眼 （2）打眼完成后统一清孔 （3）眼点可适度调整，在梁柱、板带、窗梁处打眼 （4）在弹好线的点位上用钻头打眼孔，深度达到要求，并且要顺滑竖直

名称	解释
埋板安装	（1）埋板安装，可以采用镀锌标准埋件配合膨胀螺栓在眼孔处埋板 （2）注意要用垫片、六角螺母紧固
龙骨固定与连接	（1）横向可以采用角铁，横向间距可以根据石材排布来确定 （2）剪力墙墙面可以直接用横向角铁配合膨胀螺栓固定在墙面上 （3）竖向可以采用镀锌槽钢，竖向间距要正确 （4）通过角铁连接埋板
焊缝处理	（1）检查焊缝是否存在缺陷，无缺陷后应涂刷两遍防锈涂料 （2）如果焊缝出现裂纹缺陷，则可能是布置不当、材质不好等引起的。可以在裂纹两端钻止裂孔或铲除裂纹处的焊缝金属进行补焊等处理 （3）如果焊缝出现孔穴缺陷，则可能是焊条受潮、焊接速度过快等引起的，可以铲除气孔处的焊缝金属进行补焊等处理 （4）如果焊缝出现固体夹杂缺陷，则可能是焊接材料不好、熔渣密度大等引起的。可以在铲除夹渣的焊缝金属处进行补焊等处理 （5）如果焊缝出现未熔合、未焊透，则可能是焊接电流过小、焊接速度过快等引起的。未熔合的情况，则可以在铲除未熔合的焊缝金属处进行补焊。未焊透的情况，敞开性好的结构可以在背侧进行补焊等处理
石板粘背板	（1）石板背面用环氧树脂胶黏结预制好的背板棱条，背板与石板满粘 （2）槽内光滑洁净 （3）石板开槽后不得有损坏、崩边等异常现象 （4）槽口要打磨成45°倒角
挂件安装	（1）将挂件用螺栓临时固定在横龙骨的打眼处 （2）安装时，螺栓的螺母朝上，并且要放平垫 （3）石板要试挂，位置不符时应调整挂件使其符合要求
石板安装	（1）石板安装时，应进行检查 （2）石板下槽内抹满环氧胶，然后将石板插入，再调整石板位置，找完水平、垂直、方正后将石板上槽内抹满环氧胶。然后把上部挂件支撑板插入抹胶后的石板槽且拧紧固定挂件的螺母。检查垂直、方正、板缝，如果存在不合适时应及时调整。等环氧胶凝固后，按同样方法根据石板编号依次进行石板后续的安装

石材干挂施工如图10-12所示。

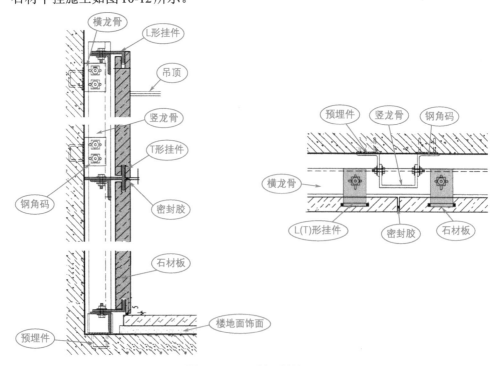

图10-12　石材干挂施工

10.4.4 注意事项

花岗岩干挂安装注意事项如下。

① 干挂花岗岩开槽前，要用云石机在花岗岩侧面开槽，开槽深度根据挂件尺寸来确定：一般要求不小于10mm，且在板材后侧边中心。为了保证开槽不崩边，开槽距边缘距离大约为1/4边长且不小于50mm。

② 干挂花岗岩开槽后，应把槽边的石灰清干净，槽内应光滑，以保证灌胶黏结牢固。

③ 花岗岩的开槽位置、钢锚的孔位要根据有关图纸进行加工。

④ 花岗岩干挂安装后表面平整、洁净、无污染、颜色协调一致。

⑤ 花岗岩干挂滴水线顺直、流水坡向正确。

⑥ 花岗岩干挂金属骨架连接牢固、安全可靠、横平竖直。

⑦ 花岗岩干挂石材缝嵌填饱满密实、缝深浅一致、缝颜色一致。

⑧ 花岗岩干挂石材缝隙宽窄一致。

⑨ 花岗岩干挂石材无缺棱掉角、无裂缝。

⑩ 花岗岩与不锈钢、铝合金挂件，可以用环氧树脂型石材专用结构胶黏结。

⑪ 花岗岩开槽后不得有损坏、崩裂等现象，并且槽口应打磨成45°的倒角。

⑫ 花岗岩墙面干挂开通槽时，宽宜为6～7mm，铝合金支撑板厚度不宜小于4mm，不锈钢支撑板厚度不宜小于3mm。

⑬ 花岗岩干挂石材阴阳角板压向正确。

⑭ 花岗岩与不锈钢、铝合金挂件应用环氧树脂型石材专用结构胶黏结。黏结前，应把石屑冲洗干净。干燥后才可进行黏结施工，并且施工厚度为2～3mm。

大理石挂件的施工安装要点如下。

① 施工前，根据施工面按照一定的尺寸进行分割线的划分。划分时，要把分割线弹出来。

② 施工前，应了解相关石料的规格，以便后面进行下料工作。

③ 大理石挂件的基座要安装牢固。

④ 采用大理石挂件钢配件的，需要做好防锈、防腐处理。

⑤ 石材表面要清洁、平整。

⑥ 在挂件下面设有小孔，以便龙骨间的连接，以及让挂件保持自身的平整度、垂直度，起到良好的调节作用。

⑦ 要做好缝隙的处理工作。一般需要留出8～12mm的空隙距离。

⑧ 一般情况是采用硅胶材料进行堵塞缝隙，达到美观即可。

⑨ 一般要求大理石挂件缝格均匀，接缝嵌塞密实，接缝嵌塞宽窄度一致。

⑩ 板缝要合理通顺。

⑪ 大理石干挂的挂件承受力要达到要求。

⑫ 大理石上面的拼花正确，纹理要清晰可见，颜色尽量均匀一致。

⑬ 非整板部位安装要适宜。

⑭ 阴角处石板压向正确。

⑮ 凸出物周围的板采取整板套割，尺寸要准，边缘吻合要整齐平顺，滴水线要顺直，流水坡向要正确。

⑯ 大理石干挂需要选择质量好的挂件，并且挂件规格要一致，以便保证使用时挂件的接缝紧密、通顺合理，从而使大理石安装得平顺均匀、板缝整洁美观。

⑰ 用于石材幕墙的石材厚度不应小于25mm，石块面积不宜大于1.5m²。

⑱ 用于石材幕墙的挂件一般选择不锈钢材质。

室内干挂石材施工安全注意事项与紧急时的应急处置和成品保护见表10-8。

表10-8 室内干挂石材施工安全注意事项与紧急时的应急处置和成品保护

名称	解释
安全注意事项	（1）动火作业，应持证上岗，配备灭火器，配备看火人 （2）高空作业，应佩戴安全绳和安全帽 （3）涂刷作业，应戴口罩和手套，防止溅落等 （4）机械加工，应专设加工区，配备必要的防护罩 （5）临电安全，应规范接线，防潮防水，定期检线等
紧急时的应急处置	（1）出现摔伤、磕伤等，应立即现场包扎处理，然后送医院治疗 （2）若触电应及时断电 （3）如果防锈涂料沾染眼睛，应立即用大量清水清洗15min以上，并尽快就医 （4）若吸入蒸气、气体等后觉得恶心，应安静休息并及时就医等 （5）发生火灾时，应使用二氧化碳、泡沫或粉末灭火器等灭火 （6）皮肤灼伤时，应用大量的水清洗，然后及时就医等
成品保护	（1）拆改架子与上料时，严禁碰撞干挂石材饰面板 （2）施工顺序要合理 （3）外饰面完工后，易破损部分的棱角处要钉护角保护 （4）已完工的外挂石材应设专人看管 （5）及时擦干净残留在玻璃、门窗框、金属饰面板上的污物 （6）室外刷罩面剂未干燥前，严禁下渣土与翻架子、脚手板等

10.4.5 检测与质量

室内干挂石材施工安装的允许偏差及检验法见表10-9。

表10-9 室内干挂石材施工安装的允许偏差及检验法

项目	光面允许偏差/mm	粗磨面允许偏差/mm	检验法
表面平整度	1	2	可以采用2m靠尺、塞尺来检测
接缝高低差	1	1	可以采用钢直尺、塞尺来检测
接缝宽度	1	—	可以采用钢直尺来检测
接缝宽度偏差	1	2	可以采用尺量来检测
接缝直线度	2	3	可以拉5m线（不足5m拉通线）、钢直尺来检测
立面垂直度	2	2	可以采用2m托线板、尺量来检测
墙裙、勒脚上口平直度	2	3	可以拉5m线（不足5m拉通线）、钢直尺来检测
阴阳角方正	2	3	可以采用20cm方尺、塞尺、直角检测尺来检测

10.5 室外干挂石材与外墙仿石毛面砖铺贴工程

扫码看视频

室外干挂石材工艺

10.5.1 室外干挂石材施工工艺

室外干挂石材施工，可以参考室内干挂石材施工。由于石材干挂施工主要用于室外，因此干挂技能、石材幕墙涉及的很多知识均是基于室外进行讲述的。为避免重复讲述，室外干挂石材施工技能不再单独另外分章节讲述。

外墙干挂石材安全环境保护措施见表10-10。

表10-10 外墙干挂石材安全环境保护措施

名称	解释
一般规定与要求	（1）高处作业人员一般穿软底鞋 （2）进入外墙干挂石材施工现场要正确佩戴安全帽 （3）施工前，了解、掌握脚手架、电动吊篮等有关的安全交底 （4）高处作业人员衣袖、裤脚要扎紧 （5）高处作业要系好安全带，并且安全带要挂在上方的牢固可靠处 （6）外墙干挂石材操作工等应经专业安全技术教育等方可上岗作业
电动吊篮安装、使用的规定与要求	（1）电动吊篮不得超负荷使用 （2）电动吊篮升降过程应平稳、缓慢 （3）电动吊篮投入使用后，应有专人对其结构、传动机械、挂钩、安全绳、电源设备、钢丝绳、自锁器等部件每天进行检查与维护 （4）电动吊篮下方严禁任何人员通过、逗留 （5）电动吊篮每使用一个月应至少做一次全面技术检查 （6）电动吊篮升降钢丝绳、自锁保护钢丝绳不得与物体的棱角直接接触，在棱角位置要垫以木板、半圆管或其他柔软物 （7）电动吊篮悬吊系统必须经设计、负荷试验的检查、鉴定，合格后才可以使用 （8）对拆迁、大修、新装、改变重要技术性能的电动吊篮，使用前均要根据说明书进行静负荷与动负荷试验等 （9）钢丝绳在机械运动中不得与其他物体发生摩擦 （10）如果电动吊篮必须超负荷时，应经计算，并且采取有效安全措施报批准后才可以进行 （11）钢丝绳严禁与任何带电体接触 （12）钢丝绳要防止产生打结、扭曲等异常现象 （13）未经有关部门同意，电动吊篮各部分的装置、机构不得变更与拆换 （14）无关人员不得停留或通过电动吊篮工作区域 （15）作业人员的安全带要系挂在安全绳自锁器上，严禁将安全带挂在吊篮结构上
高处、交叉作业规定与要求	（1）必须进行交叉时，应掌握好施工范围、安全注意事项、各工序配合情况等 （2）参加高处作业的人员均应进行体格检查 （3）进行高处作业不得骑坐在栏杆上，也不得躺在走道板上、安全网内休息 （4）施工中应尽量减少立体交叉作业 （5）霜冻、雨雪天气进行露天高处作业时，应采取防滑措施 （6）外墙干挂石材时，不得任意攀登高层构筑物 （7）高处作业时不得站在栏杆外工作，也不得凭借栏杆起吊物件 （8）高处作业地点、走道、脚手架上、各层平台不得堆放超过允许载荷的物件 （9）高处作业人员要配备工具袋，较大的工具应系保险绳 （10）高处作业施工用料应随用随吊 （11）高处作业时，点焊的物件不得移动 （12）高处作业时，不得坐在平台、孔洞边缘 （13）高处作业传递物品时，严禁抛掷 （14）高处作业时，切割的工件、边角余料等要放置在牢靠的地方或者用铁丝扣牢以防坠落等 （15）交叉作业场所的通道要保持畅通 （16）孔洞盖板、栏杆、隔离层、安全网等安全防护设施严禁任意拆除 （17）上下脚手架时，要走斜道或梯子，不得沿梯、脚手立杆或栏杆等攀爬 （18）无法错开的垂直交叉作业，层间必须搭设严密、牢固的防护隔离设施 （19）作业时，严禁乱动非工作范围内的设备、机具、安全设施等 （20）有危险的出入口处要设围栏，悬挂警告牌 （21）遇有六级及六级以上大风、恶劣气候，应停止露天高处作业
脚手架搭设规定与要求	（1）不得手中拿物攀登脚手板 （2）不得在梯子上传递材料与传递物品 （3）脚手板一般应满铺，不得有空隙、探头板 （4）脚手板与墙面的间距一般不得大于20cm （5）脚手架搭设过程要进行分段检查验收 （6）搭拆施工脚手架时，要严格根据施工方案进行 （7）一般荷重超过270kg/m²的脚手架、形式特殊的脚手架应进行设计与审批后才可搭设 （8）脚手板铺设不得用砖垫平 （9）不得在梯子上运送材料 （10）采用直立爬梯时，梯档要绑扎牢固，间距一般不大于30cm （11）脚手板铺设要平稳且绑牢，不平的地方要用木块垫平且钉牢

续表

名称	解释
脚手架搭设规定与要求	（12）脚手架在主体首层应设水平安全网 （13）里脚手的高度一般低于外墙20cm （14）脚手架的外侧、斜道、平台应一般设1.05m高的栏杆与18cm高的挡脚板或设防护立网 （15）脚手架在首层以上部位每隔两层应设一道安全网 （16）在构筑物上搭设脚手架一般要验算构筑物的强度
施工用电、电气焊作业的规定与要求	（1）从事电焊、气焊、气割作业前，要清理作业周围的可燃物体，或者采取可靠的隔离措施 （2）电动吊篮上挂设的电源线、焊把线要敷设尼龙绳，以防电源线、焊把线在使用过程中损坏 （3）对需要办理动火证的场所，应取得相应手续才可以动工，并且有专人监护 （4）各种防火工具必须齐全并且随时可用，定期检查、维修、更换 （5）移动式电动机械、手持电动工具的单相电源线必须使用三芯软橡胶电缆 （6）移动式电动机械、手持电动工具的三相电源线必须使用四芯软橡胶电缆 （7）移动式电动机械、手持电动工具接线时，缆线护套要穿进设备的接线盒内，并要固定好 （8）在电焊作业时，必须配置看火人员
其他安全、规定与要求	（1）安装用的梯子要牢固可靠，不应缺档。梯子放置不宜过陡 （2）不得在4级以上风力或大雨天气进行幕墙外侧检查、保养与维修作业 （3）作业场所要配备齐全可靠的消防器材 （4）检查、清洗、保养维修幕墙时，所采用的机具设备必须安全可靠 （5）外墙干挂石材要根据现场施工总平面布置要求放置，不得出现占用现场施工道路等不规范的情况 （6）发现板材松动、破损时，要及时修补与更换 （7）发现幕墙构件、连接件损坏，要及时更换 （8）发现幕墙螺栓松动，要及时拧紧 （9）注意防止密封材料在使用时产生溶剂中毒 （10）作业场所不得存放易燃物品

10.5.2 外墙仿石毛面砖铺贴

208mm×100mm×9mm规格的仿石毛面砖缝宽8mm横贴法施工的要点见表10-11。

表10-11 208mm×100mm×9mm规格的仿石毛面砖缝宽8mm横贴法施工的要点

项目（主要步骤）	解释
基层处理	对于混凝土板墙体，首先采用界面处理剂处理基层，再用1∶3水泥砂浆刮糙且每次分层刮糙厚度不大于10mm。粘贴面砖前，基层要无油污、无浮灰，并且浇水湿润。基层表面干燥后，才可以贴外墙仿石毛面砖
粘贴面砖	（1）贴外墙仿石毛面砖，可以采用陶瓷砖黏结剂 （2）外墙仿石毛面砖黏结层厚度一般控制为2～3mm （3）施工时，首先用水将黏结剂调成糊状，水灰比大约为1∶4
面砖排列	（1）需要根据施工墙面的特点、外墙仿石毛面砖的特点、门窗洞口尺寸、特殊位置等综合排列面砖，并且尽量把非整块面砖排在阴角、不显眼的地方 （2）基层刮糙前，需要结合面砖排列的情况，控制好灰饼厚度 （3）面砖排列时，弹好水平控制线、垂直控制线，并且铺设时做到砖缝横平竖直等要求
嵌缝	（1）根据要求选择合适的嵌缝黏结剂 （2）使用的嵌缝黏结剂，应具有良好的防渗水性能、良好的装饰面、无裂缝产生等
面砖清洁	（1）施工时，不得污染外墙仿石毛面砖的表面 （2）施工时，外墙仿石毛面砖沾有砂浆时，应及时清除干净 （3）施工完后，应专门清理面砖墙面，以保证外墙面的干净

10.6 墙饰面板工程施工工艺一般性要求

10.6.1 墙饰面板工程施工工艺质量记录

内墙饰面板安装工程以及高度不大于24m、抗震设防烈度不大于8度的外墙饰面板安装工程的石板安装、陶瓷板安装、木板安装、金属板安装、塑料板安装等验收时检查的文件、记录如下。

① 材料复验报告。

② 材料合格证书。

③ 材料进场验收记录。

④ 材料性能检验报告。

⑤ 后置埋件的现场拉拔检验报告。

⑥ 满粘法施工的外墙石板与外墙陶瓷板黏结强度检验报告。

⑦ 饰面板工程的施工图。

⑧ 饰面板工程其他设计文件。

⑨ 饰面板工程设计说明。

⑩ 隐蔽工程验收记录。

 小提示

　　家装墙面要采用抗污染、易清洁的材料，并且与外窗相邻的室内墙面不要采用深色饰面材料。厨房、卫生间的墙面材料，还需要具有防水、防霉、耐腐蚀、防潮、不吸污等性能。

饰面板工程需要进行复验的材料与指标如下。

① 室内用花岗石板的放射性。

② 室内用人造木板的甲醛释放量。

③ 水泥基黏结料的黏结强度。

④ 外墙陶瓷板的吸水率。

⑤ 严寒、寒冷地区外墙陶瓷板的抗冻性。

墙饰面板工程要进行验收的隐蔽工程项目如图10-13所示。

图10-13　墙饰面板工程要进行验收的隐蔽工程项目

10.6.2　石材面板工程施工工艺质量参考要求

石板的品种、规格、颜色、性能；石板孔和石板槽的数量、位置、尺寸；石板安装工程的预埋件或后置埋件、连接件的材质、数量、规格、位置、连接方法、防腐处理；后置埋件的现场拉拔力等要符合设计、标准、规定等有关要求。石板安装工程一些项目的质量参考要求见表10-12。

表10-12 石板安装工程一些项目的质量参考要求

项目	项目类型	要求	检验法
满粘法施工的石板工程中石板与基层的要求	主控项目	黏结料要饱满、无空鼓，石板黏结要牢固	（1）可以用小锤轻击来检查 （2）检查施工记录 （3）检查外墙石板黏结强度检验报告
湿作业法施工的石板安装工程中石板安装要求	一般项目	石板要进行防碱封闭处理，石板与基体间的灌注材料要饱满密实	（1）可以用小锤轻击来检查 （2）检查施工记录
石板表面的要求	一般项目	要平整洁净、无裂痕、无缺损、无泛碱等	可以采用观察法来检查
石板上孔洞的要求	一般项目	石板上的孔洞要套割吻合、边缘要整齐	可以采用观察法来检查
石板填缝的要求	一般项目	石板填缝要密实平直，填缝宽度和深度应符合要求，填缝材料色泽要一致	（1）可以采用观察法来检查 （2）尺量来检查

10.6.3 石板安装的允许偏差、检验法

石板安装的允许偏差、检验法见表10-13。

表10-13 石板安装的允许偏差、检验法

项目	允许偏差/mm			检验法
	剁斧石	光面	蘑菇石	
接缝直线度	4	2	4	可以拉5m线，不足5m拉通线，用钢直尺来检查
墙裙、勒脚上口直线度	3	2	3	可以拉5m线，不足5m拉通线，用钢直尺来检查
接缝高低差	3	1	—	可以用钢直尺和塞尺来检查
接缝宽度	2	1	2	可以用钢直尺来检查
立面垂直度	3	2	3	可以用2m垂直检测尺来检查
表面平整度	3	2	—	可以用2m靠尺和塞尺来检查
阴阳角方正	4	2	4	可以用200mm直角检测尺来检查

10.6.4 石材马赛克墙面施工允许偏差

石材马赛克墙面的施工验收允许偏差见表10-14。

表10-14 石材马赛克墙面的施工验收允许偏差

项目	允许偏差/mm
表面平整度	3
接缝高低差	0.5
接缝宽度	1
接缝直线度	2
立面垂直度	2

小提示

家装墙面、柱子挂置设备、装饰物，需要采取牢固的构造措施。

10.6.5 陶瓷板安装的允许偏差、检验法

陶瓷板、木板、金属板、塑料板安装一些主控项目、一般项目的质量要求可以参考石板安装工程一些项目的质量要求（表10-12）。

陶瓷板安装的允许偏差、检验法见表10-15。

表10-15 陶瓷板安装的允许偏差、检验法

项目	允许偏差/mm	检验法
墙裙、勒脚上口直线度	2	可以拉5m线，不足5m拉通线，用钢直尺来检查
接缝高低差	1	可以用钢直尺和塞尺来检查
接缝宽度	1	可以用钢直尺来检查
立面垂直度	2	可以用2m垂直检测尺来检查
表面平整度	2	可以用2m靠尺和塞尺来检查
阴阳角方正	2	可以用200mm直角检测尺来检查
接缝直线度	2	可以拉5m线，不足5m拉通线，用钢直尺来检查

10.6.6 木板安装的允许偏差、检验法

木板安装的允许偏差、检验法见表10-16。

表10-16 木板安装的允许偏差、检验法

项目	允许偏差/mm	检验法
接缝直线度	2	可以拉5m线，不足5m拉通线，用钢直尺来检查
墙裙、勒脚上口直线度	2	可以拉5m线，不足5m拉通线，用钢直尺来检查
接缝高低差	1	可以用钢直尺和塞尺来检查
接缝宽度	1	可以用钢直尺来检查
立面垂直度	2	可以用2m垂直检测尺来检查
表面平整度	1	可以用2m靠尺和塞尺来检查
阴阳角方正	2	可以用200mm直角检测尺来检查

10.6.7 金属板安装的允许偏差、检验法

外墙金属板的防雷装置要与主体结构防雷装置可靠接通，可以采用通过隐蔽工程验收记录来检查。金属板安装的允许偏差、检验法见表10-17。

表10-17 金属板安装的允许偏差、检验法

项目	允许偏差/mm	检验法
墙裙、勒脚上口直线度	2	可以拉5m线，不足5m拉通线，用钢直尺来检查
接缝高低差	1	可以用钢直尺和塞尺来检查

项目	允许偏差/mm	检验法
接缝宽度	1	可以用钢直尺来检查
立面垂直度	2	可以用2m垂直检测尺来检查
表面平整度	3	可以用2m靠尺和塞尺来检查
阴阳角方正	3	可以用200mm直角检测尺来检查
接缝直线度	2	可以拉5m线，不足5m拉通线，用钢直尺来检查

10.6.8　塑料板安装的允许偏差、检验法

塑料板安装的允许偏差、检验法见表10-18。

表10-18　塑料板安装的允许偏差、检验法

项目	允许偏差/mm	检验法
墙裙、勒脚上口直线度	2	可以拉5m线，不足5m拉通线，用钢直尺来检查
接缝高低差	1	可以用钢直尺和塞尺来检查
接缝宽度	1	可以用钢直尺来检查
立面垂直度	2	可以用2m垂直检测尺来检查
表面平整度	3	可以用2m靠尺和塞尺来检查
阴阳角方正	3	可以用200mm直角检测尺来检查
接缝直线度	2	可以拉5m线，不足5m拉通线，用钢直尺来检查

💡 **小提示**

装饰装修界面的连接要求如下。

① 不同界面上或同一界面上出现菱形块面材料对接时，块面材料对接的拼缝一般要贯通，并要在界面的边部做收边处理。

② 成品饰面材料尺寸，一般要与设备尺寸、安装位置协调。

③ 同一界面上不同饰面材料平面对接时，一般对接处可采用离缝、错落的方法分开或加入第三种材料过渡处理。

④ 同一界面上两块相同花纹的材料平面对接时，一般宜使对接处的花纹、色彩、质感对接自然。

⑤ 同一界面上铺贴两种或两种以上不同尺寸的饰面材料时，一般宜选择大尺寸为小尺寸的整数倍，并且大尺寸材料的一条边要与小尺寸材料的其中一条边对缝。

⑥ 相邻界面上装饰装修材料成角度相交时，一般要在交界的地方做造型处理。

⑦ 相邻界面同时铺贴成品块状饰面板时，一般需要采用对缝或间隔对缝方式衔接。

10.7　墙饰面砖工程

10.7.1　墙饰面砖工程施工检测与质量

饰面砖就是用于保护、装饰建筑物墙面的陶瓷面砖、玻璃面砖。其中，陶瓷面砖主要

包括各种釉面内墙砖、外墙面砖等。

内墙饰面砖粘贴高度不大于100m、抗震设防烈度不大于8度、采用满粘法施工的外墙饰面砖粘贴等分项工程的饰面砖工程的质量记录、文件和复验要求如图10-14所示。

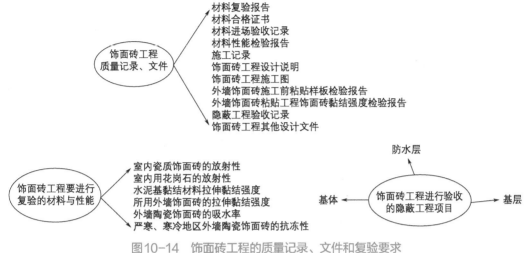

图10-14 饰面砖工程的质量记录、文件和复验要求

10.7.2 内墙饰面砖粘贴工程质量要求

内墙饰面砖粘贴工程一些项目的质量要求及检验法见表10-19。

表10-19 内墙饰面砖粘贴工程一些项目的质量要求及检验法

项目	项目类型	要求	检验法
满粘法施工内墙饰面砖的要求	主控项目	要无裂缝，大面与阳角要无空鼓	（1）可以采用观察检验法来检查 （2）用小锤轻击来检查
内墙面凸出物周围的饰面砖、边缘要求；墙裙、贴脸凸出墙面厚度要求	一般项目	（1）内墙面凸出物周围的饰面砖要整砖套割吻合，边缘要整齐 （2）墙裙、贴脸凸出墙面厚度要一致	（1）可以采用观察检验法来检查 （2）尺量来检查
内墙饰面砖表面的要求	一般项目	要平整洁净、色泽一致、无裂痕、无缺损	可以采用观察检验法来检查
内墙饰面砖的品种、规格、图案、颜色、性能的要求	主控项目	要符合设计、标准、规定等有关要求	（1）可以采用观察检验法来检查 （2）检查产品合格证书、进场验收记录、性能检验报告、复验报告
内墙饰面砖接缝要求、填嵌要求、宽度、深度要求	一般项目	（1）内墙饰面砖接缝要平直光滑 （2）填嵌要连续密实 （3）填嵌宽度、深度要符合设计要求	（1）可以采用观察检验法来检查 （2）尺量来检查
内墙饰面砖粘贴工程的找平、黏结、防水、填缝材料、施工方法等要求	主控项目	要符合设计、标准、规定等有关要求	检查合格证书、复验报告、隐蔽工程验收记录
内墙饰面砖粘贴要求	主控项目	要牢固粘贴	手拍来检查、检查施工记录

10.7.3　内墙饰面砖粘贴的允许偏差、检验法

内墙饰面砖粘贴的允许偏差、检验法见表10-20。

表10-20　内墙饰面砖粘贴的允许偏差、检验法

项目	允许偏差/mm	检验法
阴阳角方正	3	可以用200mm直角检测尺来检查
接缝高低差	1	可以用钢直尺和塞尺来检查
接缝宽度	1	可以用钢直尺来检查
立面垂直度	2	可以用2m垂直检测尺来检查
表面平整度	3	可以用2m靠尺和塞尺来检查
接缝直线度	2	可以拉5m线，不足5m拉通线，用钢直尺来检查

10.7.4　外墙饰面砖粘贴工程质量要求

外墙饰面砖粘贴工程一些项目的质量要求及检验法见表10-21。

表10-21　外墙饰面砖粘贴工程一些项目的质量要求及检验法

项目	项目类型	要求	检验法
墙面凸出物周围的外墙饰面砖要求、墙裙贴脸凸出墙面的厚度要求	一般项目	（1）墙面凸出物周围的外墙饰面砖应整砖套割要吻合，边缘要整齐 （2）墙裙贴脸凸出墙面厚度要一致	（1）可以采用观察检验法来检查 （2）尺量来检查
饰面砖外墙阴阳角构造要求	一般项目	要符合设计、标准、规定等有关要求	可以采用观察检验法来检查
外墙饰面砖表面要求	一般项目	表面要平整洁净、色泽要一致、无裂痕、无缺损	可以采用观察检验法来检查
外墙饰面砖的品种、规格、图案、颜色、性能要求	主控项目	要符合设计、标准、规定等有关要求	（1）可以采用观察检验法来检查 （2）检查合格证书、进场验收记录、性能检验报告、复验报告
外墙饰面砖接缝要求、填嵌要求、宽度、深度的要求	一般项目	（1）外墙饰面砖接缝要平直光滑 （2）填嵌要连续密实 （3）宽度和深度要符合设计要求	（1）可以采用观察检验法来检查 （2）尺量来检查
外墙饰面砖要求	主控项目	要无空鼓、无裂缝	（1）可以采用观察检验法来检查 （2）用小锤轻击检查
外墙饰面砖粘贴工程的伸缩缝设置要求	主控项目	要符合设计、标准、规定等有关要求	（1）可以采用观察检验法来检查 （2）尺量来检查
外墙饰面砖粘贴工程的找平、防水、黏结、填缝材料、施工方法要求	主控项目	要符合设计、标准、规定等有关要求	检查合格证书、复验报告、隐蔽工程验收记录
外墙饰面砖粘贴要求	主控项目	要牢固粘贴	检查外墙饰面砖黏结强度、检验报告、施工记录
有排水要求的部位滴水线（槽）要求	一般项目	（1）滴水线（槽）要顺直 （2）滴水线（槽）流水坡向要正确 （3）滴水线（槽）坡度要符合设计要求	（1）可以采用观察检验法来检查 （2）用水平尺来检查

10.7.5 外墙饰面砖粘贴的允许偏差、检验法

外墙饰面砖粘贴的允许偏差、检验法见表10-22。

表10-22 外墙饰面砖粘贴的允许偏差、检验法

项目	允许偏差/mm	检验法
阴阳角方正	3	可以用200mm直角检测尺来检查
接缝高低差	1	可以用钢直尺和塞尺来检查
接缝宽度	1	可以用钢直尺来检查
立面垂直度	3	可以用2m垂直检测尺来检查
表面平整度	4	可以用2m靠尺和塞尺来检查
接缝直线度	3	可以拉5m线，不足5m拉通线，用钢直尺来检查

11.1 地砖工程

扫码看视频
地砖工艺

11.1.1 工艺准备

瓷砖是以耐火的金属氧化物、半金属氧化物，经过研磨、混合、压制、施釉、烧结过程，形成的一种耐酸碱的瓷质或者石质的建筑或装饰材料。瓷砖的常见类型如图11-1所示。

分类		
外墙砖	外墙仿古砖 | 外墙仿石砖 | 外墙印花砖 | 外墙亚光砖 | 外墙玻化砖 | 外墙釉面砖	
内墙砖	内墙石纹砖 | 内墙木纹砖 | 内墙文化石 | 内墙仿古砖 | 小规格内墙砖 | 内墙玻璃砖 | 内墙面包砖 | 内墙亚光砖 | 内墙玻化砖 | 内墙微晶砖 | 内墙抛光砖 | 内墙釉面砖	
地面砖	地面仿古砖 | 地面木纹砖 | 地面半抛砖 | 地面抛光砖 | 地面亚光砖 | 地面玻化砖 | 地面石纹砖	
特种专用砖	防静电砖 | 建筑瓦 | 耐酸砖 | 梯步砖 | 市政砖 | 劈开砖 | 别墅砖 | 导向砖 | 超市砖 | 广场砖 | 泳池砖	
马赛克	石材马赛克 | 水晶马赛克 | 玻璃马赛克 | 金属马赛克 | 陶瓷马赛克	
饰品砖	装饰画 | 饰品 | 瓷柱 | 角砖 | 脚线 | 花心 | 花边 | 花片 | 腰线	
其他		

图11-1 瓷砖的常见类型

地砖一般用于厨房、卫生间、客厅、阳台的地面，需要使用强度大、坚硬耐磨、防滑的砖。地砖吸水率一般要求小于0.5%。

地砖工程工艺准备主要包括作业条件准备、材料准备、施工机具准备等，具体如图11-2所示。地砖工程施工机具包括云石机、方尺、筛子、钢丝刷、平锹、铁抹子、小水桶、半截桶、大杠、喷壶、橡胶槌、小线、水平尺等。

地砖工程中常用的砂子如图11-3所示。

图11-2 地砖工程工艺准备

图11-3 地砖工程中常用的砂子

💡 小提示

　　家装地面要选择平整、抗污染、易清洁、耐磨、耐腐蚀的材料。厨房、卫生间的楼地面材料，还需要具有防水、防滑等性能。用水房间地面不要采用大于300mm×300mm的块状材料，并且铺贴后不得影响排水坡度。家装阳台地面，一般要求采用防滑、硬质、防水、易清洁的材料，并且开敞阳台的地面材料还需要采用具有耐晒、抗冻、耐风化性能的材料。家装卫生间地面常见部品如图11-4所示。

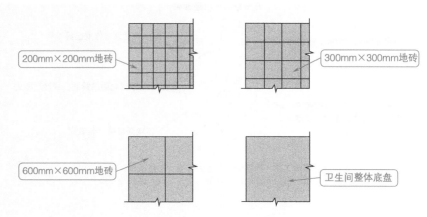

图11-4 家装卫生间地面常见部品

11.1.2 工艺流程

地砖工程工艺流程如图11-5所示。

图11-5 地砖工程工艺流程

地砖工程工艺如图11-6所示。

图11-6 地砖工程工艺

11.1.3 施工要点

地砖工程施工要点见表11-1。

表11-1 地砖工程施工要点

项目	解释
地砖基层处理、确定标高	（1）首先要把基层表面的浮土扫净、多余的砂浆铲掉。如果基层表面存在油污，则可以先用10%火碱水刷净，再用清水冲洗即可 （2）根据图纸确定地砖面标高，以及+0.5m水平控制线
弹好控制线	（1）先根据排砖图来确定铺地砖缝隙的大小 （2）在地面上弹好纵、横控制线，并且注意该控制线与房间方正的十字线、墙面走廊等有关控制线是否需要平行、对应

续表

项目	解释
铺砖施工	（1）一般铺砖是从门口开始，并且纵向先铺2～3行砖，以便确定标高、找好位置、确定标筋、确定水平标高线。铺砖时，要从里向外铺，以便操作退出方便及不踏在刚铺好的砖面上 （2）铺砖前，要把地砖浸水润湿，晾干后表面无明水时，才可以铺贴使用。然后在找平层上洒水润湿，再均匀涂刷水灰比为0.4～0.5的素水泥浆（铺多少刷多少） （3）铺砖的水泥砂浆结合层厚度为10～25mm，具体铺设厚度为放上面砖时高出面层标高线3～4mm （4）铺砖的水泥砂浆结合层放置后，再用大杠尺刮平，然后用抹子拍实找平 （5）铺砖的干硬性砂浆结合层，一般采用体积比大约为1∶3的砂浆，随拌随用，且应在初凝前用完。干硬性砂浆结合层干硬程度以手捏成团、落地即散为宜 （6）铺贴时，地砖背面朝上且抹黏结砂浆。然后，地砖翻过来把黏结砂浆与结合层铺贴上。铺贴时，注意找直、找正、对缝，并用橡胶槌拍实等 （7）铺地砖时，最好能够一次铺完一间。如果大面积施工，则可以分段、分部位铺贴，但是一定要注意衔接完美
勾缝与擦缝	（1）地砖铺贴，一般在铺贴24h后即可进行勾缝、擦缝 （2）如果采用水泥勾缝、擦缝，则要采用同品种、同强度等级、同颜色的水泥，也可以使用专门的嵌缝材料
养护	铺完砖一般24h后，即可洒水养护，并且养护时间一般不少于7d
镶贴踢脚板	（1）踢脚板用砖，一般采用与地面块材同品种、同规格、不同颜色的材料 （2）踢脚板的缝与地面的缝一般形成骑马缝 （3）镶贴踢脚板时，一般首先在房间的两端头阴角位置各镶贴一块砖作为标准挂线，以便控制出墙厚度、高度、直线度 （4）镶贴踢脚板时，踢脚板背面要抹上配合比大约为1∶2的黏结砂浆，并且要满粘整个踢脚板，然后及时粘贴在墙上且对应好、拍实，随之把挤出的砂浆刮掉，并把踢脚板弄干净即可

铺砖施工如图11-7所示。地砖工程洒水养护如图11-8所示。

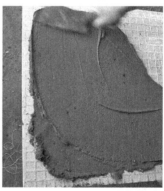

图11-7 铺砖施工

图11-8 地砖工程洒水养护

💡·小提示

饰面不规则图样，一般需要采用网格划分来定位。家装卫生间地面一般要比相邻房间地面低5~15mm。

11.1.4　注意事项

地砖工程排砖的一些原则如图11-9所示。

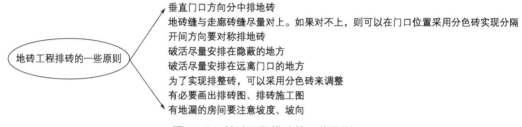

地砖工程排砖的一些原则
- 垂直门口方向分中排地砖
- 地砖缝与走廊砖缝尽量对上。如果对不上，则可以在门口位置采用分色砖实现分隔
- 开间方向要对称排地砖
- 破活尽量安排在隐蔽的地方
- 破活尽量安排在远离门口的地方
- 为了实现排整砖，可以采用分色砖来调整
- 有必要画出排砖图、排砖施工图
- 有地漏的房间要注意坡度、坡向

图11-9　地砖工程排砖的一些原则

地砖工程施工的一些注意事项如下。

① 地砖缝内的砂浆要光滑密实。

② 地砖勾缝可以采用1：1水泥细砂浆来进行，并且缝内深度大约为地砖厚的1/3。

③ 地砖施工时，不要在刚铺贴好的地砖面层上进行切割等操作。

④ 地砖施工时，施工的工具、盛器等不要碰坏地砖面层。

⑤ 地砖施工时，需要注意保护有关材料、设备设施。

⑥ 地砖施工中，一般是铺完2~3行，拉线检查缝格的平直度，如果发现不对，则要及时拔缝、修整好、拍实。也就是说，拔缝、修整必须在结合层凝结前完成。

⑦ 刚铺贴好的地砖砂浆抗压强度要达到1.2MPa或者以上，才可以在其上走人。

⑧ 如果地漏安装过高或+0.5m水平控制线不准，则可能会使厕浴间出现泛水过小、局部倒坡等现象。

⑨ 如果地砖缝为很小的缝，则接缝一般要平直，并且可以用浆壶往缝内浇水泥浆，再用干水泥撒在缝上，用棉纱团擦揉擦满，然后把面层上的水泥浆擦净即可。

⑩ 如果防水层过厚或结合层过厚，则可能会使地面标高错误。

⑪ 一些地砖工程地面构造做法如图11-10所示。

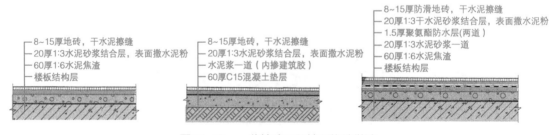

- 8~15厚地砖，干水泥擦缝
- 20厚1:3水泥砂浆结合层，表面撒水泥粉
- 60厚1:6水泥焦渣
- 楼板结构层

- 8~15厚地砖，干水泥擦缝
- 20厚1:3水泥砂浆结合层，表面撒水泥粉
- 水泥浆一道（内掺建筑胶）
- 60厚C15混凝土垫层

- 8~15厚防滑地砖，干水泥擦缝
- 20厚1:3干水泥砂浆结合层，表面撒水泥粉
- 1.5厚聚氨酯防水层(两道)
- 20厚1:3水泥砂浆一道
- 60厚1:6水泥焦渣
- 楼板结构层

图11-10　一些地砖工程地面构造做法

⑫ 一些地砖踢脚板工程构造做法如图11-11所示。

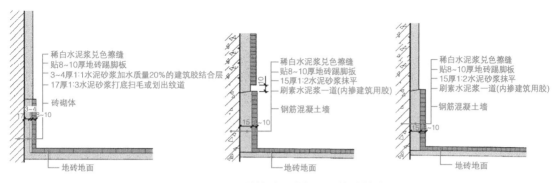

图11-11 一些地砖踢脚板工程构造做法

☀ 小提示

　　厨房内设置地漏时，地面一般要设不小于1%的坡度坡向地漏。卫生间的地面要有坡度坡向地漏，非浴区地面排水坡度一般不宜小于0.5%，浴区地面排水坡度一般不宜小于1.5%。开敞阳台的地面完成面标高，一般宜比相邻室内空间地面完成面低15~20mm。某项目卫生间地面的构造做法如图11-12所示。

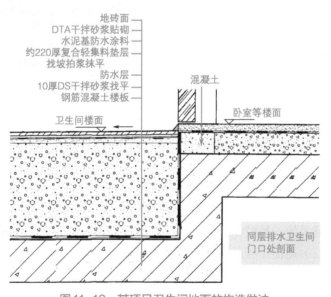

图11-12 某项目卫生间地面的构造做法

11.1.5 检测与质量

　　地砖工程质量要求包括主控项目与一般项目。主控项目包括面层与下一层结合要求、块材质量要求。一般项目包括面层表面坡度要求、面层表面质量要求、邻接处镶边用料要求、楼梯踏步质量要求、踢脚线质量要求等。

地砖工程质量允许偏差见表11-2。

表11-2　地砖工程质量允许偏差

项目	允许偏差或允许值/mm	项目	允许偏差或允许值/mm
板块间隙宽度	2	接缝高低差——缸砖	1.5
表面平整度——缸砖	4	接缝高低差——水泥花砖	0.5
表面平整度——水泥花砖	3	接缝高低差——陶瓷锦砖、陶瓷地砖	0.5
表面平整度——陶瓷锦砖、陶瓷地砖	2	踢脚线上口平直度——缸砖	4
缝格平直度	3	踢脚线上口平直度——陶瓷锦砖、陶瓷地砖、水泥花砖	3

11.2　大理石（花岗石）地面工程

11.2.1　工艺准备

大理石是由沉积岩、沉积岩的变质岩形成的，并且往往伴随有生物遗体的纹理。天然大理石建筑板材的分类如图11-13所示。

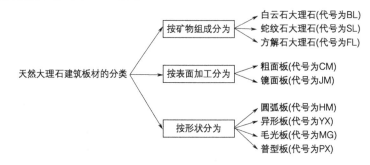

图11-13　天然大理石建筑板材的分类

大理石（花岗石）地面工程主要包括作业条件准备、材料准备、施工机具准备等，其中机具主要包括水桶、铁抹子、台钻、钻头、扁錾子、砂轮锯、浆壶、木抹子、墨斗、钢卷尺、铁锹、靠尺、尼龙线、橡胶槌、铁水平尺、弯角方尺、钢錾子、磨石机、钢丝刷等。

大理石（花岗石）地面工程的材料准备如图11-14所示。

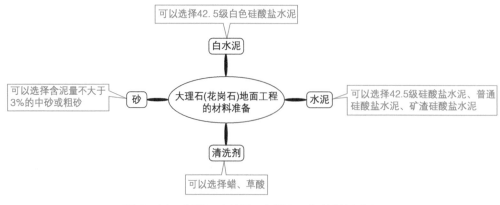

图11-14　大理石（花岗石）地面工程的材料准备

大理石（花岗石）地面工程的作业条件准备如图11-15所示。

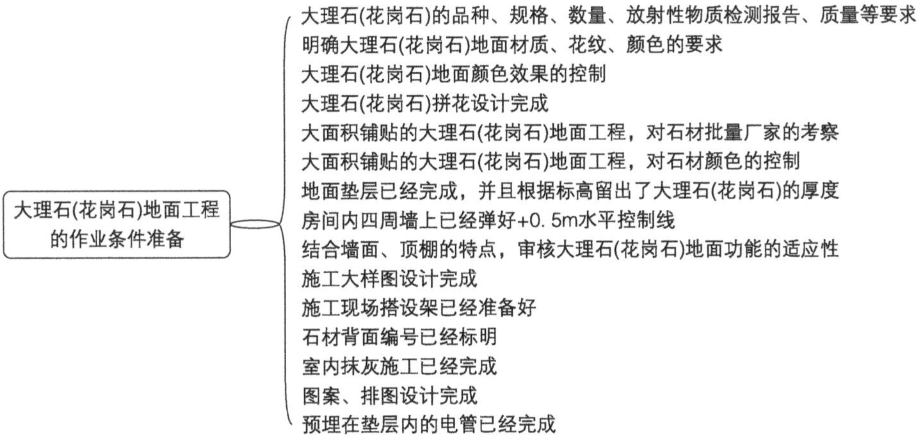

大理石(花岗石)地面工程的作业条件准备
大理石(花岗石)的品种、规格、数量、放射性物质检测报告、质量等要求
明确大理石(花岗石)地面材质、花纹、颜色的要求
大理石(花岗石)地面颜色效果的控制
大理石(花岗石)拼花设计完成
大面积铺贴的大理石(花岗石)地面工程，对石材批量厂家的考察
大面积铺贴的大理石(花岗石)地面工程，对石材颜色的控制
地面垫层已经完成，并且根据标高留出了大理石(花岗石)的厚度
房间内四周墙上已经弹好+0.5m水平控制线
结合墙面、顶棚的特点，审核大理石(花岗石)地面功能的适应性
施工大样图设计完成
施工现场搭设架已经准备好
石材背面编号已经标明
室内抹灰施工已经完成
图案、排图设计完成
预埋在垫层内的电管已经完成

图11-15　大理石（花岗石）地面工程的作业条件准备

11.2.2　工艺流程

大理石（花岗石）地面工程施工工艺流程如图11-16所示。

前期工作
基层处理
试拼
弹线
试排
刷水泥浆、铺砂浆结合层
铺大理石板块或铺花岗石板块
灌缝、擦缝
贴踢脚板
打蜡

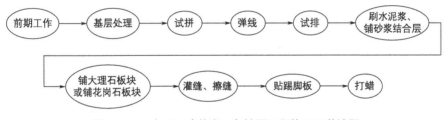

图11-16　大理石（花岗石）地面工程施工工艺流程

11.2.3　施工要点

大理石（花岗石）地面工程的施工要点见表11-3。

表11-3　大理石（花岗石）地面工程的施工要点

项目	解释
前期工作	以图纸、采购单为依据，核对大理石（花岗石）尺寸、规格、花纹、颜色、检测报告等
基层处理	进行地面垫层的除杂、空鼓修补等工作
试拼	正式铺设前,应根据大理石（花岗石）设计进行颜色、图案、纹理的试拼，以便确定套割、整块安排、调整等工作
弹线	（1）弹好基层水平标高线 （2）弹好面层水平标高线 （3）弹好墙面＋0.5m水平控制线 （4）弹好十字控制线
试排	试排时，可以在房间内的两个垂直方向铺两条宽度大于板块宽度、厚度3cm以上的干砂带，然后根据图纸与实际情况，把大理石（花岗石）排列好。排列时，注意缝隙、拼花、各块位置、各块编号、花色等具体确定情况
刷水泥浆、铺砂浆结合层	（1）试排完，确定具体情况后，可以把试排的大理石（花岗石）、试排用的干砂带去掉。然后清扫，洒水润湿，刷一层素水泥浆，拉十字控制线，铺（1：2）～（1：3）干硬性水泥砂浆结合层，刮平干硬性结合层等作业对于铺单块大理石（花岗石）的干硬性结合层，往往需要拍实找平

项目	解释
刷水泥浆、铺砂浆结合层	（2）刷素水泥浆要随刷随铺，不得面积过大 （3）（1∶2）～（1∶3）干硬性水泥砂浆结合层干硬程度以手捏成团，落地即散为宜
铺大理石板块或铺花岗石板块	（1）铺大理石（花岗石）块时，先用水浸湿大理石（花岗石）块，等其表面阴干无明水后即可进行铺装。铺贴时根据十字控制线，纵横各铺一行，作为大面积铺贴的标筋用。然后根据试排的编号、图案、试排确定的缝隙进行铺贴 （2）铺贴大理石（花岗石）块间的缝隙，宽度一般在1mm以内 （3）铺贴大理石（花岗石）块时，一般是从十字控制线交点开始铺砌，不刮水泥素浆试铺，然后在大理石（花岗石）背面满刮一层水灰比大约为1∶0.5的水泥素浆后正式镶铺。正式镶铺时，大理石（花岗石）四角要同时往下落，并且用橡胶槌锤实，以及观察缝隙、检查平整度。铺完第一块大理石（花岗石），可以向两侧与后退方向顺序铺砌。纵行、横行铺完后，就可以以此为依据，进行分区分段依次铺砌
灌缝、擦缝	（1）铺贴大理石（花岗石）块后1～2d，即可进行灌缝、擦缝作业 （2）根据大理石（花岗石）的颜色，选择相同颜色矿物颜料与水泥拌和均匀，并且调成大约为1∶1的稀水泥浆进行块间灌缝。灌缝时，可以采用刮板把流出的水泥浆刮向缝，并且使之与大理石（花岗石）块面相平。另外，把块面上多余的水泥浆擦干净，即擦缝作业。擦缝作业完后，在大理石（花岗石）面层加覆盖层养护，养护期一般大约为7d
踢脚板	（1）为了便于踢脚板的施工，在墙面抹灰时，空出一定高度（一般从楼地面层向上150mm）不抹 （2）踢脚板的出墙厚度根据设计来决定 （3）踢脚板一般与地面的大理石（花岗石）板缝构成骑马缝形式
打蜡	一般水泥砂浆结合层达到1.2MPa抗压强度时，可以用磨石机进行打蜡作业。有的项目需要打蜡多遍

11.2.4　注意事项

大理石（花岗石）地面工程的注意事项如下。

① 施工时，注意基底标高、楼板厚度、砂浆结合层、大理石（花岗石）面层标高等尺寸数据的准确性。

② 石材采购、加工时，注意规格尺寸、质量、掺入料、掺入剂、保管等要求。

③ 避免石材产生泛黄、水渍等问题。

④ 如果刷素水泥浆面积过大，产生了风干，则可能会引起大理石（花岗石）空鼓现象。

⑤ 踢脚板阴角要采用大面踢脚板压小面踢脚板。

⑥ 需要注意过门口处等特殊位置大理石（花岗石）的铺贴。

⑦ 注意运输大理石（花岗石）板块、铺砌大理石（花岗石）、铺砌完后在大理石（花岗石）地面上行走、大理石（花岗石）地面完工等不同阶段对大理石（花岗石）的保护。

⑧ 一些大理石（花岗石）地面踢脚板工程构造做法如图11-17所示。

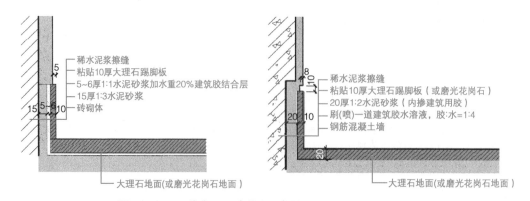

图11-17　一些大理石（花岗石）地面踢脚板工程构造做法

小提示

以块面材料铺装不规整的家装地面时，一般要在地面的边部用与中部块面材料不同颜色的非等宽的块面材料做收边调整。另外，不规则的饰面材料，一般选择铺贴在隐蔽的位置或大型家具的遮挡区域。

11.2.5　检测与质量

大理石（花岗石）地面工程施工的允许偏差或允许值见表11-4。

表11-4　大理石（花岗石）地面工程施工的允许偏差或允许值

项目	允许偏差或允许值/mm
板块间隙宽度	1
表面平整度	1
缝格平直度	2
接缝高低差	0.5
踢脚线上口平直度	1

11.3　现制水磨石地面工程

11.3.1　工艺准备

水磨石也叫作磨石，其是将碎石、石英石等骨料拌入水泥黏结料制成混凝制品后，再经表面研磨、抛光等制作而成。无机水磨石是以水泥黏结料制成的水磨石。环氧水磨石（有机水磨石）是用环氧黏结料制成的水磨石。根据施工制作工艺，水磨石地面可以分为现场浇筑水磨石地面、预制板材水磨石地面等。

现制水磨石地面工程主要包括作业条件准备、材料准备、施工机具准备等。现制水磨石地面工程的机具准备包括磨石机、滚筒、木抹子、毛刷子、铁簸箕、钢丝刷、靠尺、平锹、筛子、磨石、胶皮水管、手推车、大小水桶、铁錾子等。

现制水磨石地面工程作业条件准备主要涉及顶棚、墙面抹灰等工程或者项目已经完成，门框、水电等安装、保护已经完成。另外，石粒已经过筛、洗净等，以及地面垫层已经完成并且根据标高已经留出磨石层的厚度。

现制水磨石地面工程的材料准备见表11-5。

表11-5　现制水磨石地面工程的材料准备

项目	解释
草酸	（1）草酸选择粉状或者块状的均可以 （2）草酸使用前要用清水稀释
分格条	（1）现制水磨石地面工程分格条，分为铜条、玻璃条等类型 （2）铜条厚1~2mm、宽大约10mm（宽一般随厚度变化），长度根据实际要求来决定 （3）玻璃条厚大约3mm、宽大约10mm（宽一般随厚度变化），长度根据实际要求来决定

项目	解释
矿物颜料	（1）水泥中掺入的颜料一般要采用耐碱、耐光的矿物颜料 （2）水泥中颜料的掺入量可以为水泥用量的3%～6%，或者经试验来确定 （3）彩色面层要使用同厂同批的同种颜料
砂	（1）可以选择过8mm孔径筛子的中砂 （2）中砂要求含泥量不大于3%
石粒	（1）要选择坚硬可磨的白云石、大理石等岩石加工而成的石粒 （2）石粒要干净 （3）石粒粒径一般为4～14mm（特殊要求另外）
水泥	（1）深色水磨石面层，一般采用含碱量达到国家要求的硅酸盐水泥。普通硅酸盐水泥的强度不得小于42.5级，并且同颜色的面层要使用同批水泥 （2）白色水磨石面层、浅色水磨石面层，一般采用白水泥
其他	铁丝、白蜡等

11.3.2 工艺流程

现制水磨石地面工程工艺流程如图11-18所示。

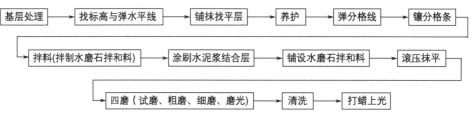

图11-18 现制水磨石地面工程工艺流程

11.3.3 施工要点

现制水磨石地面工程的施工要点见表11-6。

表11-6 现制水磨石地面工程的施工要点

项目	解释
基层处理	（1）基层要经除杂去污处理 （2）采用钢錾子、钢丝刷把粘在基层上的水泥浆皮铲掉
找标高与弹水平线	（1）在墙面上弹出+0.5m的水平控制线 （2）从+0.5m的水平控制线往地面方向弹出磨石面层的标高
铺抹找平层	（1）铺抹找平层，需要留出水磨石面层厚度。水磨石面层厚度有的项目要求厚10～15mm （2）铺抹找平层，可以采用1∶3水泥砂浆来铺抹 （3）铺抹找平层时，一般先抹灰饼，以便保证找平层的平整性 （4）灰饼砂浆结硬后，可以其高度为依据确定纵横标筋。纵横标筋宽度可以以灰饼抹宽8～10cm作为筋 （5）铺抹找平层前，首先把基层洒水润湿，再刷一道水泥浆，并且随刷随铺水灰比大约为1∶3的砂浆找平层，及时用刮杠以标筋为标准刮平，然后用木抹子搓平即可
养护	（1）找平层砂浆铺抹后，要养护大约24h （2）找平层砂浆养护强度达到1.2MPa，就可进行后续工序
弹分格线	一般是在房间中部弹十字线，再算好周边镶边宽度，这样就可以根据中部的十字线进行分格线的确定

续表

项目	解释
镶分格条	（1）分格条要牢固、平直、通顺，接头严密 （2）分格条主要用作铺设面层标志等 （3）分格条的施工：首先用小铁抹子抹稠水泥浆，然后把分格条固定在分格线上，并且高度低于分格条顶4～6mm。距离分格条十字交叉接头交点40～50mm内一般不抹水泥浆 （4）采用铜分格条时要先将其两端用捆丝锚固在水泥浆内 （5）镶条大约12h后，可以浇水养护，并且养护时间最少2d
拌料（拌制水磨石拌和料）	（1）水磨石拌和料的水泥与石粒体积比为（1:1.5）～（1:2.5） （2）水磨石拌和料要求拌和均匀 （3）彩色水磨石拌和料，除了加彩色石粒外，还应加耐光耐碱的矿物颜料 （4）彩色石子与普通石子比例，一般在施工前经试验确定
涂刷水泥浆结合层	（1）先洒清水把找平层润湿，再涂刷与面层同品种、同等级的、水灰比为0.4～0.5的水泥浆结合层 （2）涂刷水泥浆层要均匀，并且随刷随铺
铺设水磨石拌和料	（1）水磨石拌和料的面层一般厚度为12～20mm，具体要考虑石粒粒径 （2）铺设水磨石拌和料时一般是先把料铺抹在分格条边，再铺分格条方框中间，并且用铁抹子由中间向边角推进 （3）铺设水磨石拌和料时，分格条两边、交叉位置也要压实抹平，随铺随检 （4）几种颜色的水磨石拌和料不能同时铺抹。一般先铺深颜色料，再铺抹浅颜色料，并且等前一种拌和料达到施工允许强度后，再铺后一种颜色料
滚压抹平	（1）水磨石拌和料，可以采用滚筒滚压。滚压前，为了避免分格条移位，可使用抹子在分格条两边大约100mm宽处拍实水泥浆 （2）水磨石拌和料滚压时要均匀用力，表面要密实平整，以使出浆石粒均匀。等到石粒浆稍收水后用铁抹子将浆压实抹平 （3）滚压24h后，可以浇水养护，并且一般常温养护时间为5～7d
四磨	（1）四磨就是试磨、粗磨、细磨、磨光 （2）试磨，就是正式开磨前的测试。试磨以不掉石渣为准，经检查允许正式开磨后才能够进行 （3）第一遍正式开磨就是粗砂轮石磨。一般采用60～90号粗砂轮石磨，边磨边加水，随磨随冲洗，随洗随检查。粗磨要磨到表面磨匀、石粒全部露出、分格条全部露出为止。然后用与水磨石表面相同的水泥浆把水磨石表面擦一遍，补齐脱落的石粒，并且浇水养护2～3d （4）第二遍正式开磨就是用金刚石磨细磨。一般采用90～120号金刚石磨，边磨边加水。细磨要磨到表面光滑为止，然后补孔隙，并且浇水养护2～3d （5）第三遍正式开磨就是金刚石磨磨光。一般采用180～200号金刚石磨，并且磨到表面石子显露均匀、光滑平整饱满等为止
清洗	（1）为了打蜡后的效果，打蜡前将磨石面层用适量浓度的草酸进行酸洗 （2）经酸洗后的磨石面层不得再污染
打蜡上光	可以采用干净的布蘸稀糊状的成蜡涂抹在面层上。涂抹时，注意要均匀不漏涂。等成蜡干后，再用装有帆布的磨石机研磨。第二遍打蜡后再研磨，直到面层洁亮光滑即可
水磨石踢脚板	首先抹底灰，且划毛，润湿底灰再刷薄水泥浆，然后抹踢脚拌和料，压实抹平。再刷水泥浆，以石子面无浮浆为止进行养护。24h养护期后，进行踢脚板拌和料的三遍磨面，以及后续的清洗、涂蜡、成活

11.3.4 注意事项

现制水磨石地面工程施工的注意事项如下。

① 磨面时，注意不得溅污墙面及其他有关设施等。

② 磨面时的水泥废浆要及时清除。

③ 铺抹水泥砂浆找平层时，注意不得碰坏其他有关管线、设备。

④ 如果分格条镶嵌不牢固，则会出现分格条折断等问题。

⑤ 如果石子规格不好、石粒不清洗，则会出现面层石粒不均匀、不显露等问题。

⑥ 有的项目的磨石层厚度要求至少为3mm。

⑦ 运输材料时，注意保护好有关设备设施。

11.3.5 检测与质量

现制水磨石地面工程允许偏差或允许值见表11-7。

表11-7   现制水磨石地面工程允许偏差或允许值

项目	允许偏差或允许值/mm
表面平整度——高级水磨石	2
表面平整度——普通水磨石	3
缝格平直度——高级水磨石	2
缝格平直度——普通水磨石	3
踢脚线上口平直度	3

11.4   地毯地面工程

11.4.1   工艺准备

地毯是以棉、毛、丝、麻、草纱线等天然纤维或化学合成纤维类原料，经手工或机械工艺进行编结、裁绒、纺织而成的一种铺敷物。

根据所用场所性能不同，地毯的等级如下：

① 轻度家用级——铺设在不常使用的房间、部位；

② 中度家用级或轻度专业使用级——可以用于餐厅、主卧室等；

③ 一般家用级或中度专业使用级——可以用于起居室、楼梯走廊等交通频繁部位等；

④ 重度家用级或一般专业用级——可以用于家中重度磨损的场所；

⑤ 重度专业使用级——家庭一般不使用。

根据产品形态，地毯分为满铺地毯、块毯、拼块毯等。根据用途，地毯分为商用地毯、艺术地毯。根据使用位置，地毯分为地面地毯、墙体挂毯或壁毯等。根据制作方法不同，地毯分为机制地毯、手工地毯。根据使用功能，地毯分为商用地毯、家用地毯、工业用地毯等。根据原材料不同，地毯的分类如图11-19所示。

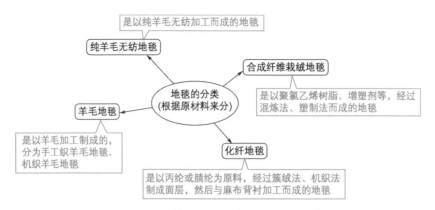

图11-19   地毯的分类（根据原料来分）

地毯地面工程工艺准备包括作业条件准备、材料准备、主要施工机具准备等。其中，主要施工机具准备包括小钉、吸尘器、角尺、直尺、手锤、手枪钻、尖嘴钳子、割刀、裁边机、大小撑子、扁铲、剪刀、漆刷、橡胶压边滚筒、熨斗、钢钉、垃圾桶、盛胶容器、钢尺、盒尺、弹线粉袋、小线、棉丝等。

地毯地面工程工艺材料准备包括铝合金倒刺条、地毯、倒刺钉板条、衬垫、胶黏剂、铝压条等。地毯的品种、规格、颜色、主要性能、技术指标要符合设计、规范等要求。地毯地面工程一些材料的要求见表11-8。

表11-8　地毯地面工程一些材料的要求

名称	解释
衬垫	衬垫的规格、品种、主要性能、技术指标等均要符合设计、规范、标准等要求。衬垫还要有合格证
倒刺钉板条	倒刺钉板条可以由三合板条与斜钉、高强钢钉组成
胶黏剂	（1）应选择不霉、快干、无毒的胶黏剂 （2）胶黏剂可以用于地毯与地面的黏结、地毯与地毯连接拼缝地方的黏结 （3）胶黏剂要对地面有足够的黏结强度 （4）可以选择添加增稠剂、防霉剂等天然乳胶的胶黏剂
铝合金倒刺条	铝合金倒刺条主要用于地毯端头露明的地方，起到固定、收头等作用
铝压条	（1）铝压条一般采用大约2mm厚的铝合金材料制成 （2）铝压条主要用于门框下的地面地方，起到压住地毯边缘的作用，以免损坏与被踢起来

地毯地面工程作业条件准备如图11-20所示。

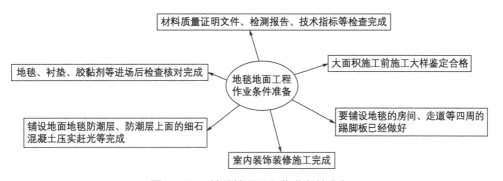

图11-20　地毯地面工程作业条件准备

11.4.2　工艺流程

地毯地面工程工艺分为活动式铺设、固定式铺设。其中，活动式铺设主要是指不用胶黏剂粘贴在基层的一种施工方法。活动式铺设一般用于装饰性工艺地毯的铺设。

地毯地面工程固定式铺设工艺流程如图11-21所示。

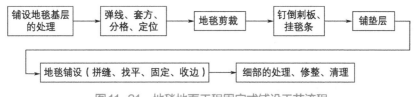

图11-21　地毯地面工程固定式铺设工艺流程

11.4.3　施工要点

地毯地面工程固定式铺设施工要点见表11-9。

表 11-9　地毯地面工程固定式铺设施工要点

项目		解释
铺设地毯基层的处理		（1）铺设地毯的基层，可以是木地板、水泥地面、其他材质地面。常见的是水泥地面基层 （2）首先把铺设地毯的地面清理干净，保证具有一定的强度、干燥度、平整度 （3）地面的平整度允许偏差要求不大于4mm （4）地面基层含水率要求不大于8%
弹线、套方、分格、定位		（1）根据图纸要求进行弹线、套方、分格 （2）如果无设计要求，则一般根据房间对称找中弹线
地毯剪裁		（1）剪裁地毯前，要计算好地毯裁割的尺寸。地毯的每一边长度一般要比实际尺寸长出大约2cm，宽度方向要以地毯边缘线的尺寸来计算确定 （2）地毯的边缘线应弹线后裁掉 （3）对地毯背面进行弹线、卷边、编号、放好 （4）地毯的经线方向一般要与房间长向一致 （5）大面积房厅的地毯要在施工地点剪裁拼缝
钉倒刺板、挂毯条		（1）沿房间墙边、走道四周的踢脚板边缘，用高强水泥钉把倒刺板固定在基层上。高强水泥钉间距大约为40cm （2）钉倒刺板时不得损伤踢脚板。倒刺板一般离踢脚板面8～10mm，以利于钉牢倒刺板 （3）根据实际工艺，确定是否现阶段挂毯条
铺垫层		（1）垫层要根据倒刺板的净距离来下料 （2）垫层应无皱褶 （3）垫层拼缝要与地毯拼缝至少错开大约150mm （4）衬垫可以用点粘法刷乳胶或者刷107胶，粘在地面基层上 （5）衬垫离开倒刺板大约10mm
地毯铺设	拼缝	（1）地毯拼缝前，要确定好地毯的编织方向，以免缝两边的地毯绒毛排列方向有差异，影响美观性与整体性 （2）地毯全部展平拉直后要把多余的边裁掉，然后用扁铲把地毯边缘塞进踢脚板与倒刺板之间 （3）地毯缝可以采用地毯胶带连接。连接时，首先在拼缝的地方弹好直线，然后根据该直线铺好胶带，再把两侧的地毯对缝压在胶带上，采用熨斗在胶带上熨烫并且使胶层熔化，随着熨斗移动马上把地毯紧压在胶带上实现拼缝连接 （4）地毯接缝后可以用剪子把接口地方的绒毛修齐 （5）地毯接缝也可以采用弯钉在接缝处做绒毛密实的缝合
	找平、固定、收边	（1）把四边的地毯固定在四周的倒刺板上，并把地毯长出来的部分进行裁割 （2）地毯挂在倒刺板上要轻敲一下，以便倒刺全部勾住地毯 （3）无衬垫的情况，则可以在地毯的拼接、边缘位置采用麻布带与胶黏剂进行固定粘接
细部处理、修整、清理		（1）地毯地面工程施工时，要注意门框、门口、门厅等地方的衔接处理、收口处理等细部处理 （2）地毯的收边、掩边、固定，均要牢固黏结，无破活 （3）地毯的花纹、色调不得错位 （4）地毯铺设完后，检查是否有收边裁下的边料、掉下的绒毛等要处理 （5）地毯铺设检查完后，可以用吸尘器把地毯表面全部吸一遍

11.4.4　注意事项

地毯地面工程施工的注意事项如下。

① 运输、施工时，要注意有关成品、工程、材料的保护。

② 空调回水、立管等要设防水槛等，以防渗漏。

③ 地毯地面工程施工，要注意每道工序交接的要求。

④ 施工所用电动工具必须操作正确，合理安全使用。

⑤ 施工现场要避免钉子扎脚、划伤地毯，进行严禁烟火等管理。

⑥ 涂刷胶黏剂时注意不得污染地弹簧等。

⑦ 注意有关成品、材料的存放。其中，地毯的存放要满足防火防潮、防压防踩等要求。

一些地毯地面工程地面构造做法如图11-22所示。

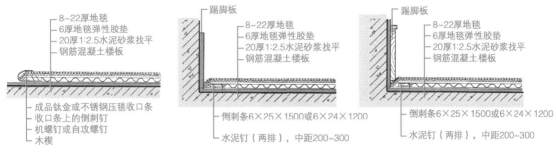

图11-22 一些地毯地面工程地面构造做法

💡 小提示

　　地面装饰装修，硬质与软质材料拼接的地方要采取有利于保护硬质材料边缘不被磨损的构造措施。另外，家庭装修不宜大面积采用固定地毯，局部可以采用防腐蚀、防虫蛀、起阻燃作用的环保地毯。

11.4.5 检测与质量

　　质量记录包括材料合格证、质量检验评定资料等。地毯地面工程施工的一些质量要求如下。

　　① 材料材质、规格、技术指标要符合设计、规范、标准等要求。

　　② 地毯表面洁净无杂物。

　　③ 地毯地面工程施工应无卷边、无翻起、无打皱、无鼓包等现象。

　　④ 地毯拼缝要密实平整，并且在视线范围内不显拼缝现象。

　　⑤ 地毯与其他地面的收回、交接地方要顺直。

　　⑥ 固定式铺设，地毯与基层要固定牢固。

11.5 木地板地面工程

11.5.1 工艺准备

　　木地板是用木材制成的一种地板。木地板主要有实木地板、强化木地板、实木复合地板、多层复合地板、竹材地板、软木地板、木塑地板等种类。

　　实木地板主要包括镶嵌地板、指接地板、榫接地板（又叫作企口地板）、平接地板（又叫作平口地板）、集成材地板等。强化木地板主要包括以刨花板为基材的强化木地板、以中高密度纤维板为基材的强化木地板等。实木复合地板主要包括三层实木复合地板、多层实木复合地板、细木工复合地板等。竹材地板主要包括全竹地板、竹材复合地板等。

　　木地板地面工程工艺准备包括作业条件准备、材料准备、主要施工机具准备等。其中，主要施工机具包括锤子、电钻、手锯、冲子、改锥、撬棍、方尺、钢尺、电锯、钳子、割角尺、墨斗等。木地板地面工程作业条件准备与材料准备如图11-23所示。

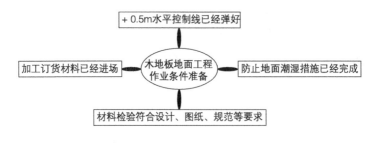

图11-23   木地板地面工程作业条件准备与材料准备

木地板材料如图11-24所示。

图11-24   木地板材料

 小提示

老年人卧室地面宜采用木地板，严寒、寒冷地区不宜采用陶瓷地砖。

11.5.2   工艺流程

木地板地面工程工艺流程如图11-25所示。

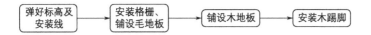

图11-25 木地板地面工程工艺流程

11.5.3 施工要点

木地板地面工程施工要点见表11-10。

表11-10 木地板地面工程施工要点

项目	解释
安装格栅	（1）木格栅要做相应的防腐处理 （2）空铺式木格栅的两端要垫实钉牢。木格栅与墙间一般要留出不小于30mm的缝隙 （3）实铺式木格栅的截面尺寸、间距、稳固方法等要根据设计等有关要求进行铺设
铺设毛地板	（1）铺设前要清除毛地板下空间内的杂物 （2）铺设毛地板时，要与格栅成45°或者30°钉牢，并要使其髓心向上。板间的缝隙一般不大于3mm，与墙间留有8～12mm的空隙 （3）毛地板的表面要刨平
安装木踢脚	（1）踢脚板接缝位置要做企口或错口相接，并在90°转角位置做45°斜角相接 （2）要用钉将踢脚板与墙内防腐木砖钉牢，并且钉帽要砸扁冲入板内 （3）踢脚板要与墙紧贴，并且上口平直 （4）踢脚板与木地板面层交接位置，可以采用木压条连接

11.5.4 注意事项

木地板地面工程施工的一些注意事项如下。

① 木地板等材料要放置正确，以免损坏。

② 安装地板房间的每个角落都要仔细清洁，确保无灰尘、地面平整，以便控制好水平误差。

③ 木地板施工完后要及时在其上覆盖塑料薄膜，以防变形开裂。

④ 在木地板上作业时，不要在地板面上敲砸，以防损坏木地板面层。

⑤ 在木地板上作业时，环境湿度和温度要恰当。

⑥ 在木地板上作业时一般要穿软底鞋。

⑦ 拼接木地板时，要对齐、平整，确保每块地板间没有间隙。

⑧ 使用电动工具，要遵循操作规程，注意安全。

一些木地板工艺地面构造做法如图11-26所示。

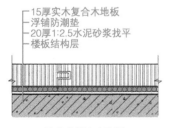

(a) 实木复合木地板

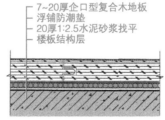

(b) 企口型复合木地板

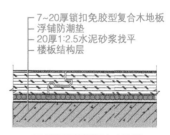

(c) 锁扣免胶型复合木地板

图11-26 一些木地板工艺地面构造做法

小提示

铺贴条形地板时，宜将长边垂直于主要采光窗方向。

11.5.5　检测与质量

木地板地面工程施工质量要求（面层允许偏差）见表11-11。

表11-11　木地板地面工程施工质量要求（面层允许偏差）

项目		面层允许偏差/mm
板面缝隙宽度	拼花地板	0.2
	松木地板	1
	硬木地板	0.5
板面拼缝平直度		3
表面平整度	拼花、硬木地板	2
	松木地板	3
踢脚线上口平齐		3
踢脚线与面层接缝		1
相邻板材高差		0.5

11.6　水泥砂浆地面工程

11.6.1　工艺准备

水泥砂浆地面工程工艺准备包括作业条件准备、材料准备、主要施工机具准备等。其中，主要施工机具包括铁锹、扫帚、木抹子、铁抹子、喷壶、搅拌机、手推车、木刮杠、钢丝刷、粉线包、锤子、水桶等。

水泥砂浆地面工程材料准备主要有32.5级硅酸盐水泥或普通硅酸盐水泥、过8mm孔径筛子的中砂或粗砂（含泥量不大于3%）。

水泥砂浆地面工程的作业条件准备如图11-27所示。

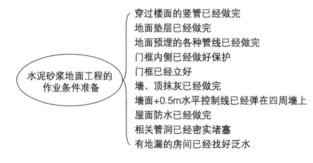

图11-27　水泥砂浆地面工程的作业条件准备

11.6.2 工艺流程

水泥砂浆地面工程工艺流程如图11-28所示。

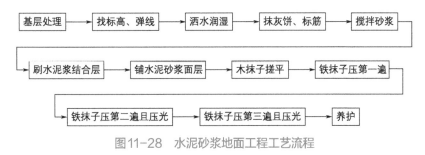

图11-28 水泥砂浆地面工程工艺流程

11.6.3 施工要点

水泥砂浆地面工程工艺要点见表11-12。

表11-12 水泥砂浆地面工程工艺要点

项目	解释
基层处理	（1）先把基层上的灰尘清理掉，再用钢丝刷、錾子刷净，并剔掉灰浆皮及灰渣层 （2）可以用10%的火碱水溶液刷除基层上的油污，然后用清水及时把碱液冲净
找标高、弹线	可以根据墙上的+0.5m水平控制线，往下测量出水泥砂浆地面面层的标高，并且把该面层标高弹在墙上
洒水润湿	洒水润湿，可以采用喷壶在地面面层上均匀洒水
抹灰饼、标筋	（1）首先根据房间四周内墙上弹好的地面面层标高水平线确定面层抹灰的厚度（一般要求不小于20mm） （2）然后拉水平线开始抹灰饼，并且横竖间距为1.5～2m，灰饼上平面也就是地面面层的标高。灰饼大小大约为5cm×5cm （3）如果水泥砂浆地面的房间比较大，则要抹标筋 （4）抹灰饼的砂浆材料、标筋的砂浆材料的配合比均要与抹地面的砂浆一样
搅拌砂浆	砂浆一般采用搅拌机进行搅拌
刷水泥浆结合层	铺设水泥砂浆前，要涂刷水泥浆一层，但是一次涂刷面积不要过大，以随刷随铺面层砂浆即可
铺水泥砂浆面层	（1）铺水泥砂浆面层紧跟涂刷水泥浆后施工 （2）铺水泥砂浆面层要铺得均匀
木抹子搓平	（1）铺水泥砂浆后要用木刮杠刮平，然后马上用木抹子搓平 （2）随木抹子搓平时用靠尺检查平整度
铁抹子压光	（1）木抹子刮平后，马上用铁抹子压第一遍，压到出浆即止 （2）等面层砂浆初凝后，再用铁抹子压第二遍，等表面压平压光即止 （3）等水泥砂浆终凝前，再进行第三遍压光
养护	（1）等地面压光完工后大约24h，可以铺锯末等材料覆盖，洒水湿润养护 （2）洒水湿润养护时间一般要求不少于7d （3）水泥砂浆地面抗压强度达到5MPa时，其上面才能够走人

11.6.4 注意事项

水泥砂浆地面工程施工的一些注意事项如下。

① 施工注意环保措施、安全措施。

② 不得在水泥砂浆面层上拌和砂浆、储存砂浆等。

③ 冬期施工的水泥砂浆地面操作环境不得低于5℃。

④ 施工过程中注意对相关设备设施、材料的保护。

11.6.5　检测与质量

水泥砂浆地面工程工艺施工允许偏差或允许值见表11-13。

表11-13　水泥砂浆地面工程工艺施工允许偏差或允许值

项目	允许偏差或允许值/mm
表面平整度	4
缝格平直度	3
踢脚线上口平直度	4

11.7　石材地面碎板工程

11.7.1　工艺准备

石材地面碎板工程材料准备如下。

① 石块的品种、规格、质量，均要符合有关规范、设计要求。

② 石渣颜色、粒径，均要符合有关规范、设计要求。

③ 一般工程采用32.5级以上普通硅酸盐水泥即可。

④ 有的工程会采用白水泥擦缝。

⑤ 一般工程采用中砂或粗砂。

⑥ 其他材料。

石材地面碎板工程主要机具与工具如下：尼龙线、钢斧子、橡胶槌、铁水平尺、弯角方尺、铁抹子、木抹子、墨斗、手推车、铁锹、靠尺、浆壶、水桶、喷壶、钢卷尺、合金钢扁凿子、台钻、合金钢钻头、扫帚、磨石机、钢丝刷等。

石材地面碎板工程作业条件如下。

① 对进场的石块品种、规格、数量、质量、堆放情况等进行检查。发现异常情况，需要处理好。

② 需要加工的石块，在安装前应加工好。

③ 地面垫层等施工应完成。

④ 弹好水平线。

⑤ 施工大样图已完成。

11.7.2　工艺流程

石材地面碎板工程工艺流程如图11-29所示。

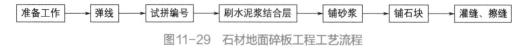

准备工作 ➡ 弹线 ➡ 试拼编号 ➡ 刷水泥浆结合层 ➡ 铺砂浆 ➡ 铺石块 ➡ 灌缝、擦缝

图11-29　石材地面碎板工程工艺流程

11.7.3　施工要点

石材地面碎板工程施工要点见表11-14。

表11-14 石材地面碎板工程施工要点

项目	解释
准备工作	包括熟悉图纸、熟悉尺寸、熟悉施工工艺、掌握各部位的关系、基层处理
弹线	弹控制线、上水平线
试拼编号	确定缝隙的大小，试拼编号后，码放有序整齐
刷水泥浆结合层	铺砂浆前再次将混凝土垫层清扫干净，再用喷壶洒水湿润，并刷一层水灰比大约为0.5的素水泥浆
铺砂浆	确定地面找平层厚度，铺好平层干硬性水泥砂浆，砂浆从里往门口处摊铺。铺好后可以用人杠刮平，然后用抹子拍实找平。找平层厚度一般应高出石材地面碎板面层标高水平线3～4mm
铺石块	根据试拼的编号，依次铺砌。摊铺前，一般需要将石块先浸湿，阴干后备用。铺石块时，应先试铺，确定好纵横缝与位置，然后用橡胶槌敲击木垫板振实砂浆到铺砌的高度，再将石块掀起来移到一边，以便检查砂浆上表面与石块间是否吻合恰当。如果存在空虚的情况，则需要填补砂浆修正。吻合恰当后，再正式铺砌。正式铺砌时，应先在水泥砂浆找平层上满浇一层水灰比大约为0.5的素水泥浆结合层，然后四角同时往下落安放铺砌石板，之后用橡胶槌轻击木垫板确定标高。第一块铺砌后，根据相应方向顺序铺砌
灌缝、擦缝	碎板铺砌1～2d后即可灌缝擦缝。灌缝厚度与碎板上面相平，并且需要将其表面找平压光。如果灌水泥石渣浆，一般应比碎板上面高出大约2mm。灌浆1～2h后，即可用棉丝团蘸用稀水泥浆擦缝，并把碎板上的水泥浆擦干净。擦干净后即可覆盖保护。洒水养护一般不少于7d。如果采用水泥石渣浆灌缝，则养护后应进行磨光打蜡。磨光打蜡共进行大约4遍，并且各遍要求打蜡操作工艺与现制水磨地面做法基本一样

11.8 现浇钢筋混凝土楼梯水泥砂浆面层工程

11.8.1 工艺准备

现浇钢筋混凝土楼梯水泥砂浆面层工程工艺准备包括作业条件准备、材料准备、主要施工机具准备等。其中，主要施工机具包括木抹子、铁抹子、水桶、小线、铁锹、刮杠、水靴、阴角抹子、阳角抹子、手推车、小翻斗车、砂浆搅拌机、磅秤等。

现浇钢筋混凝土楼梯水泥砂浆面层工程工艺主要材料准备如图11-30所示。

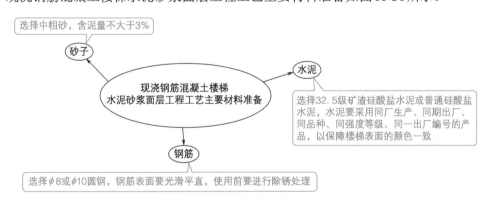

图11-30 现浇钢筋混凝土楼梯水泥砂浆面层工程工艺主要材料准备

现浇钢筋混凝土楼梯水泥砂浆面层工程工艺的作业条件准备如图11-31所示。

图11-31 现浇钢筋混凝土楼梯水泥砂浆面层工程工艺的作业条件准备

11.8.2 工艺流程

现浇钢筋混凝土楼梯水泥砂浆面层工程工艺流程如图11-32所示。

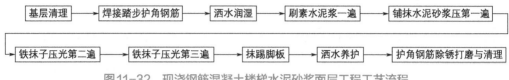

图11-32　现浇钢筋混凝土楼梯水泥砂浆面层工程工艺流程

11.8.3 施工要点

现浇钢筋混凝土楼梯水泥砂浆面层工程施工要点见表11-15。

表11-15　现浇钢筋混凝土楼梯水泥砂浆面层工程施工要点

项目	解释
基层清理	踏步板、休息板基层表面与墙相交的阴角地方、踢脚板处的墙面等地方要清理干净
焊接踏步护角钢筋	（1）根据楼梯踏步几何尺寸线，定好踏步角的位置，并把护角钢筋与预埋铁焊接好 （2）护角钢筋可以采用φ8或φ10的圆钢。钢筋长度为踏步横向宽度 （3）全部护角钢筋焊接完后，要进行清扫，并做好后续的保护工作
洒水润湿	（1）施工楼板洒水润湿，一般可以提前一天进行 （2）洒水润湿要求洒水量要足够 （3）施工时，地面要处于阴湿状态
刷素水泥浆一遍	（1）在清扫湿润后的基层表面上刷一遍水灰比大约为0.5的素水泥浆 （2）要随铺砂浆随刷素水泥浆，以防风干
铺抹水泥砂浆压第一遍	（1）铺抹水泥砂浆，可以以护角钢筋为筋。砂浆配比大约为1∶2 （2）铺抹水泥砂浆，可以用木抹子赶铺、拍实、搓平 （3）铺抹水泥砂浆时，要注意阴阳角的方正性。为此，施工时要随时用方尺检查判断 （4）铺抹水泥砂浆时，当用木抹子铺抹水泥砂浆到返水后，可以略撒配合比约为1∶1的干水泥砂子面，等吸水后再用铁抹子抹平即可
铁抹子压光第二遍	（1）水泥砂浆压第一遍后，等水泥砂浆凝结到人踩上去有印但不下陷的时候，则可以用铁抹子压水泥砂浆抹第二遍 （2）水泥砂浆压第二遍，要平、要光，不漏压，阴阳角要横平竖直
铁抹子压光第三遍	（1）水泥砂浆终凝前，可以压第三遍，人踩上水泥砂浆后稍有脚印即可进行 （2）压第三遍时，要用铁抹子把第二遍压光留下的抹子纹压实、压平、压光，并且要达到交活的要求
抹踢脚板	（1）如果采用水泥砂浆踢脚板，则要先抹踢脚板 （2）如果采用墙面抹灰层的踢脚板，则底层砂浆与面层砂浆要分两次抹压 （3）如果采用无墙面抹灰层的踢脚板，则只抹面层水泥砂浆
洒水养护	（1）楼梯踏步面层压光交活后，则可以第二天进行洒水养护 （2）养护期内，不允许碰撞已经施工好的现浇钢筋混凝土楼梯水泥砂浆面层
护角钢筋除锈打磨与清理	（1）养护期结束后，可以用细砂纸对护角钢筋打磨除锈 （2）对楼梯踏步进行清理

11.8.4 注意事项

现浇钢筋混凝土楼梯水泥砂浆面层工程施工的一些注意事项如下。

① 登高操作、脚手架上操作，要注意采取保护地面的措施，以及安全操作措施。

② 墙面、顶棚等地方要采用保护措施，以防二次污染。

③ 施工时，要注意对已完工程项目的保护。

④ 现浇钢筋混凝土楼梯水泥砂浆面层施工后，一般不再剔凿孔洞。

11.8.5 检测与质量

现浇钢筋混凝土楼梯水泥砂浆面层工程施工允许偏差或允许值见表11-16。

表11-16 现浇钢筋混凝土楼梯水泥砂浆面层工程施工允许偏差或允许值

项目	允许偏差或允许值/mm
表面平整度	4
缝格平直度	3
踢脚线上口平直度	4

11.9 楼梯石材与石台阶工程

11.9.1 楼梯石材工艺准备

楼梯石材的安装准备见表11-17。

表11-17 楼梯石材的安装准备

项目	解释
材料的准备	（1）石块的品种、规格、形状、质量需要符合有关设计、规范的要求 （2）一般工程选择32.5级普通硅酸盐水泥即可 （3）一般工程选择中砂或粗砂
工具、机具的准备	锤子、小水桶、橡胶槌、錾子、水舀子、水平尺、靠尺板、靠尺、云石机、大桶、大杠、中杠、方尺、小线、小铁簸箕、浆壶、扫帚、墨斗等
作业条件的准备	（1）弹好相关线 （2）挑选好石材，不符合要求的石材应进行修整加工 （3）根据实际石材尺寸、设计要求，放出石材分块大样 （4）清扫、湿润垫层 （5）弹线分格

11.9.2 楼梯石材施工要点

楼梯石材的安装施工工艺见表11-18。

表11-18 楼梯石材的安装施工工艺

项目	解释
结构处理	（1）根据具体工程，针对楼梯不同程度存在与墙面垂直偏差、楼梯踏步高低不匀、楼梯段宽窄误差、休息平台不方正等情况，应进行结构处理 （2）根据图纸，弹好水平线 （3）找出楼梯第一级踏步起步位置，找出最后一级踏步的踢面位置，然后弹出两点连线。再根据踏步步数均分，从各分点做垂线。休息平台处、上下楼梯第一级踏步、踢面应为同一直线位置
基层处理	将地面垫层上的杂物清净，垫层上的多余砂浆也需要清扫干净
楼梯石材铺贴原则	（1）实测各梯段踏步的踏面与踢面的尺寸，根据楼梯段统一性，确定踏面、踢面石材铺贴后的具体尺寸、加工尺寸 （2）有的工程采用两个踏步的踏面夹着踢面的安装方法进行 （3）石材外露部分端头应考虑好磨光、薄厚的一致性

11.9.3 石台阶工程施工工艺

石台阶的施工图解如图11-33所示。

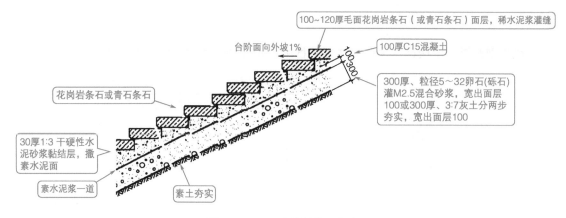

图11-33　石台阶的施工图解

第12章 幕墙施工工艺

12.1 石材幕墙工程

12.1.1 施工准备

石材幕墙工程施工准备包括技术准备、材料关键要求、幕墙作业条件等。其一些施工准备项目见表12-1。

表12-1 石材幕墙工程施工准备

项目	解释
技术准备	（1）审查有关图纸是否完整、齐全 （2）熟悉、读懂有关图纸的内容 （3）审查建筑图、结构图与幕墙施工图纸在尺寸、坐标、标高、说明等方面是否一致 （4）查看图纸与有关说明在内容上是否一致 （5）掌握土建施工质量是否满足幕墙施工的要求 （6）各单位间的协作、配合关系 （7）自然条件的调查分析与了解 （8）明确现有施工技术水平能否满足工期、质量要求 （9）明确工期 （10）复核幕墙各组件的强度、刚度、稳定性 （11）审查幕墙图纸中的工程复杂性、施工难度系数、技术要求的项目
材料关键要求	（1）石材幕墙工程中使用的材料要具有出厂合格证、质保书、检验报告 （2）石材幕墙工程中使用的铝合金型材，其硬度、壁厚、膜厚、表面质量等符合有关要求 （3）石材幕墙工程中使用的面材，其板材尺寸、厚度、外观质量等符合有关要求 （4）石材幕墙工程中使用的钢材，其长度、厚度、膜厚、表面质量等符合有关要求
幕墙作业条件	（1）主体结构完工，达到施工验收规范的要求 （2）应有土建移交的控制线、基准线 （3）可能对幕墙施工环境造成严重污染的分项工程，一般要安排在幕墙施工前进行 （4）脚手架等操作平台搭设就位 （5）吊篮等垂直运输设备安设就位 （6）幕墙的构件、附件的材料品种、规格、性能等符合有关要求 （7）幕墙与主体结构连接的预埋件，根据要求已经理设好

幕墙的石材宜选择花岗岩，也可选择大理石、石灰岩、石英砂岩等。幕墙石材面板的性能需要满足建筑物所在地的地理、环境、气候、幕墙功能等要求。幕墙石材的要求见表12-2。

表12-2 幕墙石材的要求

项目	天然大理石	天然花岗岩	其他石材	
吸水率/%	≤ 0.5	≤ 0.6	≤ 5	≤5
单块面积/m²	不宜大于 1.5	不宜大于 1.5	不宜大于 1.5	不宜大于 1
最小厚度/mm	≥ 35	≥ 25	≥ 35	≥40
弯曲强度标准值 f（干燥及水饱和）/MPa	≥ 7	≥ 8	≥ 8	$8 \geqslant f \geqslant 4$

12.1.2　工艺流程

石材幕墙安装工艺流程如图12-1所示。

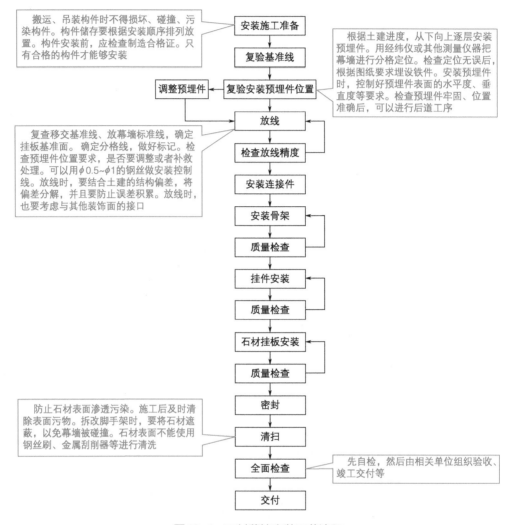

图12-1　石材幕墙安装工艺流程

12.1.3　施工要点

石材幕墙安装包括石材幕墙骨架的安装、石材幕墙挂件的安装、石材幕墙骨架的防锈、花岗岩挂板的安装、密封等，具体见表12-3。

表12-3　石材幕墙安装

项目	解释
石材幕墙骨架的安装	（1）根据控制线确定骨架位置，严控骨架位置的偏差，并且确保骨架安装牢固 （2）挂件安装前应全面检查骨架位置的准确性、焊接牢固性、焊缝合格性
石材幕墙挂件的安装	（1）挂板一般应选择不锈钢的或铝合金型材的 （2）钢销一般采用不锈钢件 （3）连接挂件选择采用L形，以免一个挂件同时连接上下两块石板

项目	解释
石材幕墙骨架的防锈	（1）槽钢主龙骨、预埋件要做防锈处理 （2）各类镀锌角钢焊接破坏镀锌层后也要满涂防锈漆 （3）型钢进场应有防潮、防尘、防锈等措施 （4）不得漏刷防锈漆
花岗岩挂板的安装	（1）要求板材加工精度高、色差小，以便实现高质量的整体效果 （2）挂板安装前，根据尺寸，用金属丝做垂线，以便控制垂直度 （3）可以通过室内的50cm线来验证板材水平龙骨、水平线的正确度 （4）板材钻孔时，应根据图中注明的位置，使用标定工具在板中标定 （5）板材钻孔深度根据不锈钢销钉长度等因素来确定 （6）石板应在水平状态下采用机械开槽口
密封	（1）部位密封前，要清扫，以及保持密封面的干燥 （2）贴防护纸胶带，以防止密封材料污染装饰面 （3）注胶要密实均匀、饱满不浪费 （4）注胶后，应将胶缝用小铲沿注胶方向用力施压，把多余的胶刮掉，以及将胶缝刮成所需要的形状 （5）胶缝修整好后，及时去掉保护胶带

石材框架幕墙连接式结构如图12-2所示。

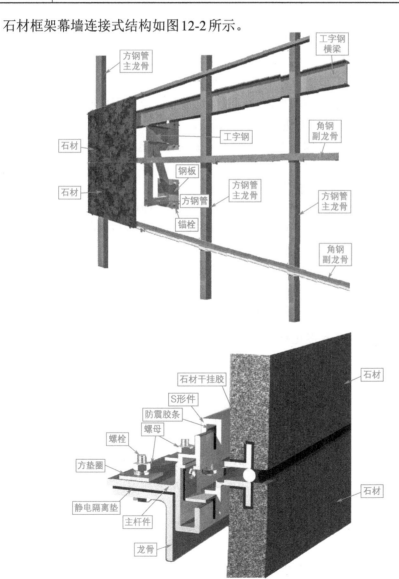

图12-2

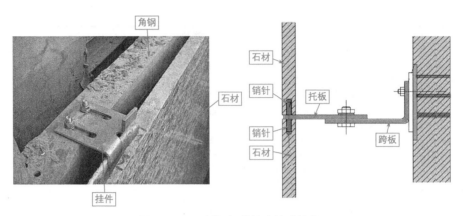

图12-2　石材框架幕墙连接式结构

12.1.4　注意事项

石材幕墙工程施工工艺的一些注意事项如下。

① 石材幕墙工程必须由具有资质的单位进行二次设计，以及具有完整的施工设计文件。

② 石材幕墙工程应由施工单位编制单项施工组织设计。

③ 石材幕墙工程涉及承重结构、主体改动或增加荷载时，必须由原设计结构单位或具备相应资质的设计单位根据有关规定进行检验、确认。

④ 石材幕墙的框架与主体结构预埋件的连接，立柱与横梁的连接，及幕墙板的安装必须符合设计要求，安装牢固。

⑤ 石材幕墙工程要有隐蔽验收记录。

⑥ 石材幕墙工程设计不得影响建筑物的结构安全、主要使用功能。

⑦ 施工单位应遵守有关环境保护的法律、法规，以及采取有效措施控制施工现场的各种粉尘、废气、震动等对周围环境造成的污染、危害。

⑧ 石材幕墙工程所使用材料应进行防火、防腐处理。

⑨安装前，做好各种施工准备工作。

⑩ 控制放线精度要符合要求。

⑪ 安装前，应对构件加工精度进行检验，必须达到要求。

⑫ 预埋件安装，必须符合要求。

⑬ 石材板安装时，应拉线控制相邻板材面的水平度、垂直度、大面平整度。

⑭ 石材板安装时，可以用木模板控制缝隙宽度，并且防止误差积累。

⑮ 幕墙骨架中的立柱、横梁安装要严格控制水平度、垂直度、对角线长度等。

⑯ 在密封工作前，应对密封面进行清扫。

⑰ 在密封工作前，应在胶缝两侧的石板上粘贴保护胶带，以防止被胶污染。

⑱ 注胶时，应符合密实、均匀、饱满、胶缝表面光滑等要求。

12.1.5　检测与质量

石材幕墙工程施工中的质量要点解释见表12-4。

表12-4 石材幕墙工程施工中的质量要点解释

项目	解释
安装后的试验	石材幕墙安装后，进行气密性、水密性、风压性能等试验，并且要达到有关规范、设计等要求
构件骨架安装	加工精度、安装部位、螺栓安装固定、铆钉安装固定、外观、密封状态、雨水泄水通路、防锈处理等均要达到要求。构件骨架安装后，一般应横平竖直、大面平整
连接件	加工精度、安装部位、防锈处理、固定状态、垫片安放等均要达到要求
密封胶嵌缝	施工状态、胶缝品质、胶缝形状、胶缝气泡、胶缝色泽、胶缝外观等均要达到要求
清洁	达到清洗溶剂合格、无残留物、无遗漏未清洗等要求
石板安装	安装精度、安装部位、垂直度、水平度、大面平整度等均要达到要求
五金件安装	外观、加工精度、安装部位、固定状态等均要达到要求
预埋件、铆固件	施工精度、位置、固定状态等均要达到要求且无变形、无生锈情况

某工程幕墙石材面板挂装系统安装允许偏差见表12-5。

表12-5 某工程幕墙石材面板挂装系统安装允许偏差

项目	短槽/mm	背卡/mm	背栓/mm	通槽长钩/mm	通槽短钩/mm	方法
背卡中心线与背卡槽中心线的偏差	—	≤1	—	—	—	可以用卡尺来检测
背栓挂（插）件中心线与孔中心线的偏差	—	—	≤1	—	—	可以用卡尺来检测
插件与插槽搭接深度的偏差	+1；0	—	—	—	+1；0	可以用卡尺来检测
短钩中心线与短槽中心线的偏差	≤2	—	—	—	≤2	可以用卡尺来检测
短钩中心线与托板中心线的偏差	≤2	—	—	—	≤2	可以用卡尺来检测
钩锚入石材槽深度的偏差	+1；0	—	—	+1；0	+1；0	可以用深度尺来检测
挂钩（插槽）的标高	—	—	±1	—	—	可以用卡尺来检测
挂钩（插槽）中心线的偏差	—	—	≤2	—	—	可以用钢直尺来检测
挂钩与挂槽搭接深度的偏差	+1；0	—	—	—	+1；0	可以用卡尺来检测
石材外表面的平整度（相邻两板块高低差）	≤1	≤1	≤1	≤1	≤1	可以用卡尺来检测
通长钩距板两端的偏差	—	—	—	±1	—	可以用卡尺来检测
同一列石材边部垂直的偏差（长度>35m）	≤3	≤3	≤3	≤3	≤3	可以用卡尺来检测
同一列石材边部垂直的偏差（长度≤35m）	≤2	≤2	≤2	≤2	≤2	可以用卡尺来检测
同一列石材边部垂直的偏差（相邻两板块）	≤1	≤1	≤1	≤1	≤1	可以用卡尺来检测
同一行石材上端水平的偏差（长度>35m）	≤3	≤3	≤3	≤3	≤3	可以用水平尺来检测
同一行石材上端水平的偏差（长度≤35m）	≤2	≤2	≤2	≤2	≤2	可以用水平尺来检测
同一行石材上端水平的偏差（相邻两板块）	≤1	≤1	≤1	≤1	≤1	可以用水平尺来检测
托板（转接件）标高	±1	±1	—	±1	±1	可以用卡尺来检测
托板（转接件）前后高低差	≤1	≤1	—	≤1	≤1	可以用卡尺来检测
托板（转接件）中心线偏差	≤2	≤2	—	≤2	≤2	可以用卡尺来检测
相邻两石材的缝宽（与设计值比）	±1	±1	±1	±1	±1	可以用卡尺来检测
相邻两托板（转接件）高低差	≤1	≤1	—	≤1	≤1	可以用卡尺来检测
左右两背卡中心线的偏差	—	≤3	—	—	—	可以用卡尺来检测

12.2 幕墙工程

12.2.1 幕墙工程施工工艺质量记录

建筑幕墙就是由面板、支承结构体系组成的、可相对主体结构有一定位移能力或自身有一定变形能力、不承担主体结构所受作用的建筑外围护墙。建筑幕墙的类型见表12-6。

表12-6　建筑幕墙的类型

项目	解释
玻璃幕墙	面板材料是玻璃的一种建筑幕墙
单元式幕墙	由各种墙面板与支承框架在工厂制成完整的幕墙结构基本单位，直接安装在主体结构上的一种建筑幕墙
点支承玻璃幕墙	由玻璃面板、点支承装置、支承结构构成的一种建筑幕墙
封闭式建筑幕墙	要求具有阻止空气渗透、雨水渗漏功能的一种建筑幕墙
构件式建筑幕墙	现场在主体结构上安装立柱、横梁、各种面板的一种建筑幕墙
金属板幕墙	面板材料外层饰面为金属板材的一种建筑幕墙
开放式建筑幕墙	不要求具有阻止空气渗透或雨水渗漏功能的建筑幕墙，包括遮挡式、开缝式建筑幕墙
框支承玻璃幕墙	面板边缘镶嵌于金属框架中或粘接于金属框架外表面，并以金属框架作为面板边缘支承的一种玻璃幕墙
全玻幕墙	由玻璃面板、玻璃肋构成的一种建筑幕墙
石材幕墙	面板材料是天然建筑石材的一种建筑幕墙
双层幕墙	由外层幕墙、热通道、内层幕墙构成，并在热通道内能够形成空气有序流动的一种建筑幕墙
陶板幕墙	以陶板为面板的一种建筑幕墙

玻璃幕墙、金属（板）幕墙、石材幕墙等幕墙工程验收要检查的文件、记录如下。

① 封闭式幕墙的气密性能、水密性能、抗风压性能、层间变形性能检验报告。

② 国家批准的检测机构出具的聚硅氧烷（硅酮）结构胶相容性、剥离黏结性检验报告。

③ 后置埋件、槽式预埋件的现场拉拔力检验报告。

④ 建筑设计单位对幕墙工程设计的确认文件。

⑤ 幕墙安装施工记录。

⑥ 幕墙工程结构计算书。

⑦ 幕墙工程其他设计文件。

⑧ 幕墙工程热工性能计算书。

⑨ 幕墙工程设计变更文件。

⑩ 幕墙工程设计说明。

⑪ 幕墙工程施工图。

⑫ 幕墙工程所用材料、组件、紧固件、构件、其他附件的产品合格证书、性能检验报告、进场验收记录、复验报告。

⑬ 幕墙工程所用聚硅氧烷（硅酮）结构胶的抽查合格证明。

⑭ 幕墙与主体结构防雷接地点间的电阻检测记录。

⑮ 幕墙组件、构件、面板的加工制作检验记录。

⑯ 石材用密封胶的耐污染性检验报告。

⑰ 双组分聚硅氧烷（硅酮）结构胶的混匀性试验记录、拉断试验记录。

⑱ 现场淋水检验记录。

⑲ 隐蔽工程验收记录。

⑳ 张拉杆索体系预拉力张拉记录。

㉑ 注胶、养护环境的温度、湿度记录。

12.2.2 幕墙工程要复验的材料指标与隐蔽工程项目

幕墙工程要复验的材料指标如图12-3所示。

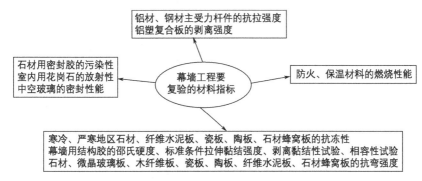

图12-3 幕墙工程要复验的材料指标

幕墙工程要验收的隐蔽工程项目如图12-4所示。

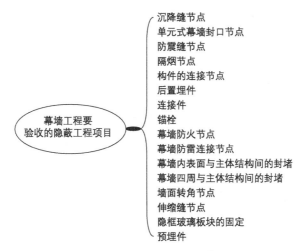

图12-4 幕墙工程要验收的隐蔽工程项目

12.2.3 玻璃幕墙工程主控项目与一般项目

玻璃幕墙工程主控项目与一般项目如图12-5所示。

12.2.4 金属幕墙工程主控项目与一般项目

金属幕墙工程主控项目与一般项目如图12-6所示。

12.2.5 石材幕墙工程主控项目与一般项目

石材幕墙工程主控项目与一般项目如图12-7所示。

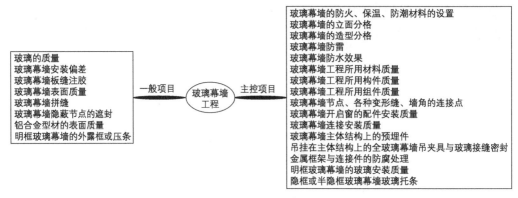

图12-5　玻璃幕墙工程主控项目与一般项目

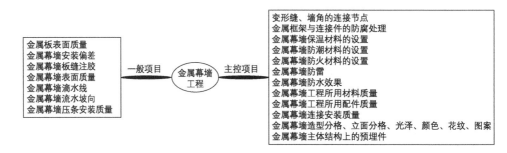

图12-6　金属幕墙工程主控项目与一般项目

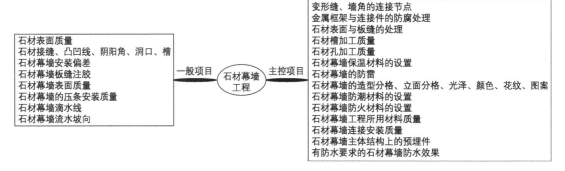

图12-7　石材幕墙工程主控项目与一般项目

12.2.6　人造板材幕墙工程主控项目与一般项目

人造板材幕墙工程主控项目与一般项目如图12-8所示。

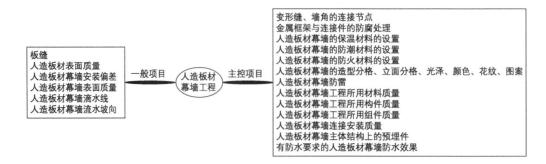

图12-8　人造板材幕墙工程主控项目与一般项目

13.1　橱柜制作安装工程

13.1.1　工艺准备

橱柜是指厨房中存放厨具、做饭操作的平台。橱柜一般由柜体、门板、五金件、台面、电器等组成。

整体橱柜也叫作整体厨房，其是指由橱柜、电器、燃气具、厨房功能用具等组成一体化的橱柜组合。

橱柜的组成如图13-1所示。常见橱柜样式有一字形橱柜、L形橱柜、U形橱柜、岛形橱柜、走廊式厨房等。

橱柜的组成
- 台面——材质包括人造石、不锈钢、天然石、防火板、人造石英石、优石板等
- 柜体——包括吊柜、地柜、装饰柜、中高立柜、台上柜等
- 橱门——包括木类门、卷帘门、铝合金门、移门等
- 装饰板件——包括隔板、顶线板、顶板、背墙饰等
- 五金件——包括门铰、导轨、拉手、吊码、其他结构配件、装饰配件等
- 灯具——层板灯、顶板灯、各种内置灯、各种外置灯等
- 地脚——包括地脚板、调整地脚、连接件等
- 功能配件——包括人造石盆、不锈钢盆、皂液器、各种拉篮、龙头、上下水器、拉架、置物架、米箱、垃圾桶等

图13-1　橱柜的组成

橱柜制作与安装工程包括材料准备、主要机具准备、作业条件准备等，材料准备如图13-2所示。进场时，要检查材料合格证、性能检验报告、厂家资质证明资料等。橱柜采用厂家生产加工，则进场时要核对型号、规格、尺寸、饰面是否符合要求。

胶合板
- (1) 胶合板要选择无脱胶、无开裂、不潮湿、甲醛释放量≤1.5 mg/L的板材
- (2) 饰面胶合板要选择色泽纹理一致，木纹清晰、自然、流畅，无疤痕的板材
- (3) 防火胶板要选择无划痕、无裂纹、无掉角、表面清洁、厚度符合要求的胶板

木方料
- (1) 木方料主要用于制作骨架，需要选择木质较好、不潮湿、无腐朽、无扭结、含水率不大于12%合格的木方料
- (2) 木龙骨双面错开开槽，槽深大约为一半龙骨深度

配件
- (1) 根据连接方式选择铰链、拉手、圆钉、道轨、木螺钉、镶边条等配件、辅料
- (2) 选择的五金件要适应家具

图13-2　橱柜制作与安装工程材料准备

橱柜制作与安装工程主要机具包括扁铲、裁口刨、长刨、冲击钻、电锤、电焊机、电锯、短刨、机刨、角尺、卷尺、靠尺、空气压缩机、螺丝刀、墨斗、木锯、起子、气钉

枪、曲线锯、手电刨、手电钻、手工锯、手提刨、水平尺、线坠、修边机、凿子、直尺等。

橱柜制作与安装工程作业条件准备如图13-3所示。

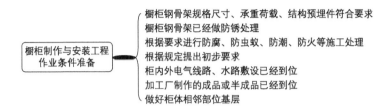

图13-3　橱柜制作与安装工程作业条件准备

小提示

厨房部件宽度尺寸要求见表13-1。厨房部件的公差要求见表13-2。

表13-1　厨房部件宽度尺寸要求

厨房部件	宽度尺寸/mm
洗涤柜	600、800、900
灶柜	600、750、800、900
操作柜	600、900、1200

表13-2　厨房部件的公差要求　　　　　　　　　单位：mm

公差级别	部件尺寸				
	<50	≥50且<160	≥160且<500	≥500且<1600	≥1600且<5000
1级	0.5	1.0	2.0	3.0	5.0
2级	1.0	2.0	3.0	5.0	8.0
3级	2.0	3.0	5.0	8.0	12.0

13.1.2　工艺流程

橱柜制作工艺流程如图13-4所示。

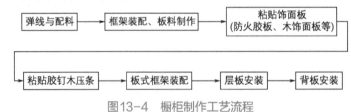

图13-4　橱柜制作工艺流程

橱柜安装工艺流程如图13-5所示。家装橱柜（整体橱柜）安装工艺流程如图13-6所示。

图13-5　橱柜安装工艺流程

安装地柜 → 安装吊柜 → 安装台面 → 安装水盆、龙头、拉篮等 → 安装灶具、电器 → 调整柜门

图13-6 家装橱柜（整体橱柜）安装工艺流程

💡 小提示

家装厨房优先采用定制整体橱柜、装配式部品，以及要根据厨房的平面形状、面积大小、炊事操作的流程等布置厨房设施。家装厨房以家具形式围合的洗涤柜、灶柜、操作柜，要预留相应的接口。

13.1.3 施工要点

橱柜安装施工要点见表13-3。整体橱柜在装修初期，厨房没有墙体改动的情况，则可以在拆墙前进场测量。如果要改动厨房的墙体，但是对于橱柜的设计没有什么影响时，则也可以早期测量，提前计划。

表13-3 橱柜安装施工要点

名称	解释
找线与定位	（1）安装橱柜地柜前，要对厨房地面进行清扫，以便准确测量地面水平。另外，还需要平整地板 （2）根据图纸与现场弹好定位线、标准线，确定好正确的安装位置
橱柜框架安装	（1）用线坠、靠尺板等工具校正柜体垂直度、平整度 （2）柜体上下两侧用气枪钉、螺钉等恰当方式固定，并且钉帽不外露 （3）橱柜与周边基体间产生的缝隙，可以采用腻子、木压条、线角等恰当方式处理
橱柜门扇安装	（1）壁柜门常用的开启方式有推拉门、平开门。其中，推拉门常采用塑料滑道、滚轮滑道等方式。平开门常采用合页铰链、烟斗铰链等方式 （2）根据柜门扇规格尺寸确定五金件的型号规格 （3）根据框扇连接件特点，划线确定位置与相关操作。例如合页槽位置、剔合页槽、铰链连接位置、滑道位置、试装等 （4）扇间、框扇间留缝要合适
抽屉安装	首先使用木螺钉把抽屉旁板底部的抽屉滑道框架拧固在旁板、隔板相应位置上，然后把抽屉放进上、下抽屉滑道间，并且确定好抽屉上下左右接合地方的间隙，以便抽屉能够正常拉出推进、回位正确
配件安装	（1）常见的五金件包括锁、铰链、拉手、合页等 （2）五金件安装要牢固整齐、表面洁净
安装吊柜 （整体橱柜）	安装吊柜时，首先在墙面划一条与台面的距离通常为650mm的水平线，以确保膨胀螺栓水平。安装吊柜时，用连接件连接柜体，以确保吊柜柜体连接紧密。吊柜安装好后，要调整吊柜的水平度
安装台面 （整体橱柜）	（1）安装前，检查台面材质、颜色等与选定的是否一致，以及检查台面接口的粗细，细的接口线显得美观且更牢固 （2）为了避免误差，一般在地柜与吊柜安装后一段时间内再安装台面，以确保橱柜安装准确 （3）采用人造石、天然石制成的橱柜台面，可以采用专业胶水安装。接缝的地方采用打磨机打磨抛光
安装水盆、 龙头、拉篮 等件	（1）安装橱柜时，遇到下水安装情况，一般是现场开孔。开孔孔径一般比管道至少大3~4mm，并且开孔部分要用密封条密封，以免橱柜木材边缘渗水导致膨胀变形 （2）软管与水盆的连接，软管与下水道的连接，需要用密封条或玻璃胶密封，以防水盆或下水出现渗水情况
安装灶具、电器	（1）安装橱柜时，遇到嵌入式电器，往往只需在现场开电源孔 （2）抽油烟机与灶台的距离一般保持在750~800mm之间，并且抽油烟机要与灶具左右对齐 （3）灶具的安装，还需要连接气源，为此，橱柜往往要开燃气管孔

⚙ 小提示

　　厨房地柜（操作柜、洗涤柜、灶柜）高度一般为750～900mm，地柜底座高度一般为100mm。采用非嵌入灶具时，灶台台面的高度一般要减去灶具的高度。厨房操作台面上的吊柜底面距室内装修地面的高度一般为1600mm。厨房吊柜的深度，一般为300～400mm，推荐尺寸一般为350mm。厨房地柜前缘踢脚板凹口深度，一般不小于50mm。厨房地柜的深度，可以为600mm、650mm、700mm，推荐尺寸一般为600mm。

13.1.4　注意事项

橱柜安装的一些注意事项如下。

① 壁柜安装时，注意检查底部与顶部水平面要水平，两边要垂直。

② 厨房内吊柜的安装位置不得影响自然通风、天然采光。安装或预留燃气热水器位置时，要满足自然通风要求。

③ 橱柜设计的尺寸可能会比现场尺寸稍小20～50mm，以防围墙身不直或其他误差，导致安装放不进柜的情况。

④ 橱柜往往安装在厨房。一些厨房的地面会有排水坡度，因此橱柜与地面不是水平的，安装时要调整好。

⑤ 地柜、吊柜安装时，要检查柜体的边角是否存在问题。安装后，可以用力摇摇看是否存在松动现象，以确保柜体完全固定在地面上或墙面上。

⑥ 电源插座、上下水口不能在两个柜身的侧板中间位置。

⑦ 调整门板时要保证柜门缝隙均匀且竖直横平。

⑧ 放置橱柜地板柜后，可以通过机柜的调整支腿调整机柜的水平。

⑨ 各接缝不能太大，否则会影响稳定性与美观性。

⑩ 一般在柜体间要使用4个连接件进行连接，以保证柜体间的紧密。

⑪ 若柜子都采用一个平开门，则要注意柜门打开方向要在同左侧或同右侧。如果两个相邻的柜门，一个安装在柜子左侧，一个安装在柜子右侧，则打开柜门会不方便。

⑫ 离地高度不超过地脚线的管道，则可以考虑在橱柜底部穿过。

⑬ 泡沫墙、空心墙不能够安装吊柜。

⑭ 墙边、转角位安装拉出式的柜，则要注意面墙是否小于90°，是否存在窗台凸出、是否有门框线的情况，以免无法拉出。

⑮ 如果是U形、L形柜，则可以先确定基点，再从直角延伸到两侧。

⑯ 一般窗位不安装吊柜，如果有特别要求，则要加封夹板并固定好，才能够安装吊柜。

⚙ 小提示

　　厨房单排布置设备的地柜前，一般要留有不小于1.5m的活动距离。厨房双排布置设备的地柜间净距，一般不得小于900mm。厨房洗涤池与灶具间的操作距离，一般不小于600mm。厨房吊柜底面到装修地面的距离，一般为1.4～1.6m。

13.1.5　检测与质量

橱柜制作与安装所用材料材质、材料规格、材料性能、材料有害物质限量、木材燃烧性能等级、木材含水率、橱柜安装预埋件或后置埋件的数量/规格/位置、橱柜的造型/尺寸/安装位置/制作/固定方法等要符合设计、标准等有关规定。

橱柜制作与安装工程一些项目的质量参考要求见表13-4。

表13-4　橱柜制作与安装工程一些项目的质量参考要求

项目	项目类型	要求	检验法
橱柜表面要求	一般项目	橱柜表面要平整洁净、色泽一致、无损坏、无裂缝、无翘曲	可以采用观察检验法来检查
橱柜裁口要求	一般项目	橱柜裁口要顺直、裁口拼缝要严密	可以采用观察检验法来检查
橱柜的抽屉与柜门要求	主控项目	抽屉柜门要开关灵活、回位要正确	（1）可以采用观察检验法来检查 （2）开启和关闭来检查
橱柜配件的品种、规格要求	主控项目	要符合设计、标准等有关规定，配件安装要牢固，配件要齐全	（1）可以采用观察检验法来检查 （2）手扳来检查 （3）检查进场验收记录

橱柜安装的允许偏差和检验法见表13-5。

表13-5　橱柜安装的允许偏差和检验法

项目	允许偏差/mm	检验法
立面垂直度	2	可以用1m垂直检测尺来检查
门与框架的平行度	2	可以用钢尺来检查
外形尺寸	3	可以用钢尺来检查

 小提示

细部就是建筑装饰装修工程中局部采用的部件或饰物。细部工程包括窗帘盒和窗台板制作与安装、门窗套制作与安装、护栏和扶手制作与安装、固定橱柜制作与安装、花饰制作与安装等分项工程。

细部工程验收时需要检查的文件、记录如图13-7所示。另外，细部工程还需要对护栏与预埋件的连接节点、预埋件（或后置埋件）进行隐蔽工程验收，以及对花岗石的放射性、人造木板甲醛释放量进行复验。

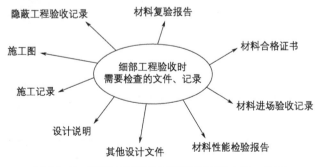

图13-7　细部工程验收时需要检查的文件、记录

13.2 浴室柜安装工程

13.2.1 工艺准备

浴室柜就是浴室间放物品的柜子。浴室柜面材，可以分为天然石材、人造石材、防火板、烤漆、玻璃、金属、实木等。基材是浴室柜的主体，其被面材掩饰。浴室柜基材的类型有刨花板、防潮板、不锈钢板、细木工板、中纤板、红木板等。柜体常见材料有实木类、陶瓷类、PVC类、密度板类、玻璃盆类等。

浴室柜如图13-8所示。

根据摆放方式不同，可分为悬挂式浴室柜、落地式浴室柜
悬挂式浴室柜要求墙体是承重墙或者实心砖墙。悬挂式浴室柜柜底下悬空
保温墙、轻质隔墙不能安装悬挂式浴室柜
落地浴室柜不挑墙体，但是落地浴室柜柜底下不好打扫卫生，柜体也容易受潮

落地式浴室柜　　悬挂式浴室柜

图13-8　浴室柜

浴室柜的安装工艺准备包括材料准备、主要机具准备、作业条件准备等，主要机具包括电钻、冲击钻、扳手、螺丝刀、划线笔、卷尺、生胶带、胶枪、角磨机、玻璃胶、水平尺等。

浴室柜的安装材料包括浴室柜（柜体、镜柜、台下柜等）、角阀、浴室镜、洗手盆、下水器、混合水龙头、单头软管、小配件（螺钉、装饰扣、膨胀螺栓）等。

浴室柜的安装作业条件准备是装修硬装基本完成、安装环境适合安装。

13.2.2 工艺流程

浴室柜的安装工艺流程如图13-9所示。

图13-9　浴室柜的安装工艺流程

13.2.3 施工要点

不同的浴室柜有不同的安装要点，具体见表13-6。

表13-6　浴室柜的安装要点

名称	解释
落地式浴室柜	（1）落地式浴室柜一般不需要依附在墙体上 （2）可以先把柜体横着放，把柜脚组件拧在固定片上，安装上去，然后把整个柜子放在浴室中合适位置，再把柜脚往侧板方向靠拢，把脚螺钉调整好

续表

名称	解释
挂墙式浴室柜	（1）挂墙式浴室柜，一般采用膨胀螺栓等来安装 （2）先用冲击钻在墙面上打孔，然后把挂墙配件塞入孔里，再用自攻螺钉安装
侧柜、置物架	侧柜、置物架的安装方法，可以参考挂墙式浴室柜的安装方法

浴室柜安装项目施工要点见表13-7。

表13-7 浴室柜安装项目施工要点

名称	解释
安装主柜	在需安装柜体的墙面上选定柜体后壁的孔位，并且考虑柜台面距地面高度为80～83cm。用冲击钻在墙面打孔，然后将塑料膨胀套装入孔内，再用自攻螺钉将主柜与墙面锁紧。主柜安装完成后，再把台盆对准柜位放平并调节好
安装置物架	安装置物架，首先确定好位置，然后在墙上确定好的位置打孔，再用螺钉上紧
安装浴室镜	首先根据镜子背面上的两孔位置，在主柜上方合适位置的墙面确定好两孔的位置，并且考虑镜子最下端与主柜台面的尺寸为23～28cm，然后用冲击钻打孔，再用螺钉上紧
安装侧柜	落地式侧柜，要固定柜脚；壁挂式侧柜，要打孔并上紧螺钉

13.2.4 注意事项

浴室柜的安装注意事项如下。

① 安装前，检查配件是否齐全。

② 浴室柜安装时，仔细检查核对浴室柜颜色、规格等。

③ 浴室柜一般是靠墙安装。

④ 安装浴室柜前，需要确定排水是墙排水，还是地排水。如果是墙排水，则下水管的墙面预留孔一般距地面50～55cm，且在柜子正中间。如果是地排水，则只要预留孔在柜子正中间，但是距墙面不得太远。

⑤ 安装柜脚后，一般根据是否平稳来确定是否调整。

⑥ 安装角阀前，需要关闭总水阀。安装角阀时，生料带要顺时针紧打在角阀螺纹上，并且露出螺纹的几道丝口，以便上角阀时比较好认口（即能对接好）。生料带圈数为15～20圈，具体根据螺纹连接的松紧程度来确定。安装好角阀后，要先试水，在进水没有问题时才可安装柜体。

⑦ 安装毛巾架，离地高度一般为1.5～1.8m，具体高度尺寸根据使用者来确定。

⑧ 安装三角阀时，要确认冷水管和热水管是否保持在同一水平线上。

⑨ 安装涂抹胶水时，要均匀美观。

⑩ 安装时需要注意上水软管离出水管道的长度是否足够，如果长度不够，则需要加管子来实现连接。

⑪ 安装浴室柜后，要做一次测试与检查：水龙头角度位置是否合适、上下水路是否通畅等。

⑫ 安装浴室柜台盆水龙头时，一般使用螺母将其固定。固定时，要用一只手扶好水龙头，以免安装中其位置产生偏离。

⑬ 打胶需要在所有钻孔工作完成后才可进行，以免灰尘落到胶上面影响美观。

⑭ 挂墙式浴柜主柜安装完台面距地面80～83cm，也可以根据使用者身高、习惯考虑

调整。

⑮ 如果安装镜前灯，则电线的出线一般距地面大约200cm，并且放置在浴室柜的正中间。

⑯ 台盆连接进出水管、下水管的长度要适当，位置要合理。

⑰ 用硅胶固定住台盆与瓷砖，要达到柜体稳固与防渗漏效果。

⑱ 浴室柜安装的水龙头最好与浴室柜成套购买，以保证出水角度会相对合适一些。

⑲ 浴室柜安装时，冷热进水管出口一般放在柜子中间，并且距地面45～50cm或稍高一点。

13.3　木窗帘盒、木窗台板制作安装工程

木制窗帘盒

图13-10　窗帘盒

13.3.1　工艺准备

窗帘盒是用来遮挡窗帘杆、轨道及窗帘上部的装饰件，是悬挂窗帘用的窗帘配套件。窗帘盒的安装，一般有明装、暗装等方式。

窗帘盒如图13-10所示。

木窗帘盒制作与安装工程工艺准备主要包括材料准备、作业条件准备、主要机具准备、技术准备等。其中，主要机具包括手电钻、电刨、气钉枪、射钉枪、水平尺、电锤钻、电锯、手工刨、手工锯、割角角尺等。

木窗帘盒制作与安装工程材料准备如图13-11所示。

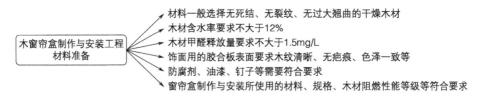

木窗帘盒制作与安装工程材料准备
- 材料一般选择无死结、无裂纹、无过大翘曲的干燥木材
- 木材含水率要求不大于12%
- 木材甲醛释放量要求不大于1.5mg/L
- 饰面用的胶合板表面要求木纹清晰、无疤痕、色泽一致等
- 防腐剂、油漆、钉子等需要符合要求
- 窗帘盒制作与安装所使用的材料、规格、木材阻燃性能等级等符合要求

图13-11　木窗帘盒制作与安装工程材料准备

木窗帘盒制作与安装工程工艺作业条件准备如图13-12所示。

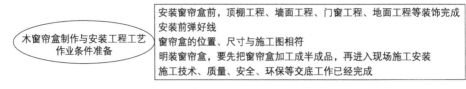

木窗帘盒制作与安装工程工艺作业条件准备
- 安装窗帘盒前，顶棚工程、墙面工程、门窗工程、地面工程等装饰完成
- 安装前弹好线
- 窗帘盒的位置、尺寸与施工图相符
- 明装窗帘盒，要先把窗帘盒加工成半成品，再进入现场施工安装
- 施工技术、质量、安全、环保等交底工作已经完成

图13-12　木窗帘盒制作与安装工程工艺作业条件准备

木窗台板制作与安装工程材料准备、主要机具准备可以参考窗帘盒制作与安装工程工艺的材料准备、主要机具准备。窗台板制作与安装工程作业条件准备主要是窗台表面已经清洁干净；安装窗台板的窗下墙要根据窗台板品种预埋铁件；窗台板长超过1500mm时靠窗口两端下木砖或铁件外，中间每间隔500mm增加木砖或铁件；跨空窗台板根据要求设置固定支架。

☀️小提示

　　家装窗台板、窗，一般要采用环保、耐久、光洁、硬质、不易变形、防水、防火的材料。目前，一些家装项目窗帘盒常在工厂用机械加工成半成品，在现场组装安装即可。

13.3.2 工艺流程

木窗帘盒制作工艺流程（明窗帘盒）如图13-13所示。

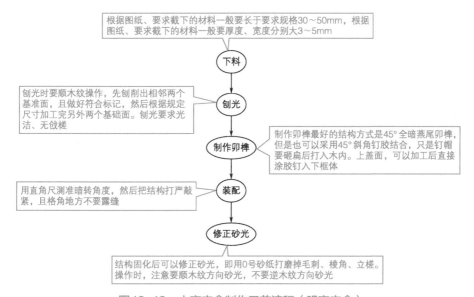

图13-13 木窗帘盒制作工艺流程（明窗帘盒）

木窗帘盒安装工艺流程如图13-14所示。

图13-14 木窗帘盒安装工艺流程

木窗台板制作与安装工艺流程如图13-15所示。木窗台安装主要步骤为划线、检查预埋件、支架安装、窗台板安装。

图13-15 木窗台板制作与安装工艺流程

13.3.3 施工要点

木窗帘盒安装工艺要点见表13-8。

表13-8 木窗帘盒安装工艺要点

名称	解释
配料	根据图纸、要求进行选料、配料、加工。采用细工板制作的木制窗帘盒，则要涂刷防火涂料
组装	（1）组装前，核查加工的窗帘盒品种、规格、组装构造是否符合设计要求 （2）组装时，根据图纸、要求、现场特点进行组装 （3）组装时，可以先抹胶再用钉子钉牢，注意溢出的胶要及时擦净 （4）窗帘盒的长度，一般由窗洞口的宽度确定。通常窗帘盒的长度比窗洞口的宽度长300～360mm （5）采用钢筋棍、木棍做窗帘杆时，可以在窗帘盒两端头板上钻孔，并且孔径大小要与钢筋棍、木棍的直径一致
定位	（1）为了使轨道安装顺直，窗帘盒、窗帘杆安装符合要求，安装前要划线定标高、定位置、找平，找好窗口和挂镜线 （2）定位前，要检查窗帘安装点的材料特点。如果安装点对应的是石膏板承重性较差材质的墙面或顶面，则需要加固石膏板，以确保承重可靠
预埋件	木窗帘盒与墙面可以通过在墙内砌入木砖或预埋铁件来实现固定。预埋铁件的尺寸、位置、数量要符合要求。安装前，要先检查预埋件是否符合要求。如果不符合要求，则需要整改到位或者修整到位
安装窗帘盒	（1）暗装窗帘盒的主要特点是窗帘盒与吊顶部分结合在一起。暗装窗帘盒常见的有内藏式窗帘盒、外接式窗帘盒 （2）内藏式窗帘盒主要是在窗顶部位的吊顶处做一条凹槽，然后窗帘轨安装在槽内。含在吊顶内的窗帘盒，一般要与吊顶施工一起做好 （3）外接式窗帘盒是在吊顶平面上，做一条贯通墙面长度的遮挡板，窗帘轨道是安装在遮挡板内吊顶平面上。遮挡板可以采用射钉固定、预埋木楔圆钉固定、膨胀螺栓固定等方式。遮挡板与顶棚交接线，可以用棚角线压住。外接式窗帘盒遮挡板，可以采用木构架双包镶，且底边做封板边处理 （4）安装时，确定窗帘盒安装标高，同一墙面上的几个窗帘盒要拉通线使其高度一致。另外，窗帘盒的中线要对准窗洞口中线，使窗帘盒两端伸出窗洞口的长度一样 （5）安装时，窗帘盒靠墙部分要与墙面紧贴，无缝隙 （6）有的安装情况，需要根据预埋铁件位置，在盖板上钻孔，然后采用螺栓加垫圈拧紧。如果预埋木砖，则采用木螺钉、钉子来固定
安装窗帘轨道	（1）窗帘轨道有单轨道、双轨道、三轨道等类型。轨道形式有工字形、槽形、圆杆形等类型 （2）窗帘轨道安装前，先要检查其平直性。如果窗帘轨存在弯曲，则要调直后再安装 （3）单体窗帘盒，一般先安装轨道。安装暗窗帘盒轨道时，注意轨道要保持在一条直线上 （4）槽形窗帘轨的安装，可以使用钻头在槽形轨的底面打小孔，然后采用螺钉穿小孔，将槽形轨固定在窗帘盒内的顶面上 （5）工字形窗帘轨是通过配套的固定爪来安装固定。安装时，先把固定爪套入工字形窗帘轨上，每米窗帘轨道大概三个固定爪安装在墙面上或窗帘盒木结构上 （6）暗窗帘盒可后安装轨道；明窗帘盒一般宜先安装轨道 （7）窗宽度大于1.2m时，窗帘轨中间要断开，并且断头位置要搣弯错开，弯曲度要平缓，搭接长度不少于200mm （8）挂重的窗帘时，明窗帘盒安装轨道要采用木螺钉 （9）挂重的窗帘时，暗窗帘盒安装轨道小角要加密（即加密间距），木螺钉规格不小于30mm （10）电动窗帘轨，要根据要求调试

木窗台板制作与安装施工要点见表13-9。

表13-9 木窗台板制作与安装施工要点

名称	解释
窗台板的制作	（1）木窗台表面要光洁，净料尺寸厚度为20～30mm，比待安装的窗长大约240mm。板宽根据窗口深度来确定，一般凸出窗口60～80mm （2）台板外沿要倒楞或起线 （3）台板宽度大于150mm，需要拼接时，背面要穿暗带防止翘曲，窗台板背面要开卸力槽
砌入防火木	（1）窗台墙上，预先砌入防腐木砖，木砖间距大约500mm，每樘窗不少于2块，在窗框的下槛裁口或打槽 （2）窗台板刨光起线后，放在窗台墙顶上居中，里边嵌入下槛槽内。窗台板的长度一般比窗樘宽度长约120mm，两端伸出的长度要一样 （3）同一房间内同标高的窗台板要拉线找齐找平，标高一致，凸出墙面尺寸一致 （4）窗台板上表面要向室内略有倾斜，坡度大约为1% （5）拼接大宽度的窗台板时，背面要穿暗带以防翘曲，窗台板背面要开卸力槽
钉牢	用明钉把窗台板与木砖钉牢，钉帽要砸扁。窗台线预先刨光，根据窗台长度两端刨成弧形线脚，再用明钉与窗台板斜向钉牢，钉帽要砸扁冲入板内

13.3.4 注意事项

木窗帘盒安装工艺施工的注意事项如下。

① 安装木窗帘盒后，若进行饰面的装饰施工，则要对安装后的木窗帘盒进行必要的保护，以防污染和损坏。

② 百叶帘的木窗帘盒净高一般大约为15cm。替代木窗帘盒的方案，可以采用艺术杆，或者艺术杆加窗幔。

③ 半嵌入式木窗帘盒下方如果为动线区，则一般要封板，以免形成视觉落差。

④ 木窗帘盒安装不正不平，则可能是找位划线错误偏差、预埋件不准不当等原因引起的。

⑤ 木窗帘盒的净空尺寸一般包括净宽、净高。如果净高不足，则不能起到遮挡窗帘上部结构的作用；如果净高过大，则会造成木窗帘盒有下坠感。因此，木窗帘盒净高度一般大约为12cm。如果净宽不足，则会造成窗帘过紧，不好拉动启闭；如果净宽过大，则窗帘与木窗帘盒的间隙会过大。因此，装双轨时的净宽一般大约为18cm，装单轨时的净宽一般大约为14cm。木窗帘盒的长度，一般要根据设计要求来定，木窗帘盒一般比窗户两侧各长15～18cm，即比窗户宽30～36cm。最长可以与墙体通长。木窗帘盒具体尺寸大小，一般具体根据房间大小来决定。

⑥ 木窗帘盒两端伸出的长度不一致，则可能是窗中心与木窗帘盒中心对得不准等原因引起的。

⑦ 木窗帘盒松动，则可能是木窗帘盒（杆）棒眼松旷、与基体连接不牢等原因引起的。

⑧ 木窗帘盒迎面板扭曲，则可能是木材干燥处理不当、材料受潮等原因引起的。

⑨ 外挂式木窗帘盒用于安装窗帘滚轮，安装时注意木窗帘盒宽度要比窗户宽大约30cm。如果其宽与窗户一样宽，则窗帘可能不完全遮光，出现漏缝、漏光问题。

⑩ 为了防止木窗帘盒安装出现倾斜、两端高低差超过允许偏差范围，则安装时要拉线进行检查。

⑪ 组装木窗帘盒时不得露钉帽、不得有明榫。

⑫ 安装窗帘及轨道时，要注意对木窗帘盒的保护，以免碰伤、划伤木窗帘盒等情况发生。

⑬ 木窗帘盒割角要方正、线角要清晰、表面要平直光滑、立板与盖板胶接要密实。

⑭ 电动双轨窗帘，则木窗帘盒宽度预留至少18cm，深度至少预留20cm。

⑮ 嵌入式木窗帘盒要在吊顶前设计好，并且做吊顶时，天花板不做满，也就是要在窗户边保留原始屋高且预留相应的空间，以便在其中安装窗帘滑轮，内嵌窗帘，使安装后的窗帘高度与屋高一样。

⑯ 卧室采用内木窗帘盒作装饰，则木窗帘盒最好与卧室整体风格相搭配，并且与窗帘款式相协调。

木窗台板制作与安装施工的一些注意事项如下。

① 为避免窗台板插不进窗槽内的情况，安装前要预装。

② 安装时，要检查基础是否平整，多块拼接窗台板要平直。

③ 木窗台板可装设于外窗里侧，或隔墙窗的两侧。木窗台板长度要比窗洞宽度大60mm左右；木窗台板宽度根据铺设宽度确定，并且要使木窗台板的里缘凸出墙面大约20mm以上。木窗台板厚度常见的为25mm。

某项目木窗台板工程构造做法如图13-16所示。

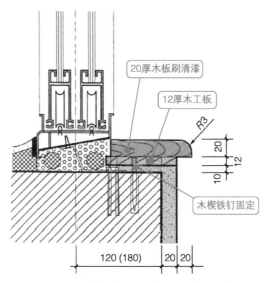

图13-16 某项目木窗台板工程构造做法

某项目木窗帘盒工程工艺施工做法如图13-17所示。

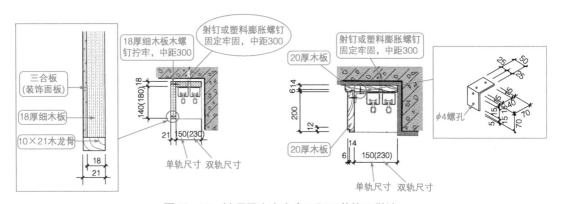

图13-17 某项目木窗帘盒工程工艺施工做法

13.3.5 检测与质量

木窗帘盒和木窗台板制作与安装所使用材料材质、材料规格、材料性能、材料有害物质限量、木材燃烧性能、窗帘盒配件品种、窗帘盒配件规格等要符合设计、要求、标准等有关规定。

木窗帘盒和木窗台板制作与安装工程一些项目的质量要求及检验法见表13-10。

表13-10 木窗帘盒和木窗台板制作与安装工程一些项目的质量要求及检验法

项目	项目类型	要求	检验法
木窗帘盒、木窗台板与墙、窗框的衔接要求	一般项目	衔接要严密，密封胶缝要顺直光滑	可以采用观察检验法来检查
木窗帘盒配件安装要求	主控项目	安装要牢固	手扳来检查；检查进场验收记录
木窗帘盒与木窗台板表面要求	一般项目	要平整洁净、线条顺直、接缝严密、色泽一致、无裂缝、无翘曲	可以采用观察检验法来检查

木窗帘盒和木窗台板安装的允许偏差、检验法见表13-11。

表13-11 木窗帘盒和木窗台板安装的允许偏差、检验法

项目	允许偏差/mm	检验法
两端出墙厚度差	3	可以用钢直尺来检查
两端距窗洞口长度差	2	可以用钢直尺来检查
上口、下口直线度	3	可以拉5m线,不足5m拉通线,用钢直尺来检查
水平度	2	可以采用1m水平尺和塞尺来检查

13.4 石材窗台板安装工程

13.4.1 工艺准备

石材窗台板安装工程常见的石材包括大理石、花岗石、人造石、装饰面板等。石材窗台板安装工程工具包括电动锯石机、锤子、割角尺、橡胶槌、靠尺板、尺等。

安装大理石窗台板要在窗框安装后进行。窗台板连体情况,则要在墙面、地面装修层完成后进行。

13.4.2 工艺流程

石材窗台板制作与安装工艺流程如图13-18所示。

图13-18 石材窗台板制作与安装工艺流程

13.4.3 施工要点

石材窗台板制作与安装工艺施工要点见表13-12。

表13-12 石材窗台板制作与安装工艺施工要点

名称	解释
基层处理与清理	把窗台的浮灰、砂浆污物等清理干净,要达到施工要求
定位弹线	根据要求确定窗下框标高与位置,确定窗台板的标高与位置线。如果有暖气罩,则要确定暖气罩的高度与位置
找平层施工	可以采用1:2.5水泥砂浆找平,并且找平厚度大约为20mm。找平层施工前,要洒水湿润再找平
石材防护处理	石材背面、石材四边切口要采用石材防护剂进行防护处理
窗台板的安装	安装窗台板时要核对石材的规格。安装时的标高、位置、出墙尺寸要符合要求

13.4.4 注意事项

石材窗台板安装工艺的注意事项如下。

① 台面下挡水要采用加双层人造石,且粘接要牢固和均匀,粘接面要平整,以增强台面强度,防止断裂。为此,不要在台面一个地方持续打磨。

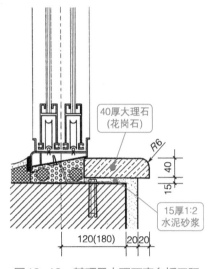

40厚大理石
(花岗石)

R6

40

15

15厚1:2
水泥砂浆

120(180)　20 20

图13-19　某项目大理石窗台板工程
工艺做法

② 大理石窗台板割角要整齐、接缝要严密。

③ 安装石材窗台板时，要保护已完成的工程项目。

④ 进场的窗台板，不得损坏棱角，不得污染。

⑤ 切割大理石尽量采用加工切割，如果采用现场切割，要注意大理石下放垫木保护、根据图纸划线切割以确保尺寸正确、边淋水冷却边切割以确保不会产生过热情况等细节。

⑥ 盖好、调整好大理石后，大理石的外沿要加支撑杆来固定。

⑦ 做好的大理石边沿，可以采用硅胶填缝隙。

某项目大理石窗台板工程工艺做法如图13-19所示。

13.4.5　检测与质量

石材窗台板安装工艺的允许偏差、检验法，可以参考木窗台板安装的允许偏差、检验法。

13.5　窗帘安装工程

13.5.1　工艺准备

窗帘一般是由布、麻、纱等材料制作的，具有遮阳隔热、调节室内光线的功能。根据材质，窗帘分为棉纱布窗帘、涤纶布窗帘、涤棉混纺窗帘、棉麻混纺窗帘、无纺布窗帘等。家装窗帘的选择要点如下。

① 餐厅——一般可以选择一层薄纱的窗帘，例如窗纱、印花卷帘等。

② 儿童房——一般宜选择色彩鲜艳、图案活泼的面料做的窗帘，也可以选择布百叶窗帘、印花卷帘等。

③ 客厅——较大客厅，一般宜选择落地布艺窗帘，加配窗纱及帷幔，不需遮光布。较小客厅，可以选择不透光卷帘、布百叶帘、日夜帘等。

④ 书房——可以选择百叶帘、隔声帘、素色卷帘等。

⑤ 卧室——宜选择布艺帘、加遮光布窗帘、窗纱窗帘。较小窗户可以选择成品帘。

⑥ 阳台——封闭式阳台可以选择阳光卷帘。阳台和卧室相通，则可以选择布艺帘。

⑦ 浴室与厨房——可以选择防水、防油、易清洁的窗帘，例如铝百叶、印花卷帘等。

窗帘安装工艺包括材料准备、主要机具准备、作业条件准备等。其中，主要机具包括水平尺、卷尺、角尺、螺丝刀、线坠、小梯子、小线、锯条、手锤、錾子、活扳手、冲击电钻、普通电钻、绝缘手套、高凳、电源连接线等。

窗帘安装工艺施工材料准备包括窗帘、窗帘轨、窗帘杆、安装固件等。在地板砖、木地板铺装后，测量窗帘规格比较合适。也就是，新房装修完总清洁前安装。

窗帘明轨指表面可以看到软包装饰轨，例如无缝钢管杆、铁艺配件杆、木质杆、铝合金型材杆、塑钢型材杆等。窗帘暗轨指掩藏在装修吊顶罗马杆里的路轨，例如铝合金型材路轨、降噪路轨等。窗帘安装如图13-20所示。

13.5.2 工艺流程

安装带窗帘盒的窗帘，因方法不同，则流程有所差异，例如：

① 把魔术贴钉在窗帘盒外面上方的天花板上，然后把窗帘的帘头粘上；

② 把窗帘的帘头装在窗帘盒里，并且把魔术贴放在窗帘盒的下面，再用专业枪钉钉牢、钉平。

窗帘安装通常的工艺流程如图13-21所示。

图13-20　窗帘安装

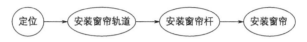

图13-21　窗帘安装通常的工艺流程

13.5.3 施工要点

窗帘安装施工要点见表13-13。

表13-13　窗帘安装施工要点

项目	解释
定位	安装窗帘前要先把位置定好，定位时注意尺寸。孔距要测量好，做好安装准备
安装窗帘轨道	（1）窗帘轨道有单轨道、双轨道、三轨道等类型，安装时不要弄错 （2）如果窗户长度比较大时，则应考虑单独整轨道无法承担窗帘布的净重，或者承担后会变形弯曲等情况，则窗帘轨道可能要在正中间断开，然后用连接件钢筋搭接起来，并且钢筋搭接长短不低于150mm。窗帘轨道连接长度不能小于20cm （3）安装明窗帘盒时要把轨道安装好。安装吊装卡子时，要先旋转90°与轨道衔接，以便把吊装卡子安装在顶板上面 （4）如果是混凝土的窗户顶，则装窗帘时要采用膨胀螺栓
安装窗帘杆	（1）安装窗帘杆时，要对好连接的固定件 （2）安装标准双轨，窗户的宽度要在15 cm以上 （3）窗帘杆分为有挂环的窗帘杆和没挂环的窗帘杆。没挂环的窗帘杆用于挂穿杆破孔的窗帘布，则窗帘杆与窗帘布一起安装。有挂环的窗帘杆要搭配挂钩窗帘布，安装前，则要先拼装好窗帘杆 （4）安装窗帘杆时，要水平

13.5.4 注意事项

窗帘安装工艺一些注意事项如下。

① 窗帘明轨重装饰设计，窗帘暗轨重应用效果。

② 如果墙面是墙纸装饰的，则要先把窗帘轨道安装好，然后贴墙纸，这样可以使墙纸遮住窗帘孔。

③ 窗帘轨道主要用于悬挂窗帘。窗帘轨道品种多，主要有明轨、暗轨两种。明轨、暗轨都有不同的材质。

④ 窗帘有直接把窗帘轨道安装在房顶的顶装、把窗帘轨道安装在窗户上方大约15cm位置的侧装等方式。

⑤ 窗帘轨道，尽量选择铝合金材质，因为铝合金轨道耐用且坚硬。

⑥ 如果没有预留窗帘盒，则可以考虑是否采用罗马杆，或者以窗帘窗幔方式遮挡轨道的外露部分。

⑦ 窗帘距离地面的高度，在有装踢脚线的情况下，可以考虑窗帘比踢脚线高出1～2cm，以便产生层次感。

⑧ 安装窗帘时，要充分考虑固定支架、安装码的黏合力，以防固定支架间隔过大，承受不了窗帘布的重量。固定支架的间距一般不超60cm。

⑨ 安装窗帘时，要注意屋顶与窗户的高度，以防产生压抑感和窒息感。窗帘安装在顶端时，窗帘杆距离墙面6～10cm，以免窗帘布开闭时，与墙壁发生摩擦。

⑩ 安装窗帘时，要注意选择与窗帘杆相符合的支撑架。如果支撑架小，除容易毁坏外，其安装螺母数量或尺寸还受到限制，从而使罗马杆安装不稳当。

⑪ 白天自然光照最充足的区域，最好安装双层窗帘，一层遮光布，一层纱帘。

⑫ 窗帘布料的大概计算方法：布料的宽度等于成品窗帘宽度的2倍。

⑬ 窗帘的宽度，如果客厅、房间窗户大，则可以考虑整面墙做窗帘。

⑭ 如果小窗户且两边有空余空间，则窗帘宽度可以考虑窗户实际宽两边再各加20～30cm。

⑮ 窗帘的宽度，一般要求与窗帘盒、罗马杆一样。也就是说，一般在窗户宽度上，两边各加20～30cm。

⑯ 窗帘杆的长短（不包含装饰设计头）一般要超过包门套总宽。

⑰ 一般罗马杆长度超过2.5m时需要3个支座，并且中间支座要位于窗户或墙壁中心，两端要等距，两端支座要离开墙壁15～20cm。

⑱ 落地窗搭配窗帘的拉杆，可以隐藏在吊顶缝隙当中，相当于用石膏板遮住了窗帘挂钩处。

⑲ 落地窗搭配窗帘尽量不要选择带有帘头的，以免把墙面色块分成三部分，产生压抑感。

⑳ 满墙安装时，窗帘杆的长短（不包含两边的装饰设计头）一般要比房间内宽度少18～22cm。安装结束后，窗帘杆的装饰设计头与墙间空隙要留2～6cm。

㉑ 如果安装的墙面是隔热保温墙，则要采用加长膨胀螺栓来固定。膨胀螺栓长度最小为10cm。

㉒ 凸飘窗可以考虑把窗帘安装在飘窗结构内侧，让窗帘打开时布局在飘窗结构的两边。

㉓ 左右没有包围墙体的飘窗、顶部没有房梁的内飘窗，可以考虑把窗帘安装在飘窗外沿。

㉔ 安装窗帘轨道的墙面，要求是实心的，以防钻孔时贴面易炸裂。

㉕ 窗帘的褶皱不能一味求多，以免破坏美感。轻薄柔软的窗帘，可以适当增加褶皱量，但是控制在大约为宽度的2倍。质地较厚的面料，褶皱量控制在大约为宽度的1.5倍。

㉖ 对于窗帘滑道，最好是家装时就考虑好安装路轨。路轨长短在于窗户加包门套，加上缓存部位大约10cm。石膏线条下沿与包门套上沿中间最少预埋间距大约10cm。

㉗ 窗帘距离地面的高度，在没有装踢脚线的情况下，可以考虑窗帘底部距离地面1～2cm，以便拖地时不拖到窗帘。

㉘ 窗帘杆的安装位置要在窗框上沿向上10～15cm，以免显得矮，感觉层高不高。

㉙ 选择带有小转角的窗帘杆会让窗帘呈现更立体的效果。

13.6 门窗套制作安装工程

13.6.1 工艺准备

门窗套制作与安装工程工艺准备中材料准备主要包括合格木材等材料的准备。例如，门窗套制品的材质种类、规格、形状要符合要求。木制门窗套材料的含水率要不大于12%。人造板有害物质限量要符合现行标准有关规定。门窗套一般要采用与门窗框相同树种的木材，并且无裂纹、无扭曲、无死节等缺陷。木制门窗贴脸板、贴脸板墩、木线条的加工，要符合设计要求的规格、线条。安装固定材料，根据设计构造、材质性能来选用。例如面层可以使用气钉、螺钉、胶黏剂、膨胀螺栓等安装固定材料；基底可以选择圆钉等安装固定材料。

门窗套制作与安装工程主要机具也就是木工常见的工具，例如粗刨、细刨、裁口刨、电锯、电刨、电钻、木单线刨、锯、锤子、手电钻、电锤、大线坠、小线坠、粉线包、墨斗、斧子、改锥、线勒子、扁铲、塞尺、细钢丝、水平尺、角尺、尼龙线、铅笔、直尺、经纬仪、水准仪等。

门窗套制作与安装工程作业条件准备主要是主体结构完成且验收合格，允许门窗套制作与安装，并且往往是顶棚墙面、地面抹灰工程完工后进行门窗套制作与安装工程作业。

13.6.2 工艺流程

门窗套制作与安装工艺流程如图13-22所示。门套安装工艺流程如图13-23所示。

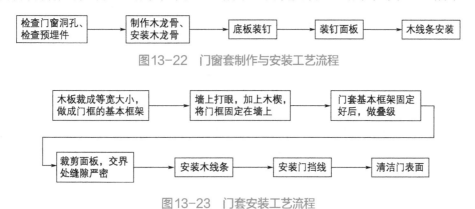

图13-22 门窗套制作与安装工艺流程

图13-23 门套安装工艺流程

13.6.3 施工要点

门窗套制作与安装工程工艺的施工要点见表13-14。

表13-14　门窗套制作与安装工程工艺的施工要点

名称	解释
检查门窗洞孔、检查预埋件	（1）检查门窗洞口尺寸、方正垂直度，预埋件、连接铁件是否符合要求、是否需要修正。检查预埋件基底是否牢固可靠 （2）门洞口的阴角一般都要呈方形
制作木龙骨、安装木龙骨	（1）木龙骨，有的项目采用30mm×40mm红白松，间距大约为300mm，然后用70～90mm的圆钉钉到木楔上制成 （2）根据门窗洞口尺寸，用木方、胶合板制成木龙骨架。骨架常分三片，两侧各一片，洞口上部一片。每片采用两根立杆，板宽度大于500mm需要拼缝时，适当增加中间立杆 （3）横撑间距可以根据筒子板厚度来考虑。大约为10mm厚度的面板，横撑间距不大于400mm。大约为5mm厚度的面板，横撑间距不大于300mm。横撑间距要与预埋件间距位置对应好 （4）木龙骨架可以直接用圆钉钉好、预埋木砖固定，并且刨光面朝外，其他三面要涂防火剂及防腐剂。木龙骨架安装还需要做好防白蚁工作 （5）安装木龙骨时，先在墙面做防潮层，再安装上端龙骨且检查水平度。然后安装两侧龙骨架并检查垂直度，且木楔应垫实打牢 （6）龙骨架安装时，一般先上端后两侧。龙骨架安装要求平整牢固，以便为面板安装打好基础
底板装钉	（1）底板可以选择18mm厚胶合板或者设计的板材 （2）底板如果是厚板，则板背面要做槽宽10mm、深度5～8mm、间距100mm的卸力槽，以防板面弯曲 （3）固定底板前，要在木龙骨朝外的一面涂上白乳胶 （4）固定底板，可以采用圆钉，间距常为100mm，并将钉帽砸扁，且将钉帽冲入面层内1～2mm。底板也可以使用气钉枪射钉顺着木龙骨方向固定 （5）底板采用细木工板，背面与木龙骨交接位置刷乳胶，其他地方刷防火涂料，然后使用50mm气钉或圆钉铺钉，钉间距一般要小于300mm （6）底板采用多层板，则其背面要满刷乳胶，然后使用气钉或圆钉固到底板上
装钉面板	（1）装钉面板前，检查面板木纹、颜色是否正确 （2）饰面板，可以选择三合板，其花纹、材质要与门扇饰面板一致 （3）裁面板时要约大于木龙骨架实际尺寸（具体根据项目来定），且大面净光，小面刮直，木纹根部朝下 （4）面板长度方向需要对接时，木纹要通顺，并且接头位置要避开视线范围 （5）板面与木龙骨间要涂胶 （6）固定板面所用钉子的长度大约为面板厚度的3倍，并且间距一般为100mm，钉帽要砸扁后冲进木材面层1～2mm。也可以使用气钉枪射钉来固定面板 （7）筒子板内侧要装进门，外侧要与墙面齐平，割角要方正严密 （8）三合板背面要满刷乳胶，并且用间距大约100mm的气钉铺钉临时固定。止口需要采用与门扇饰面相同材质的线条收边
木线条安装	（1）木线条要根据要求选择。卫生间、厨房、洗手间的门套线，要考虑防潮要求 （2）木线条安装件，根据其厚度选择合适的气钉。选择的气钉长度大约为木线条厚度的1.5倍 （3）如果木线条宽度大于40mm，则木线条背面要开槽，以免变形 （4）木线条转角要呈45°对接 （5）木线条、墙、底板的交接处，可以先用903胶粘贴，然后使用专用铁卡与气钉临时钉牢，气钉间距一般大约为500mm，专用卡具间距大约为300mm

　　定做的门套安装工程工艺的施工要点如下：先把定做的门套框架固定好，以便把门套投到门洞中去。可以采用螺钉或者枪钉射钉来固定，然后把门套投上去，并临时固定好后，进行水平度、垂直度调整，以免影响后面木门的安装。再用木片塞在门套四角处，用发泡剂对门框四周进行填缝，同时门套中间要用木头抵着，以免发泡剂膨胀把门套抵变形。发泡剂全部膨胀完且干燥后，可以把超出门框的木片锯掉，最后把门边线条安装好。注意，外门窗可以采用发泡胶塞实缝隙。内门窗还可以用砂浆塞实缝隙。

　　有的项目，采用大芯板做衬板。衬板一般直接钉在墙上。安装时，先装横向衬板，后装竖向衬板。先试钉，等衬板平直后，侧面与墙面平齐，再用钉子钉死钉牢并且钉帽冲入大芯板内。然后重新校正门套，校正好后用等宽的木条顶住，以防变形。安装门套时，中间钉宽大约50mm的木条做挡门条，用3mm饰面板贴在大芯板上做门套面板。饰面板可以采用铺胶钉压条方法，不直接钉钉子，等胶干后即可取下压条。安装门套线时，利用门套线直接盖住门套侧面。门套线安装完后，其背面与墙间的缝隙利用嵌缝镊子填平或用玻璃胶堵缝做板缝处理。门套下端与地面材料的缝隙，可以使用玻璃胶来封堵。

13.6.4 注意事项

门窗套制作与安装工程的注意事项如下。

① 潮湿部位的木门套要做防潮处理。

② 安装门套时，如果地面没有找平、贴地板、贴瓷砖等，则门框与地面间要留5cm的空间，以保证其他工序有足够的空间。

③ 安装贴脸板、木线条前，要安装好门窗框，并且安装位置要正确。

④ 安装中要及时清理门套表面的水泥砂浆、密封膏等，以保护门套表面的质量。

⑤ 窗套的下口一般宜采用大理石，以免受潮变形变黑。

⑥ 大芯板门套衬底，可以用12mm密度板替代。

⑦ 钉木砖，有的项目采用在门洞、窗洞侧边钻15mm×70mm的孔的方式，并且孔距大约为300mm的梅花状布置进行钉木砖。

⑧ 固定门框板的小木楔参考尺寸为5cm×1.5cm×1.5cm，材料最好以落叶松制作，不易松动。

⑨ 门洞口、窗洞口为混凝土墙时，可以使用宽50mm、厚1.5mm铁皮做固定条，并且一端用射钉固定在墙上，另一端用2颗木螺钉固定在框上。

⑩ 门安放到门套上进行合页定位划线比较好。根据合页厚度切出口径，并切出锁套口径。门与门套的间隙一般不得大于1.5mm，以便能够顺畅开关门。

⑪ 门脸线条可以采用成品，也可以根据图纸制作。

⑫ 门套安装完后，可以采用纸板、泡沫塑料包裹阳角等保护措施，防止磕碰掉漆。

⑬ 门套定做时，需要测量门洞。门洞尽量采用标准的高、宽尺寸。如果尺寸有出入要及时纠正，做好现场测量。

⑭ 门套上口面板一般要采用横向木纹，不得采用竖向木纹。

⑮ 门套饰面板粘贴要平整，不得出现喇叭口、大小头等异常情况。

⑯ 门套线条转角接头要严密，纹理要变化不大，固定要牢固,线槽要通畅。另外，钉眼尽量钉在线条凹缝处，线条离地一般2mm。

⑰ 门套线凸出墙面的高度，一般不能够低于踢脚板的高度。

⑱ 门套一般选择用木料制成框架。门套装配在成型的墙体上，然后覆盖基层板、饰面板。

⑲ 木门、窗套的割角要整齐、表面要光滑无刨痕、接缝要严密。

⑳ 轻质隔墙可不埋木砖，但是要在门洞、窗洞两侧浇筑钢筋混凝土构造柱，以及用射钉或者膨胀螺栓来固定门框、窗框。

㉑ 饰面板颜色、花纹要协调。饰面板要略大于搁栅骨架。

㉒ 卫生间木门套及与墙体接触的侧面要采取防腐措施。门套下部的基层宜采用防水、防腐材料。门槛宽度不宜小于门套宽度，且门套线宜压在门槛上。

㉓ 线头、贴脸品种、颜色、花纹要与饰面板协调。贴脸接头要成45°角，并且贴脸要与门窗套板面结合平整、紧密，贴脸、线条盖住抹灰墙面一般不小于10mm。

㉔ 装贴饰面板时，也要再校正一次门套。

小提示

踢脚板厚度不宜超出门套贴脸的厚度。

13.6.5 检测与质量

门窗套制作与安装工程的主控项目、一般项目的一些质量要求与检验法可以参考其他工程。门窗套安装的允许偏差、检验法见表13-15。

表13-15 门窗套安装的允许偏差、检验法

项目	允许偏差/mm	检验法
正、侧面垂直度	3	可以用2m垂直检测尺来检查
门窗套上口水平度	1	可以用1m水平检测尺和塞尺来检查
门窗套上口直线度	3	可以拉5m线,不足5m拉通线,用钢直尺来检查

13.7 护栏扶手制作安装工程

图13-24 楼梯

13.7.1 工艺准备

木质扶手、玻璃栏板的金属扶手栏杆制作与安装工程主要机具准备包括电锤钻、磨光机、电刨、手电钻、转台式斜断锯、砂轮切割机、手工锯、电焊机等。作业条件准备主要是楼梯墙面、楼梯踏步、楼板面基础工程等已经完成并且检验合格。

楼梯如图13-24所示。

 小提示

家装套内楼梯的踏面,要采用坚固、平整、耐久、防滑、耐磨、不易变形的装修材料,以及要采取防滑构造措施。

13.7.2 工艺流程

木质扶手、玻璃栏板的金属扶手栏杆制作与安装工程工艺流程如图13-25所示。

栏杆安装 ⟶ 玻璃栏板安装 ⟶ 扶手安装

图13-25 木质扶手、玻璃栏板的金属扶手栏杆制作与安装工程工艺流程

拉丝栏杆金属扶手安装工艺流程如图13-26所示。

图13-26 拉丝栏杆金属扶手安装工艺流程

13.7.3 施工要点

拉丝栏杆金属扶手安装工程工艺的施工要点见表13-16。

表13-16 拉丝栏杆金属扶手安装工程工艺的施工要点

名称	解释
固定立柱	台阶最上方与最下方都需要立一根立柱。然后在两根立柱上拉直线，并且把中间的立柱放在台阶上，使立柱保持同一高度。用记号笔在立柱需要钻孔的地方做好标记
钻孔	铺好地砖的楼梯，一般可以使用12mm的冲击钻头为固定立柱打孔。铺好木地板的楼梯，一般可以使用螺钉固定
穿拉丝	首先确定好拉丝位置，然后采用握弯器固定在立柱上。常见的拉丝规格为12mm
固定扶手	扶手的弯曲角度要达到标准，并且扶手表面不得出现明显划痕
组装作业与其他作业	把扶手头堵住，安装好拉丝，把需要上紧的顶丝固定好

不同类型楼梯扶手安装工程工艺要点见表13-17。

表13-17 不同类型楼梯扶手安装工程工艺要点

名称	解释
实木楼梯扶手	（1）实木楼梯扶手工艺流程主要步骤为找位—划线—弯头配制—连接预装—固定—连接安装 （2）实木楼梯扶手接头一般要以45°角截面相接。扶手截面宽在70mm以内的，可以用扶手料配制弯头。扶手的接头，可以采用粘接，并且粘接区段内至少要有三个木螺钉与支承件连接固定 （3）实木楼梯扶手截面宽大于70mm的扶手接头除了粘接外，还要在下边做暗榫或者用铁件锚固。扶手栏杆连接用木螺钉拧紧，并且间距不得大于400mm （4）实木楼梯扶手是采用全实木材料制作的，常用的材料有榉木、花梨、柚木、橡木、樟子松等。实木楼梯扶手外形有蘑菇形、圆形、椭圆形、方形等 （5）预装木扶手一般由下往上进行 （6）黏结弯头时，要等接头黏结牢固后，才能够根据扶手坡度、形状等用扁铲将弯头加工成形，再用小铁刨刨光、细木锉锉平，使其坡度合适、截面顺直、弯曲自然，然后用木砂纸磨光
PVC楼梯扶手	（1）安装PVC楼梯扶手，要在每跑楼梯扶手栏杆的上端设扁钢，把楼梯扶手料固定槽插入支承件上，并且从上向下穿入 （2）PVC楼梯扶手主要靠楼梯扶手料槽插入支承扁钢件抱紧来固定 （3）扶手弯角，可以采用热风机吹风加热 （4）PVC楼梯扶手做圆弧弯曲时，若直径范围小会出现小褶皱，可以用细砂纸打磨修补，再用透明塑料PVC清漆补漆
不锈钢楼梯扶手	不锈钢楼梯扶手，可以在楼梯地面打孔，然后将膨胀螺栓打入拧紧，再焊接立柱。立柱焊接好后，丈量立柱与立柱间的长度，然后根据数据切割面管，并且磨好接头进行焊接

13.7.4 注意事项

护栏、扶手制作与安装工程的注意事项如下。

① 安装楼梯扶手时，需要检查楼梯扶手材料、形状、尺寸是否符合要求。

② 安装木扶手楼梯时，若扶手需要拼接，最好先在工厂用专用开榫机开手指榫，并且每一梯段上的榫接头不要超过1个。

③ 安装木扶手楼梯时，木扶手拼接要平顺光滑。木扶手拼接不平整的地方，要用小刨清光。木扶手折弯处不平顺，要用细木锉锉平，以及找顺磨光，坡角合适，刮腻子补色，刷漆。

④ 安装木扶手楼梯时，需要检查固定木扶手的扁钢是否平顺牢固，扁钢上是否先钻好固定木螺钉的孔，是否刷好防锈漆。

⑤ 安装铁艺楼梯扶手，需要检查其是否打磨平滑、踏板高度是否符合要求等情况。

⑥ 扶手与墙连接的类型，需要在两者接触的地方画圆圈，再在中心位置将膨胀管打进墙里，以便起到固定作用。

⑦ 可以选择可拆卸性楼梯，工艺多采用模块拼接套接式。

⑧ 楼梯扶手安装，一般是从最上面向下面进行。

⑨ 楼梯扶手的坡度一般为30%，过陡、过缓，均会影响行走的舒适度。

⑩ 楼梯扶手的选择要根据使用性、家中具体情况来考虑。

⑪ 楼梯栏杆离楼面或屋面10cm高度内不宜留空。

⑫ 楼梯栏杆立柱间距一般是110cm，具体根据房屋空间大小来确定。家里有小孩的，尽量缩减立柱间的距离，避免小孩从立柱中间钻出去。

⑬ 楼梯一般考虑放置在专门楼梯间内、靠墙角落，这样不浪费空间，也不破坏整体布局。

⑭ 楼梯的出入口，要根据行走方便、很短行走路线等原则考虑。

⑮ 室内楼梯的高度一般是90cm（实际情况可以调整）。楼梯长度超过5m，则可以适当将楼梯扶手高度提升到大约100cm。家中若有小孩，为了安全，楼梯扶手高度可以考虑为100cm。

⑯ 室内楼梯的宽度一般为90cm。单层面积较大的情况，室内楼梯的宽度可以考虑调整为95～100cm。

⑰ 室外楼梯扶手，临空高度在24m以下（含）时，则室外楼梯扶手高度一般不宜低于105cm。临空高度在24m以上时，则室外楼梯扶手高度一般不宜低于110cm。

⑱ 现代简约风格，可以考虑选购钢木楼梯。中式风格，可以考虑选购实木楼梯。家中有老人或小孩，可以考虑选购实木楼梯。

一些项目的室内楼梯工程做法如图13-27所示。

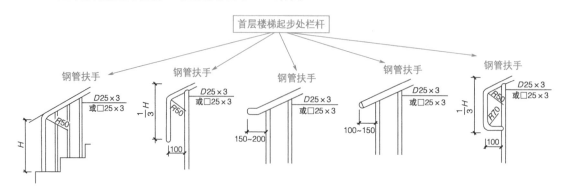

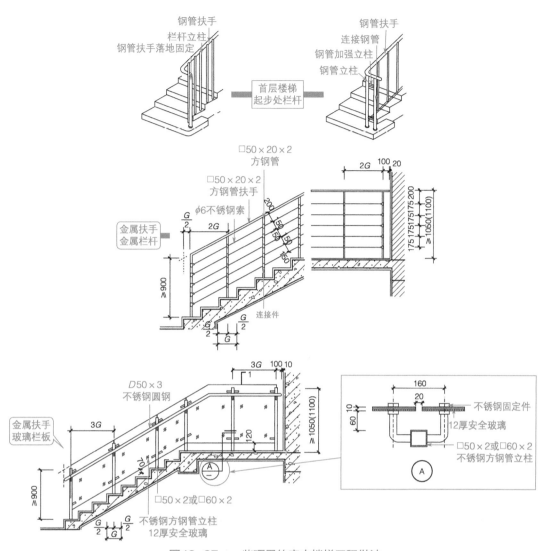

图13-27　一些项目的室内楼梯工程做法

一些项目的扶手工程做法如图13-28所示。一些项目的窗内护栏工程做法如图13-29所示。

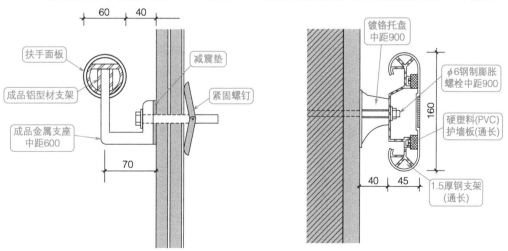

图13-28　一些项目的扶手工程做法

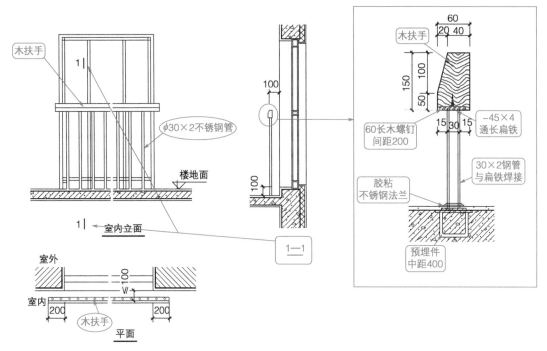

图13-29　一些项目的窗内护栏工程做法

💡 **小提示**

家装套内楼梯踏步临空的地方，需要设置高度不小于20mm、宽度不小于80mm的挡台。家装老年人使用的楼梯，一般不得采用无踢面或凸缘大于10mm的直角形踏步，并且踏面要求采用防滑材料。家装阳台的装饰装修施工不得改变原建筑中为了防止儿童攀爬的防护构造措施。对于家装阳台栏杆、栏板上设置的装饰物，需要采取防坠落措施。

13.7.5　检测与质量

护栏和扶手制作与安装工程一些项目的质量参考要求与检验法见表13-18。

表13-18　护栏和扶手制作与安装工程一些项目的质量参考要求与检验法

项目	项目类型	要求	检验法
护栏高度、栏杆间距、安装位置、安装要求	主控项目	要符合设计、标准等有关规定。护栏要牢固安装	（1）可以采用观察检验法来检查 （2）尺量来检查 （3）手扳来检查
护栏和扶手转角弧度要求与其他要求	一般项目	护栏与扶手转角弧度要符合设计要求，要无裂缝、无翘曲，接缝要严密，表面要光滑，色泽要一致	（1）可以采用观察检验法来检查 （2）手摸来检查
护栏与扶手安装预埋件的数量、规格、位置；护栏与预埋件连接节点	主控项目	要符合设计、标准等有关规定	检查隐蔽工程验收记录和施工记录

续表

项目	项目类型	要求	检验法
护栏与扶手的造型、尺寸、安装位置要求	主控项目	要符合设计、标准等有关规定	（1）可以采用观察检验法来检查 （2）尺量来检查 （3）检查进场验收记录
护栏与扶手制作、安装所使用材料材质、规格，材料数量，木材塑料的燃烧性能等级	主控项目	要符合设计、标准等有关规定	（1）可以采用观察检验法来检查 （2）检查产品合格证书 （3）进场验收记录 （4）性能检验报告
栏板玻璃的使用要求	主控项目	要符合设计、标准要求	（1）可以采用观察检验法来检查 （2）尺量来检查 （3）检查产品合格证书 （4）检查进场验收记录

护栏和扶手安装的允许偏差、检验法见表13-19。

表13-19　护栏和扶手安装的允许偏差、检验法

项目	允许偏差/mm	检验法
扶手高度	3	可以用钢尺来检查
扶手直线度	4	可以拉通线，用钢直尺来检查
护栏垂直度	3	可以用1m垂直检测尺来检查
栏杆间距	3	可以用钢尺来检查

13.8　花饰制作安装工程

13.8.1　工艺准备

花饰制作与安装工程工艺准备主要包括材料准备、作业条件准备、主要机具准备、技术准备。其中，材料准备因花饰的类型不同而不同，但是均要符合要求。例如木制花饰、金属花饰、混凝土花饰、塑料花饰、水泥砂浆花饰、石膏花饰等，其品种、规格、材质、式样等要符合要求。另外，要准备符合要求的焊接材料、粘贴材料、安装材料。

花饰制作与安装工程工艺主要机具包括细齿刀锯、钢木锉、电锤钻、手电钻、吊具、大小料桶、刮板、铲刀、油漆刷、水刷子、扳手、擦布、脚手架（活动）、电焊机、磨光机、橡胶槌、电吹风等。

13.8.2　工艺流程

花饰制作与安装工程工艺流程如图13-30所示。

图13-30　花饰制作与安装工程工艺流程

家装不规则的小空间，一般需要进行功能利用与美化处理。另外，陈设品一般要布置在如下位置：强调设计意向的位置、视线集中的空间位置、视线集中的界面上、空间的内凹处、空间的空旷处、空间的端头等。

13.8.3　检测与质量

　　花饰制作与安装工程的主控项目、一般项目的一些质量要求与检验法可以参考其他工程。花饰安装的允许偏差、检验法见表13-20。

表13-20　花饰安装的允许偏差、检验法

项目		室内允许偏差/mm	室外允许偏差/mm	检验法
单独花饰中心位置偏移		10	15	可以拉线和用钢尺来检查
条形花饰的水平度或垂直度	每米	1	2	可以拉线和用1m垂直检测尺来检查
	全长	3	6	

附录 随书附赠视频汇总

挂网工艺	新旧墙交界处植入钢筋工艺	水管加保护套（管）工艺	卫生间陶粒工艺
墙固工艺	过门石工艺	墙面充筋工艺	家装卫生间门口双挡水防水工艺
装修凿毛工艺	砖墙三角砖+倾斜砌体工艺	装修过梁工艺	门洞预制块工艺
底盒四周平整度工艺	电线保护套管工艺	室内进水总阀工艺	内墙抹灰工程+刷腻子粉工程+墙漆工程工艺
护角工艺	防水工艺	定制木门的安装工艺	定制金属门的安装工艺
定制金属、塑料窗户的安装工艺	窗台板工艺	涂刷墙漆工艺	石膏板吊顶工艺
轻钢骨架工艺	室内墙面贴砖工艺	装修拉毛工艺	室外干挂石材工艺
地砖工艺			

参考文献

[1]   GB 50210—2018. 建筑装饰装修工程质量验收标准.

[2]   JGJ/T 304—2013. 住宅室内装饰装修工程质量验收规范.

[3]   JGJ/T 427—2018. 建筑装饰装修工程成品保护技术标准.

[4]   阳鸿钧, 阳育杰, 等. 学石材铺挂安装技术超简单. 北京: 化学工业出版社, 2020.

[5]   JGJ 367—2015. 住宅室内装饰装修设计规范.

[6]   JGJ/T 262—2012. 住宅厨房模数协调标准.

[7]   JGJ 298—2013. 住宅室内防水工程技术规范.

[8]   JGJ/T 477—2018. 装配式整体厨房应用技术标准.

[9]   阳鸿钧, 等. 全彩图解家装水电工技能一本通. 北京: 化学工业出版社, 2019.

[10]   12YJ7-1. 内装修-墙面、楼地面.

[11]   12YJ7-3. 内装修-吊顶.

[12]   JG/T 122—2000. 建筑木门、木窗.

[13]   CECS 438—2016. 住宅卫生间建筑装修一体化技术规程.

[14]   阳鸿钧, 等. 装饰装修水电工1000个怎么办. 北京: 中国电力出版社, 2011.

[15]   DB62/T 3026—2018. 建筑装饰装修工程施工工艺规程.